大数据技术系列丛书

U0159620

数据工程探索与实践

陈　刚　郝建东　谢晓宇　著

西安电子科技大学出版社

内 容 简 介

本书以数据工程的基本理论为基础，以数据工程建设的流程为框架，介绍了数据工程概论、数据规划设计、数据模型构建、数据采集与数据处理、数据存储与数据管理、数据分析与数据挖掘、数据共享应用、数据标准规范、数据工程实践案例等内容。其具体内容为：第1章重点介绍数据工程涉及的概念、体系架构、国内外建设发展情况；第2章到第8章详细介绍数据工程具体建设活动的理论基础、技术方法、工具手段等；第9章介绍了一个数据工程实践案例。

本书面向所有的"数据工作者"——从事或学习数据工程的理论研究、技术创新、实践运用相关的科研人员、管理人员、咨询人员、教师、高等院校的研究生等，也适合对数据工程有兴趣的其他读者群体。

图书在版编目(CIP)数据

数据工程探索与实践 / 陈刚, 郝建东, 谢晓宇著. —西安: 西安电子科技大学出版社, 2023.6
ISBN 978–7–5606–6789–8

Ⅰ.①数… Ⅱ.①陈… ②郝… ③谢… Ⅲ.①数据管理 Ⅳ.①TP311.13

中国国家版本馆 CIP 数据核字(2023)第 028965 号

策　　划	戚文艳　李鹏飞
责任编辑	李鹏飞
出版发行	西安电子科技大学出版社(西安市太白南路 2 号)
电　　话	(029) 88202421　88201467　　　邮　　编　710071
网　　址	www.xduph.com　　　　　　电子邮箱　xdupfxb001@163.com
经　　销	新华书店
印刷单位	陕西天意印务有限责任公司
版　　次	2023 年 6 月第 1 版　　2023 年 6 月第 1 次印刷
开　　本	787 毫米×1092 毫米　1/16　印张 18
字　　数	424 千字
印　　数	1~2000 册
定　　价	56.00 元

ISBN　978–7–5606–6789–8 / TP

XDUP 7091001–1

如有印装问题可调换

前　　言

　　我们生活在一个充满"数据"的时代，打电话、使用社交软件、阅读、购物、看病、旅游等，都在不断产生数据。数据已经与我们的工作生活息息相关、须臾难离。在大数据时代的背景下，数据资源的开发与利用成为推动社会发展和进步的重要力量，各行各业纷纷启动和实施了数据工程建设项目，数据科学家和数据工程人才供不应求。

　　作者从 2000 年就开始从事数据工程的技术理论和工程实践方面的研究，并完成了多项大型数据工程的规划设计与实施工作。在这期间，作者深刻感到在数据工程的建设和管理等诸多环节中缺乏系统的理论指导，建设的成果依赖个人经验的情况比较普遍，不同时期和不同团队规划设计的数据资源体系等成果难以继承和共享，整体的建设水平难以满足社会发展的需要，这些情况严重制约着信息化建设的整体发展。如何有效解决上述难题，更好地促进数据工程走上规范化建设的道路，发挥数据建设的动能，是每个数据工程建设者必须思考和解决的重要课题。本书是作者团队在多年的工作实践经验的基础上编写而成的，编者团队希望把这些经验分享出来，为数据工程的发展略尽绵薄之力。

　　本书首先介绍了数据工程涉及的概念及发展状况，然后设置了数据规划设计、数据模型构建、数据采集与数据处理、数据存储与数据管理、数据分析与数据挖掘、数据共享应用、数据标准规范等专题内容，每个专题内容阐述了其概念、内涵、理论基础和实施方法，最后通过一个完整的案例，将相关的重要知识内容贯穿起来，使读者能更好地理解数据工程实践。

　　本书既有传统理论方法的介绍，也有作者的研究成果和经验总结，体现了实际应用中的创新设计。

　　本书有以下鲜明特点：

　　(1) 理论体系创新。本书基于体系维、标准维和技术维共同支撑的总体架构，同时在数据规划设计、本体模型构建以及采集处理方法、存储设计策略、共享支撑体系等方面也提出了一些具有创新性的理论方法。

(2) 实践案例新颖。本书基于作者所从事的训练领域中的数据工程建设工作，设计了一个典型的实践案例，该案例资料丰富、形式新颖，理论与实践结合紧密，在实际应用中也体现了创新设计，具有很好的学习参考性。

(3) 可操作性强。本书提到的实施数据工程的思路，来源于作者多年工作实践经验的总结和提炼，可操作性很强，有一定的示范作用。

本书包含了作者多年学习和实践的部分心得和研究成果，限于水平，加之对数据工程的理论方法和技术创新的理解还不是很深入，书中难免有不足之处，敬请读者批评指正。

陈 刚 郝建东 谢晓宇
2022 年 5 月于南京

目　　录

第 1 章　数据工程概论

　　数据是信息系统的血液，是信息系统建设要考虑的重要因素，因此设计人员喜欢从信息系统的角度设计和建设数据，但这种思路和方法往往容易造成数据的生命周期较短，数据建设的效益价值难以持续发挥，反过来也阻碍了信息系统更好地应用。随着信息技术的不断发展，数据资源作为一种国家战略资源，在国家经济发展和社会治理方面发挥着越来越突出的作用，因此，迫切需要研究探索数据工程的理论和方法。本章首先介绍数据工程的相关概念，然后介绍数据工程体系建设，最后介绍我国数据工程建设的典型项目和美军数据工程发展历程，便于读者进行比较和探索。

1.1　数据工程的相关概念

1.1.1　数据的定义和生命周期

1. 数据的定义

　　人们对数据的理解不同，对数据定义的描述也不同。有人认为数据是对客观事物的逻辑归纳，是用符号、字母等方式对客观事物进行的直观描述；有人认为数据是进行各种统计、计算、科学研究或技术设计等所依据的数值，是表达知识的字符的集合；有人认为数据是一种未经过加工的原始资料，数字、文字、符号、图像都是数据；还有人认为数据是记载或记录信息的按一定规律排列组合的物理符号。上述定义分别从数据不同的特点和应用出发，对数据的内涵进行了较好的诠释。综上所述，数据是对客观事物的性质、状态以及相互关系等进行记载的物理符号或物理符号的组合。

2. 数据的生命周期

　　数据的生命周期有多种描述方法，如可将数据生命周期划分为数据产生、数据使用、数据报废三个阶段，但这种划分方法是将数据当作实物产品，并不能体现数据本身的特点。这里我们结合数据本身生产加工的流程，将数据的生命周期划分为数据规划设计、数据模型构建、数据采集处理、数据存储管理、数据分析挖掘、数据共享应用六个阶段，每个阶段又包括多个具体的数据活动。

　　(1) 数据规划设计。

　　数据规划设计是数据建设的起始阶段，主要解决要建设什么数据的问题。该阶段首先进行需求分析，摸清数据现状，确定数据建设需求，然后对业务领域所需建设的数据种类、数据内容、依据的标准以及数据建设的步骤和方法等进行统一的规划，并形成数据规划设计报告，以指导数据建设全过程的顺利完成。

(2) 数据模型构建。

数据模型构建就是按照模型架构设计数据，数据模型主要描述数据的结构，以及数据之间的逻辑关系等内容。该阶段的主要工作是利用成熟的数据建模方法和工具，以及数据库的理论方法，对数据所属领域深入研究分析，制定出具体的数据模型标准，通过逐步细化的分析过程完成数据模型构建，形成数据模型设计方案。

(3) 数据采集处理。

数据采集处理是数据的实际积累和完善的过程，主要解决如何获取数据的问题。该阶段的活动包括数据采集终端设计、数据采集策略设计以及数据处理等内容。一般情况下，先通过原始数据采集活动得到第一手数据，再通过数据预处理活动对数据进行预处理，最后通过数据规范化处理得到有效数据，以方便后续的存储加工。

(4) 数据存储管理。

数据存储管理是将规范化数据存储在物理介质上，并实现数据可持续维护管理的重要阶段。该阶段需要研究各种数据存储的手段，确定不同数据规模下的数据存储策略，以及如何依托数据中心进行数据的日常维护管理等问题。

(5) 数据分析挖掘。

数据分析挖掘是进一步提高数据质量，提升数据价值的重要阶段，主要解决如何形成有价值的数据产品的问题。该阶段的活动包括数据分析和数据挖掘等活动，其中数据分析以数理统计为基础，研究探索各类事物的描述性统计和各种变量之间的关系；数据挖掘通常以统计学、人工智能和机器学习等理论为基础，研究如何通过特定的映射关系，实现事物的关联分析、分类、预测、聚类等。

(6) 数据共享应用。

数据共享应用是数据加工阶段的自然延续，数据加工是为数据应用服务的，主要解决如何共享使用数据，发挥数据价值的问题。该阶段的活动是为了实现和体现数据的价值。数据共享应用阶段的活动可按照具体的技术特征细分为数据共享、信息检索、数据可视化等通用的活动，也可包含业务领域数据应用特色的活动，这些活动实际上就是为满足不同用户需求而提供的各种数据服务。

1.1.2　数据、信息、知识和智慧

1. 数据与信息的关系

信息是指对数据进行加工处理，使数据之间建立相互联系后形成的，可回答某个特定问题的文本，以及具有某些意义的数字、事实、图像等。信息普遍存在于自然界、社会以及人的思维之中，是客观事物本质特征千差万别的反映。信息是对数据的有效解释，信息的载体就是数据；数据是信息的原材料，数据与信息是原料与结果的关系。

2. 信息与知识的关系

知识是人们对客观事物运动规律的认识，是经人脑加工处理而成的系统化的信息，是人类经验和智慧的总结。信息是知识的原材料，信息与知识是原料与结果的关系。

3. 知识与智慧的关系

智慧是人类所表现出来的一种独有的能力，主要表现为收集、加工、应用、传播信息和知识的能力，以及对事物发展的前瞻性看法。知识是智慧的原材料，知识与智慧是原料与结果的关系。人类的智慧反映了对知识进行组合、创造及理解要义的能力。

综上所述，数据、信息、知识、智慧四者之间的关系如图 1-1 所示，数据是信息的源泉，信息是知识的"子集或基石"，知识是智慧的基础和条件。数据是感性认识阶段的产物，而信息、知识和智慧是理性认识阶段的产物。从数据到信息到知识再到智慧，是一个从低级到高级的认识过程，随着认识层次的提高，外延、内涵、概念化和价值也不断增加。总体而言，数据、信息、知识和智慧之间的联系在于前者是后者的基础与前提，而后者对前者的获取具有一定的影响。

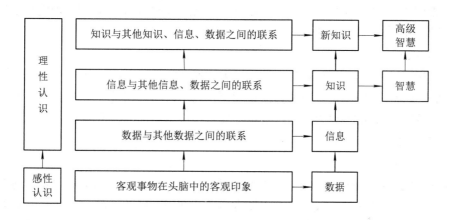

图 1-1　数据、信息、知识、智慧四者的关系

1.1.3　数据工程的定义和内涵

1. 数据工程的概念

数据工程是以数据作为研究对象，以数据活动为研究内容，以实现数据重用、共享与应用为目标的科学。

从应用的观点出发，数据工程是关于数据生产和数据使用的信息系统工程。数据的生产者将经过规范化处理的、语义清晰的数据提供给数据应用者使用。

从生命周期的观点出发，数据工程是关于数据规划设计、采集处理、存储管理、分析挖掘、共享应用的系统工程，强调对数据的全寿命管理。

从学科发展角度看，数据工程是设计和实现数据库系统及数据库应用系统的理论、方法和技术，是研究结构化数据表示、数据管理和数据应用的一门学科。

2. 数据工程的体系架构

按照系统工程的思维与方法，对数据工程进行分析和研究，并构建其整体体系架构，从而使我们能够对数据工程的建设具有顶层的视角和设计。数据工程体系架构的相关内容将在下一节详细介绍。

3. 数据工程研究的主要内容

数据工程需要研究的内容很多，从数据工程的体系架构角度看，三个维度的内容都属于数据工程研究的内容，但通常我们主要围绕数据建设、数据管理、数据应用、数据安全和数据标准化等内容进行相关的研究工作。

1) 数据建设

采用工程化的方法进行数据资源的积累和建设是信息化建设的必然选择，数据建设的质量、效益直接关系信息化建设的成败。数据建设研究的是如何分析、规划和设计数据资源建设整体方案；如何将现实客观世界或虚拟仿真世界中的数据采集下来，并将这些原始的、非规范化的数据进行良好的定义和描述，变成计算机可处理的数据，为后续的数据管理和应用提供支撑。数据建设主要研究如何运用信息工程和系统工程的理论方法，利用各种计算化的手段和数据库技术，建立既能正确反映业务领域的客观世界和仿真世界，又便于计算机处理的海量数据资源。

2) 数据管理

数据管理是保证数据有效性的前提。首先要通过合理、安全、有效的方式将采集的数据保存到数据存储介质上，实现数据的长期保存；然后对数据进行维护管理，提高数据的质量。数据管理研究的主要内容包括数据存储、备份与容灾的技术和方法，以及数据质量因素、数据质量评价方法和数据清理方法。

3) 数据应用

数据资源只有得到应用才能实现自身价值。数据应用需要通过数据挖掘、数据服务、数据可视化、信息检索等手段，将数据转为信息或知识，辅助人们进行决策。数据应用研究的主要内容包括数据挖掘、数据服务、数据可视化和信息检索的相关技术和方法。

4) 数据安全

数据是脆弱的，它可能被无意识或有意识地破坏、修改，需要采用一定的数据安全措施，确保合法的用户采用正确的方式、在正确的时间对相应的数据进行正确的操作，确保数据的机密性、完整性、可用性和合法使用。

5) 数据标准化

数据标准化主要为复杂的信息表达、分类和定位建立相应的原则和规范，使其简单化、结构化和标准化，从而实现信息的可理解、可比较和可共享，为信息在异构系统之间实现语义互操作提供技术支撑。

1.2　数据工程体系建设

1.2.1　总体架构

作为一项复杂的系统工程，数据工程体系建设应按照系统工程的思维与方法，构建其整体体系架构。数据工程建设的体系架构包括三个维度。第一个维度是体系维，涉及基础设施、运行维护、目录体系、服务体系、管理体系、安全保障六个体系，体系维的内容构成了数据工程建设的载体和基础；第二个维度是标准维，涉及相应的法律、法规、条令、条例，相关的制度、标准、规范等，保证数据工程建设有法可依、有章可循；第三个维度是技术维，体系的发展与标准的制定都离不开技术的支撑，这些技术主要包括数据获取技术、存储技术、计算技术、传输技术、共享技术、展示技术等。

数据工程体系建设的总体架构如图 1-2 所示。

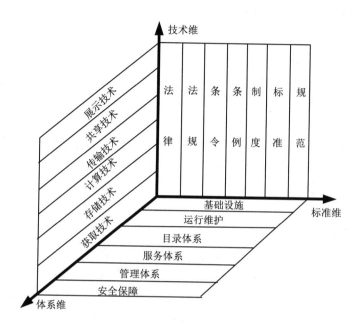

图 1-2 数据工程体系建设的总体架构

1.2.2 体系维的建设内容

1. 基础设施建设是前提

数据工程建设的基础设施建设是数据建设的前提和基础，为其他体系提供载体和支撑。基础设施可分为两类：硬件基础设施和软件基础设施，其组成如图 1-3 所示。

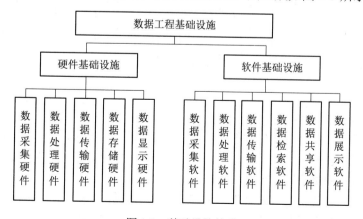

图 1-3 基础设施体系

2. 运行维护建设是保证

数据工程建设的运行维护可以分成两个方面。一是集成运行维护，即确立专门的运行维护项目，完成所涉及的相关设施和系统的设计、开发、运行和维护管理。二是单项运行维护，可分为两类：第一类是调查、分析项目，需要收集、处理、分析各类数据，最终形成分析报告；第二类是基础数据维护项目，需要在信息系统运用和建设过程中不断地收集各类数据，以充实和更新已有的数据资源。

3. 数据目录建设是基础

数据目录是整合、开发和共享数据资源的基础工具，而构建数据目录的基础是数据的分类体系。研究和建立数据分类体系是简化信息数据交换、实现数据处理和数据资源共享的重要前提，是建立各类信息管理系统的重要技术基础和数据管理的依据。

数据资源的目录体系应该以元数据为核心，以业务分类表和业务主题词表为控制词表，对数据资源进行网状组织，满足从分类、主题、应用等多个角度对数据资源进行浏览、识别、定位、发现、评估、选择等功能。采用 XML 语言及资源描述框架，将数据资源进行嵌套组织，可以方便地根据应用需要按领域、部门、地域、应用主题和其他使用目的变换出数据资源的各种目录。

4. 数据服务建设是核心

要实现数据资源的高效开发与利用，就必须建立完善的数据服务体系。数据资源开发利用的服务对象主要包括各级各类机构的数据管理者、使用者、开发者和维护者。服务的实现程度、服务效率、服务质量是衡量数据服务能力的关键因素。

数据服务建设所涉及的活动主要包括数据采集、数据编码、数据压缩、数据传输、数据存储、数据检索、数据分发、数据显示等，其数据服务体系如图 1-4 所示。

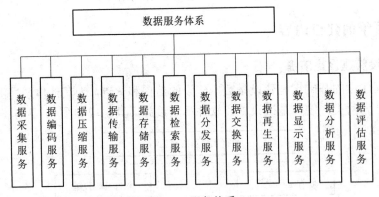

图 1-4　服务体系

5. 管理体系建设是关键

数据工程建设涉及信息化建设的全局，必须加强管理。美国等西方国家的军队大多指定相应的机构或设置专门的人员从总体上负责指导和协调数据资源的开发利用，其他有关的机构按照各自的职责协助开展相关工作。

各级管理机构主要负责制定数据工程建设的重大方针政策、重大规划及对重大问题进行专门的研究，同时负责数据工程建设的咨询、指导、监督和评估工作。

6. 安全保障建设是支撑

数据工程建设的安全保障建设是保障国家安全不可或缺的组成部分，其内容包括真实性、完整性、可控性、机密性和确认性五个方面。网络时代的信息安全问题远远比通信保密、访问控制更加复杂，既要能防外部攻击，也要能防内部破坏，既要提供事后追查记录，更要事先防范攻击造成的危害。信息安全保障体系仅仅靠安全技术本身已经不能解决问题，必须建立动态的信息安全保障体系，以完善的总体设计和规章制度为指导，以各种安全技术的无缝集成作为支撑，以严密的各种管理措施为手段，实现显性、可控制、可管理的安全。

基于网络的信息安全包含的内容非常复杂，相互重叠，也相互依赖，因此，此处借鉴国外和我国政府构建信息安全保障的成功经验，从多个层面、多个角度来描述数据工程建设的安全保障体系，包括以下三个方面的内容：

(1) 从安全技术的层次上看，有安全保障、安全责任、安全策略。在网络信息安全保障体系中，可靠平台、P2DR[①]属于安全保障层次的技术，PKI技术、CA(Certificate Authority)中心、审计等属于安全责任层次的技术，权限管理基础设施 PMI(Privilege Management Infrastructure)、AA 中心、各种访问控制技术属于安全策略层次的内容。

(2) 从安全系统的组成上看，有物理安全、网络安全、计算机系统安全、应用系统安全、安全管理中心。每一个组成部分都部分或全部涉及三个安全技术层次。例如网络安全、计算机系统安全、应用系统安全均包含安全保障、安全责任、安全策略三个层次，均需要采用加密、签名等保障技术，应用 PKI 技术和 CA 中心进行身份验证，应用 PMI 技术和 AA 中心进行统一的授权管理，还需要各种访问控制技术的支持等。安全管理中心的任务是对整个系统中涉及与安全相关的事件进行统一的管理和响应，因此它包含了安全系统中各个组成部分的安全事件。

(3) 从安全管理角度来看，有安全配置、各种保护措施、安全管理细则、人员管理、规章制度等。安全管理是实现动态的信息安全保障的重要组成部分，"三分技术，七分管理"，但安全管理又是最容易被忽视的内容，必须得到应有的重视。这部分内容包括实施正确的安全配置，对系统各种设备进行严密的安全防护，制定系统(包括客户端)的使用和管理的细则和规章制度，重点加强人员管理和培训。

1.2.3　标准维的建设内容

1. 标准建设的主要内容

依据国标的定义，标准是对重复性事物和概念所做的统一规定。海量数据资源标准维的建设，就是对数据的全生命周期的管理与利用制定一系列的政策、法规、制度、标准与规范，使数据开发利用成为稳定、高效、规范的活动。

数据工程的标准建设内容包括指导标准、通用标准和专用标准三大类。

(1) 指导标准。与数据标准的制定、应用和理解等方面相关的标准称为指导标准。它阐述了数据资源标准化的总体需求、概念、组成和相互关系，以及使用的基本原则和方法

---

① P2DR 包括四个主要部分：Policy(安全策略)、Protection(防护)、Detection(检测)和 Response(响应)。

等。指导标准包括：数据标准体系及参考模型、标准化指南、数据共享概念与术语和标准一致性测试等内容。

(2) 通用标准。数据资源建设过程中具有共性的相关标准称为通用标准。通用标准分为三类：数据类标准、服务类标准和管理与建设类标准。其中，数据类标准包括元数据、分类与编码、数据元素规范、数据内容等方面的标准；服务类标准是提供数据共享服务的相关标准的总称，包括数据发现服务、数据访问服务、数据表示服务和数据操作服务，涉及数据和信息的发布、表达、交换和共享等多个环节，规范了数据的转换格式和方法，互操作的方法和规则，以及认证、目录服务、服务接口、图示表达等各方面；管理与建设类标准用于指导系统的建设，规范系统的运行，包括质量管理规范、数据发布管理规则、运行管理规定、信息安全管理规范、共享效益评价规范、工程验收规范、数据中心建设规范和数据网建设规范等。

(3) 专用标准。专用标准是根据通用标准制定出来的、反映具体领域数据特点的数据类标准。制定的本领域标准均属于此类标准。

2. 加强标准化过程

数据标准化是通过制定、发布和实施标准，对重复性事物和概念(各种数据)进行统一定义，以获得最佳秩序和效益的过程。其主要过程包括确定数据需求、制定数据标准、批准数据标准和实施数据标准四个阶段。

实施数据标准是标准发挥效能的关键步骤。这一阶段包括多项活动：对标准影响对象的技术培训；对标准的宣传贯彻；对标准执行情况的监督与评估；对标准实施与改进反馈的管理；提供必要的技术手段和工具来保障上述过程的实施。

必须做到"制定标准"和"执行标准"两手抓，且两手都要硬，才能建立领域海量数据资源标准建设的良性循环。

1.2.4　技术维的建设内容

数据工程建设不仅需要顶层的体系设计、制度与标准化的保障，也需要信息技术层面的研发与突破。数据工程建设面临的挑战，从数据的完整利用链角度来看，可包括获取、存储、计算、共享、传输和展示六个方面。

1. 获取——多源数据的捕获

从传统的数据库文件到物联网、云终端、移动互联网、车联网、手机、平板电脑、PC以及遍布地球各个角落的各种各样的传感器，还有各类信息系统，无一不是数据资源的来源。从异构的数据源实时、准确、安全获得的原始数据是海量数据资源的源泉。多源数据捕获的支撑技术包括：对数据库、文件和报文的采集技术；异构数据的抽取、转换和加载；多介质数据源的规范采集等。

2. 存储——海量数据的高效存储

数据资源体量巨大，起步已从吉字节(GB)级别，跃升到太字节(TB)，甚至拍字节(PB)或艾字节(EB)级别，这对数据的存储性能与访问速度提出了更高要求。相关的技术涉及海量数据的分布、分级、可扩展、自适应容错的存储机制，及在上述存储环境下数据的高吞吐量读写操作；此外，还需考虑数据存储的廉价、低能耗等技术问题。

3. 计算——大数据处理、分析与应用

不断积累的数据资源已具备典型的大数据特征，高效处理、分析和应用这些大数据资源，深度挖掘其蕴藏的事物特征、活动规律和动因机理，实现从信息优势到决策优势的跨越，是海量数据资源计算的最大挑战。相关的理论和支撑技术包括：大数据复杂性规律发现、复杂特征度量、大数据约简的基础理论与方法、网络大数据计算模型等复杂性解析理论和技术；计算性能评价体系、分布式系统架构、流式数据计算框架、在线数据处理方法等大数据计算系统架构体系理论和技术；多源异构数据信息感知、抽取、融合和质量控制，动态数据表示和实时查询分析，图数据的表示和分析，大数据一体化表达等多源异构网络数据感知融合与表示理论和技术；大数据的特征表示、内容建模、语义理解和主题演化与预测等知识工程理论和技术；大数据关系模式计算、互动效应分析、群体事件演化和发展趋势预测等深度挖掘理论和技术等。

4. 共享——数据的可发现、可理解

数据价值不在于建设和积累，而在于更大范围内的发现和使用。如果没有统一有效的全局共享机制，数据建设量的增加只会形成更多的"烟囱"和"孤岛"，无法真正形成信息优势和决策能力。数据共享的实现策略应包括：在顶层制订数据共享策略和实施指南；基于元数据建立数据的注册、发现工具；依托标准化实现数据的语义和结构统一语境等。

5. 传输——数据安全可靠的传播

数据的获取、计算及最终情报分发均涉及网络传输。传输的要求是"安全、快速、准确"。主要包括传输中数据的加解密技术、分布式多路并行传输加速技术、分布式自适应动态优化传输策略技术、分布式传输监测与全网态势生成技术等。

6. 展现——数据可视化

展现是数据的最终成果展示形式，也称数据可视化。数据可视化的目的是提供更方便、更丰富的人机交互手段和体验。其支持技术包括：对人的研究，包括视觉、听觉、触觉、动作乃至意识，均可成为"交互"的媒介；对"机器"的研究，包括数据的图形化技术，柔性、多维显示技术等。

1.3　数据工程现状与发展

1.3.1　我国数据工程建设发展

我国早期数据工程建设大多依托信息化的整体建设，较少单独展开，如 20 世纪 90 年代后期启动的国家"金子工程"、教育信息化工程、各省地市的电子政务工程等。网络互联和移动通信技术的发展，使得信息化发展从国家、企业和部门延伸到每个个人，数据资源建设也逐步从信息化建设后台走向前台，数据资源也从信息化的副产品逐步演化为扮演重要角色的国家战略资源。

2015 年以来，随着大数据技术发展，数据资源的价值越发凸显，许多西方强国将大数

据列为国家战略发展的重要内容。我国也高度重视大数据发展,将其列为国家战略,并在相关部委的共同推动下,我国大数据发展在顶层设计、产业集聚、技术创新、行业应用等方面取得了显著成效:

(1) 顶层设计上持续完善,全国各地加强贯彻落实《促进大数据发展行动纲要》《大数据产业发展规划(2016—2020 年)》及相关政策,十多个地方已经设置了省级大数据管理机构,30 多个省市制定实施了大数据相关政策文件,多层次协同推进机制基本形成;

(2) 行业集聚示范效应显著增强,建设了贵州、京津冀等 8 个国家大数据综合示范区,以及 5 个国家大数据新型工业化示范基地,区域布局持续优化;

(3) 技术创新取得突破,国内骨干企业已经具备了自主开发建设和运维超大规模大数据平台的能力,一批大数据以及智慧城市方面的独角兽企业快速崛起,大数据领域的专利申请数量逐年增加;

(4) 行业应用逐渐深入,全国各地积极组织了大数据产品和应用的解决方案的案例集,以及优秀解决方案的遴选等工作,并积极组织开展了大数据产业发展试点和示范项目活动,加快推动大数据和实体经济深度融合。

未来,我国还将加强数据治理,积极推动出台电信和互联网网络数据管理政策和安全标准,持续优化大数据发展环境,扎实推进国家大数据发展战略。

1. 金字工程

所谓"金字"工程,又称"十二金"工程,是指包含"金关""金税""金盾"等工程在内的国家政务体系中从中央到地方乃至基层单位统一平台、统一规范、信息数据实时共享的 12 项电子信息化建设工程。

(1) "金关"工程。

"金关"工程是于 1993 年提出,1996 年由外经贸部负责实施对外经济贸易和相关领域进行标准规范化、网络化管理的一项国家信息化重点系统工程。

(2) "金卡"工程。

"金卡"工程于 1994 年开始推广,用于建立我国现代化的、实用的电子货币系统,推广普及信用卡的应用,实现支付手段的革命性变化,使我国跨入电子货币时代。

(3) "金信"工程。

"金信"工程在"九五"期间使国家统计局实现了提高统计对国民经济宏观决策的快速支持能力,实现了统计信息的全社会共享。

(4) "金农"工程。

"金农"工程于 1994 年 12 月启动建设,目的是加速和推进农业和农村信息化,建立"农业综合管理和服务信息系统"。

(5) "金企"工程。

"金企"工程于 1994 年 12 月启动建设,通过建立大量的各类产品数据库、企业数据库、行业数据库等形成全国经济信息资源网支持系统,企业生产与流通信息系统,为国家宏观经济决策提供科学依据和信息服务。

(6) "金智"工程。

"金智"工程于 1995 年 12 月启动建设,并建成了第一个由国家投资建设、基于 TCP/IP

体系结构的中国教育与科研计算机网 CERNET。

(7)"金交"工程。

"金交"工程于 1996 年开始建设实施,用于建立和应用我国交通运输信息网络,发展交通运输服务产业。

(8)"金桥"工程。

"金桥"工程于 1996 年 8 月被批准列为国家的 107 个重点工程项目之一(国家公用经济信息通信网),是以建设我国的信息化基础设施为目的的跨世纪重大工程。

(9)"金税"工程。

"金税"工程于 1998 年 6 月批准,2000 年 5 月实施建立数据采集中心,建立稽查局的 4 级协查网络,对增值税专用发票进行管理,最大限度地减少税款流失。

(10)"金旅"工程。

"金旅"工程于 2000 年 12 月启动建设,实现政府旅游管理电子化和利用网络技术发展旅游电子商务。

(11)"金盾"工程。

"金盾"工程于 2001 年 4 月通过立项,这是全国公安信息化的基础工程,是实现警务信息化或电子化警务的基础。

(12)"金宏"工程。

"金宏"工程于 2004 年 2 月启动建设,又名"宏观经济管理信息系统",该工程有利于宏观管理部门实现信息资源共享,提高工作效率和质量,增强管理与决策协调性;有利于党中央、国务院获取及时、准确、全面的宏观经济信息;有利于推进公共服务,增加政府工作透明度。

我国的"金字"工程从"三金"工程起步("金桥"工程、"金关"工程和"金卡"工程),逐步扩展成为"十二金"工程。"金字"工程按照建设的行业领域和规模情况,大致可以划分为三个阶段:第一个阶段是从 1993 年提出"金卡"工程开始,这段时期是"金字"工程的起步时期,通过"三金"工程的建设,对发展我国信息化建设,加快我国国民经济发展具有重要推动作用,对整个电子信息产业,包括软件、硬件的发展都具有很大的带动作用;第二阶段以"十二金"工程为标志,明确了各个部委的职责,1998 年后,"金字"工程渐渐不再由某个部委主导,而是由各部委去建设;第三阶段是目前各行业"金字"工程的出现,表现为政府部门对信息化的重视程度,以及信息化深入部委中所发挥的作用,这一阶段出现了"金智""金旅"等一系列垂直于各个部委、行业的,由某一个政府职能单位建设的"金字"工程。同时,以"金字"工程为主的全国性网络开始从部委走向各个分支机构。

2. 大数据发展战略

信息技术与经济社会的交汇融合引发了数据迅猛增长,数据已成为国家基础性战略资源,大数据正日益对全球生产、流通、分配、消费活动以及经济运行机制、社会生活方式和国家治理能力产生重要影响。目前,我国在大数据发展和应用方面已具备一定基础,拥有市场优势和发展潜力,但也存在政府数据开放共享不足、产业基础薄弱、顶层设计和统筹规划缺乏、法律法规建设滞后、创新应用领域不广等问题亟待解决。为贯彻落实党中央、国务院决策部署,全面推进我国大数据发展和应用,加快建设数据强国,2015 年,我国提出了国家的大数据发展战略和配套的发展纲要，其总体目标、主要任务、政策机制如下。

　　1）总体目标

　　我国大数据发展纲要明确提出要加强顶层设计和统筹协调，大力推动政府信息系统和公共数据互联开放共享，加快政府信息平台整合，消除信息孤岛，推进数据资源向社会开放，增强政府公信力，引导社会发展，服务公众企业；以企业为主体，营造宽松公平环境，加大大数据关键技术研发、产业发展和人才培养力度，着力推进数据汇集和发掘，深化大数据在各行业创新应用，促进大数据产业健康发展；完善法规制度和标准体系，科学规范利用大数据，切实保障数据安全。该纲要还进一步明确，推动大数据发展和应用，在未来5至10年打造精准治理、多方协作的社会治理新模式，建立运行平稳、安全高效的经济运行新机制，构建以人为本、惠及全民的民生服务新体系，开启大众创业、万众创新的创新驱动新格局，培育高端智能、新兴繁荣的产业发展新生态。

　　打造精准治理、多方协作的社会治理新模式。将大数据作为提升政府治理能力的重要手段，通过高效采集、有效整合、深化应用政府数据和社会数据，提升政府决策和风险防范水平，提高社会治理的精准性和有效性，增强乡村社会治理能力；助力简政放权，支持从事前审批向事中事后监管转变，推动商事制度改革；促进政府监管和社会监督有机结合，有效调动社会力量参与社会治理的积极性。2017年底前形成跨部门数据资源共享共用格局。

　　建立运行平稳、安全高效的经济运行新机制。充分运用大数据，不断提升信用、财政、金融、税收、农业、统计、进出口、资源环境、产品质量、企业登记监管等领域数据资源的获取和利用能力，丰富经济统计数据来源，实现对经济运行更为准确的监测、分析、预测、预警，提高决策的针对性、科学性和时效性，提升宏观调控以及产业发展、信用体系、市场监管等方面管理效能，保障供需平衡，促进经济平稳运行。

　　构建以人为本、惠及全民的民生服务新体系。围绕服务型政府建设，在公用事业、市政管理、城乡环境、农村生活、健康医疗、减灾救灾、社会救助、养老服务、劳动就业、社会保障、文化教育、交通旅游、质量安全、消费维权、社区服务等领域全面推广大数据应用，利用大数据洞察民生需求，优化资源配置，丰富服务内容，拓展服务渠道，扩大服务范围，提高服务质量，提升城市辐射能力，推动公共服务向基层延伸，缩小城乡、区域差距，促进形成公平普惠、便捷高效的民生服务体系，不断满足人民群众日益增长的个性化、多样化需求。

　　开启大众创业、万众创新的创新驱动新格局。形成公共数据资源合理适度开放共享的法规制度和政策体系，2018年底前建成国家政府数据统一开放平台，率先在信用、交通、医疗、卫生、就业、社保、地理、文化、教育、科技、资源、农业、环境、安监、金融、质量、统计、气象、海洋、企业登记监管等重要领域实现公共数据资源合理适度向社会开放，带动社会公众开展大数据增值性、公益性开发和创新应用，充分释放数据红利，激发大众创业、万众创新活力。

　　培育高端智能、新兴繁荣的产业发展新生态。推动大数据与云计算、物联网、移动互联网等新一代信息技术融合发展，探索大数据与传统产业协同发展的新业态、新模式，促进传统产业转型升级和新兴产业发展，培育新的经济增长点。形成一批满足大数据重大应用需求的产品、系统和解决方案，建立安全可信的大数据技术体系，大数据产品和服务达到国际先进水平，国内市场占有率显著提高。培育一批面向全球的骨干企业和特色鲜明的创新型中小企业。构建形成政产学研用多方联动、协调发展的大数据产业生态体系。

2) 主要任务

大数据发展战略的主要任务如下：

(1) 加快政府数据开放共享，推动资源整合，提升治理能力。大力推动政府部门数据共享，稳步推动公共数据资源开放，统筹规划大数据基础设施建设，支持宏观调控科学化，推动政府治理精准化，推进商事服务便捷化，促进安全保障高效化，加快民生服务普惠化。

(2) 推动产业创新发展，培育新兴业态，助力经济转型。发展大数据在工业、新兴产业、农业农村等行业领域应用，推动大数据发展与科研创新有机结合，推进基础研究和核心技术攻关，形成大数据产品体系，完善大数据产业链。

(3) 强化安全保障，提高管理水平，促进健康发展。健全大数据安全保障体系，强化安全支撑。

3) 政策机制

大数据发展战略的政策机制如下：

(1) 建立国家大数据发展和应用统筹协调机制。

(2) 加快法规制度建设，积极研究数据开放、保护等方面制度。

(3) 健全市场发展机制，鼓励政府与企业、社会机构开展合作。

(4) 建立标准规范体系，积极参与相关国际标准制定工作。

(5) 加大财政金融支持，推动建设一批国际领先的重大示范工程。

(6) 加强专业人才培养，建立健全多层次、多类型的大数据人才培养体系。

(7) 促进国际交流合作，建立完善国际合作机制。

1.3.2　美军数据工程建设发展

在军事领域，美军的数据工程建设代表了该领域的发展水平。美国国防部 (Department of Defense，DoD)于第二次世界大战之后着手进行国防物资编目工作，并且于 20 世纪 90 年代启动了数据工程(Data Engineering)，实现了国防数据字典系统(DoD Data Dictionary System，DDDS)、数据共享环境 (Shared Data Engineering，SHADE)和联合公共数据库(Joint Common Database，JCDB)。这些成果为实现 C4ISR(Command Control Communication Computers Intelligence Surveillance and Reconnaissance)系统之间的数据重用和数据共享奠定了基础，也确保了美军在海湾战争、科索沃战争、阿富汗战争和伊拉克战争中的信息优势。2003 年，美军在伊拉克战争中主要依靠国防数据字典系统(DDDS)，数据共享环境(SHADE)和联合公共数据库(JCDB)等技术手段实现了 95%以上的信息共享。

随着信息技术的发展和作战思想的调整，美军的数据建设在政策、目标、管理方式上发生着变化，综合而言，可分为以下几个阶段。

1. 以数据标准化为主的"统一"建设阶段

1964 年 12 月 7 日，美国国防部颁布了以实现数据元素和代码标准化为主要目标的国防部指令 DoD 5000.11《数据元素和数据代码标准化大纲》。随后，各军兵种陆续制定了一系列配套文件来贯彻执行此大纲，标准数据元素和代码在采办、后勤、指挥控制等许多领域都得到了比较广泛的应用,促进了数据系统之间的数据交换,改善了系统之间的兼容性,提高了数据采集和数据处理的效率,减少了数据的冗余和不一致性。其主要做法如下:

(1) 明确了"统一"的管理流程。该阶段的管理流程是,将所有标准数据元素都收入到一个由国防部统一管理的文件中,通过分发和更新这个文件,各有关部门即可查阅到需要的数据元素。如果其中没有能够满足需要的标准数据元素或原有的标准数据元素需要修改,则各部门根据业务需要再提出新的候选标准数据元素或修订方案,并提交到国防部组织审查,审查通过后即扩充到标准数据元素集中。

(2) 建立了两层次的管理机构。该阶段美国国防部的数据管理机构,主要分国防部和国防部的各部局两个层次。国防部主管审计的国防部长助理负责制定数据管理政策、规程等,审查、批准和颁布标准数据元素及代码,监督检查各军种使用标准数据元素的情况,协调并解决与数据管理有关的问题。各军种/部/局分别负责与其自身业务密切相关的数据元素的标准化(通用基础的数据元素由国防部负责),其主要工作是在相应工作组的配合下,对数据元素进行标识、定义、分类和编码,并作为候选的标准数据元素提交国防部审查;对其他部局提交的标准数据元素提出修改意见;在系统建设过程中积极贯彻实施国防部已颁布的标准数据元素。

2. 以数据管理为主的"集中"建设阶段

为应对各信息系统互操作的新挑战,美军在总结以往数据元素标准化经验的基础上,于 1991 年颁布了新的数据管理文件 DoD 8320.1《国防部数据管理》,并在其后的几年内陆续颁布了相应的配套文件。在该阶段,美国防部以 8320 系列文件为核心,提出了数据管理(Data Administration)的思想,实行了"集中"数据管理模式,建立了更加完善的数据标准化规程,明确了新的数据管理机构及其职责,并确定了相应的数据管理工具。其主要做法如下:

(1) 建立了更加完善的数据标准化流程。美国防部制定并严格遵循了 DoD 8320.1-M《数据标准化管理规程》规定的数据标准化四环节流程,即确定信息需求、制定数据标准、批准数据标准、实施数据标准。

(2) 健全了管理机构并明确相应职责。1991 年后,美国国防部对管理机构做了较大的调整,组织机构比以前更加完善。数据管理的最高领导者由负责 C3I 的国防部长助理来担任,将数据的管理与 C3I 系统的规划管理、开发研制及使用保障结合在一起,针对性更强;在国防部、功能域和军种/部/局分别设有相应的数据管理员,国防部数据管理员由负责 C3I 的国防部长助理任命,功能域数据管理员由主管相关业务的国防部长助理或国防部副部长任命,军种/部/局的数据管理员由相应的单位主管任命。数据管理机构的设置,不仅在纵向上考虑到上级部门对下属单位的领导关系(如国防部对各军种/部/局,各军种/部/局的主管对其下属单位),同时还在横向上兼顾了功能域数据管理员对不同军种/部/局中相同业务的指导和归口管理关系,为打破烟囱林立的局面、提高各类系统间的互操作性创造了条件。

(3) 建立了与集中管理模式相适应的数据管理工具。为对整个国防部范围内的信息系统进行有效的数据管理,美国国防部组织开发了相应的数据管理工具。所谓的工具,实际上就是一些专门用于数据管理和服务的系统。非涉密数据存放在国防数据资源库(DDR)系统中，由信息系统局(DISA)负责管理。DDR 由两个独立的工具组成：国防数据字典系统((DDDS)和国防数据体系结构(DDA)，前者存放数据元素，后者存放数据模型。涉密数据存放在保密情报数据资源库(SIDR)的系统中，由国防情报局(DIA)负责管理。此外，还建立了数据共享环境(SHADE)和联合公共数据库(JCDB)等具体项目。

提出了 C4ISR 体系结构框架。美军于 1996 年颁布了《C4ISR 体系结构框架 1.0》，1997年又发布了其 2.0 版。在此体系结构中，国防数据字典系统(DDDS)、数据共享环境(SHADE)、核心体系结构数据模型(CADM)、信息系统互操作等级(LISI)、统一联合任务清单(UJTL)、联合作战体系结构(JOA)、联合技术体系结构(JTA)、技术参考模型(TRM)和公共操作环境(COE)一起并列为九种通用参考资源。

3. 突出元数据管理的以"网络为中心"建设阶段

2003 年 4 月，美国防部正式颁布了《转型计划指南》，强调"互操作性是军事转型的核心要素"，要求各军种的转型路线图必须优先考虑互操作性问题。2003 年 5 月 9 日，美国国防部发布《国防部网络中心数据策略》，将数据管理的侧重点从数据元素的标准化改为数据的可见性和可访问性上，总目标是加速决策过程，提高联合作战能力，获得情报优势。2006 年，美国国防部又发布了《国防部网络中心数据共享》实施指南，明确了利益共同体的组成与管理，提出了数据共享的基本要求：可发现、可访问、可理解和可信赖，明确了四项要求的具体描述和实现途径。其主要做法如下：

(1) 向"以网络为中心"的非集中管理模式转型。美国国防部在《国防部网络中心数据策略》中勾画的"以网络为中心"的非集中数据管理模式的蓝图是：在网络上广泛传播所有数据(包括情报、非情报、未加工和加工过的数据)并将管理模式从过去的"处理—利用—分发"转变为"先投送后处理"，无论用户和应用在何时何地需要数据，都可以将所有数据"广而告知"，而且所有数据对他们来说都是可用的。用户和应用用元数据(描述数据的数据)来"标记"数据资源，以支持数据发现。用户和应用将所有数据资源"投送"到"共享"空间，以供他人使用。随着在网络中心环境中共享的数据量的增加，专用的数据会越来越少，利益共同体(COI，即用户合作组)的数据会越来越多。

(2) 淡化数据的行政管理。《国防部网络中心数据策略》在国防部内部定义了一种修改后的数据管理模式，改变了过去数据管理采用"集中"式的行政管理模式，将重点放在数据的可见性和可访问性而不是标准化上，强调通过改进数据交换的灵活性，实现网络中心环境中的"多对多"数据交换，从而无需预先定义成对配置好的接口就可支持系统间的互操作性。这种新的管理体制不再强调"全军统一"，而是强调利益共同体的作用。在新的数据管理体制下，只需要在每个 COI 内统一数据的表示，开发共享任务词汇表，而不需要在整个国防部范围对所有数据元素进行标准化，可减少协同工作量。

(3) 元数据扮演重要角色。在实现网络中心数据策略的过程中，美国国防部的工作重点是：用户和应用将所有数据投送到"共享"空间，增加企业和利益共同体的数据，所有被投送的数据均与元数据相关联，从而使用户和应用能发现共享的数据并评估这些数据的使用效果。也就是说，随着国防部向以网络为中心的环境(由全球信息网格提供支撑)的演进，元数据管理将扮演一个重要角色。元数据注册库(MDR)是美国国防部根据 ISO-11179元数据注册规范建立的基于 Web 的一个共享数据空间，它如同一个能满足开发人员数据需求的一站式商店，存放着各式各样的数据资源供用户使用，实际上扮演着"国防部数据资源库"角色。

(4) 数据在顶层设计中作为基础地位。在美国国防部 2009 年颁布的《C4ISR 体系结构框架》的最新版本《国防部体系结构框架 2.0》(DoD AF2.0)中，体系结构的中心从产品转向了数据，注重体系结构的数据一致性和重用性，引进了体系结构元模型概念(代替了CADM)，并真正以数据为中心，建立了数据与信息视图，将高效决策所需的数据的采集、存储和处理放在了第一位。

4. 以决策优势为导向的"大数据"建设阶段

2011 年 4 月 19 日，在为期两年的国防科技战略研究的基础上，美国国防部科学技术执行委员会发布了《2013—2017 年国防部科学技术投资优先项目》，从综合需求表单中的54 项中选出 7 项战略投资优先发展项目，分别是从数据到决策(From data to decision)、网络科技、电子战和电子防护、工程化弹性系统、大规模杀伤性武器防御、自主系统和人机互动。其中，"从数据到决策"排在第一位，凸显出解决数据过载，提高数据分析智能化、自动化水平，提供知识服务，缩短决策周期等问题的重要性和紧迫性。

2012 年 3 月 29 日，奥巴马政府发布了《"大数据"研发倡议》，将大数据从产业倡导发展提升至国家战略的高度。该倡议涉及美国联邦政府的国防部(DOD)、国土安全部(DHS)、能源部(DOE)、国家科学基金(NSF)等多个关键部门。根据该倡议，这些部门将联合投入资金，推动大数据的收集、组织和分析等关键技术和系统研发，提升从大量、复杂的数据资源中获取知识的能力。

美国国防部在大数据上每年的投资大约是 2.5 亿美元(6000 万美元用于新研究项目)，建设一系列跨部门的项目。这些项目将致力于两方面的工作：一是研究处理和利用海量数据的新方法，并整合传感器、信息感知和决策支持等多项技术，建立自主操作和决策的自治系统；二是促进新技术向战斗力转化，通过海量数据的分析结果，直接为军事人员和技术专家提供决策信息，提高部队作战行动的能力和指挥员的指挥决策水平。

此外，美国国防部高级研究计划局启动了 XDATA 计划，该计划分 4 年投资 1 亿美元，用于研究分析非结构化和半结构化海量数据的计算方法，并开发创建有效、方便、可定制的可视化人机交互工具。

美军希望通过该阶段的建设，重点实现以下三个方面的目标：一是解决情报、监视和侦察"大数据"的及时处理问题，即如何高效处理平时采集的基础数据、战时或应急采集的海量数据；二是要从"大数据"中高效取得可以形成指令的信息，即利用数据自动化处理、数据分析、数据挖掘等最新技术发展，从数据中提炼出决策和执行人员所需要的"知识"；三是实现基于"大数据"的信息自动实时融合，各类数据必须与相关背景和态势信息融合，构建复杂战场环境下的信息网络图，以提供关于威胁、选择和后果的清晰图景。

虽然随着数据的获取渠道不断增加，数据存储、计算能力日益加强，由互联网行业开始并逐渐影响到军事部门的"大数据"正式上升为美国的国家战略，但美军所实施的"大数据"战略，并没有摒弃前期数据建设的成果，相反，"大数据"恰恰是在其前期数据资源建设成果积累的基础上，在技术革新的推动下由量变到质变的必然。从数据到决策，就是美军数据建设从量变到质变过程的本质。

本 章 小 结

　　本章首先介绍了数据的基本概念和数据的生命周期，明确了数据与信息、知识、智慧的关系和差异，帮助读者对数据有一个全面的理解和认识。为实现数据的共享和重用，在数据全生命周期的各个阶段都有相应的技术手段和理论方法提供支撑，数据工程的概念被人们提出，并逐渐形成了相对完整的理论体系。数据工程的建设是一项复杂的系统工程，通过分析了解数据工程体系建设的总体框架，分别从体系维、标准维、技术维等方面，全面概括和诠释了数据工程建设各要素的组成和关系。最后，通过分析我国数据工程建设现状和大数据发展战略，以及美军数据工程建设四个阶段的演进，使读者对数据工程的发展过程有了一个较全面的了解。

本章参考文献

[1]　张宏军. 作战仿真数据工程[M]. 北京：国防工业出版社，2014.

[2]　戴剑伟. 数据工程理论与技术[M]. 北京：国防工业出版社，2010.

[3]　国务院. 促进大数据发展行动纲要. [R/OL].(2015-05-09)[2022-2-17]. http://www.gov.cn/xinwen/ 2015-09/05/content-2925284.htm.

第 2 章　数据规划设计

　　数据规划设计是数据工程建设实施的第一步，如何实施数据资源规划设计，一直是数据工程设计人员的一个难题。目前比较主流的方法有三个：基于稳定信息过程的数据规划方法、基于稳定信息结构的数据规划方法、基于指标能力的数据规划方法。本章就围绕这三种方法的基本思路和具体步骤，分别进行阐述，并对这三种方法进行分析比较，帮助我们更好地理解这三种方法的特点和适用场景，同时介绍数据规划设计中的需求分析方法，以及数据规划设计报告的组成要素。

2.1　数据规划设计概述

　　"数据规划"概念的提出，已有三十多年的历史了，但人们对其内涵和外延的理解却各不相同，而且在称谓上也不统一，常见的有"数据资源规划""总体数据资源规划""战略数据资源规划""数据总体规划""信息资源总体规划"等。

2.1.1　数据规划概念的提出

　　美国的詹姆斯·马丁教授的《信息工程理论》中首先明确提出了"数据资源规划"这一概念，该理论引入中国之后，国内理论界对数据资源规划的研究出现了高潮。马丁教授认为，战略数据资源规划是通过一系列步骤来建造组织的总体数据模型，而总体数据模型是按实体集群划分的、针对管理目标的、由若干个主题数据库概念模型构成的统一体，在实施战略上既可采用集中式又可采用分布式，分期分批地进行企业数据库构造。按照马丁教授对战略数据资源规划的定义，战略数据资源规划的概念应当涵盖以下内容：

　　(1) 是一个实体集群；

　　(2) 是由主题数据库构成的概念模型；

　　(3) 是针对企业经营管理目标的；

　　(4) 应对数据的分布有所考虑；

　　(5) 应对实施的进度和步骤有所安排。

2.1.2　数据规划的定义

　　国务院信息化工作办公室在《信息资源规划与国家基础数据库的政策建议》中指出，广义的"信息资源规划"，不论是在一个具体的组织机构范围内还是在行业地区、国家等更大的范围内，都是指对信息资源描述、采集、处理、存储、管理、定位、访问、重组与再加工等全过程的全面规划工作。高复先教授在《基于信息资源规划的区域信息化建设》中提出，信息资源规划，是指政府部门或企事业单位的信息的采集、处理、传输和使用的全面规划。同时，他在《信息资源规划是农业信息化的基础工程》中又指出，信息资源规划是指对信息的采集、处理、传输和利用的全面规划。孙立宪同志指出，信息资源规划是指对信息的采集、处理、传输和使用的全面规划，是以信息工程方法论为技术基础，侧重于业务分析与优化、数据流分析、建立业务模式、功能模型和数据模型，并架构系统体系结构模型，形成企业信息化建设的信息资源管理基础标准，并通过后续的数据环境改造来解决企业信息资源整合等问题，以实现数据集成与信息共享的关键技术方法。

　　总之，数据规划是对企事业单位或政府部门的数据从产生、获取，到处理、存储、传输和使用的全面规划，是信息化建设的基础工程，其核心是：运用先进的信息工程和数据资源管理理论及方法，通过总体数据规划，打好数据建设的基础，促进实现集成化的应用开发。

　　综上所述，本书对数据规划的定义为：数据规划就是为使信息系统能够支持领域内的整体数据建设、数据管理、数据应用等目标，在遵循信息化建设总体目标的前提下，对业务领域所需建设的数据种类、数据内容、数据标准以及数据建设的步骤方法等进行规范化设计和统筹建设的过程。

2.1.3　数据规划的核心思想

　　数据规划与以往的信息系统设计规划有较大差异，要高质量地完成数据规划，必须建立正确的思想理念。

1. 数据规划的核心对象是数据

　　首先，信息系统设计的核心对象是功能模块，因为功能模块可以直接满足用户业务活动的需求，而数据规划的目的是提高数据资源建设的质量效益，以满足用户使用各类数据的需要，因此在规划设计时必须围绕数据对象本身的特点和规律来实施；其次，一个信息系统的开发，首先要考虑的是为管理人员提供什么信息服务，怎样组织这些信息，这就涉及科学的数据结构和数据标准化问题，因此数据往往位于信息处理系统的中心；最后，如果用户有依托数据进行决策的需求，要用这些数据来回答"如果怎样，就会怎样"一类问题，就需要从辅助决策的角度来收集整理数据。

2. 规划的数据对象必须相对稳定

　　优秀的数据规划能够实现数据的稳定性，但无法保证业务处理不发生变化。只要一个组织的职能任务不发生大的变化，即使业务活动发生了变化，所使用的数据类一般也很少变化。通过一定的分析方法，可以找出这些数据类的稳定结构，构建逻辑的数据模型。根据这些模型建立起来的数据库，不仅能为多种业务活动服务，而且还能适应组织机构和业务处理上的变化。

3. 最终用户必须真正参加数据规划工作

　　企业的高层领导和各级管理人员都是计算机应用系统的用户，正是由于他们最了解业务过程和管理上的信息需求，所以从规划到设计实施，在每一阶段上都应该有最终用户的参与。

2.1.4　数据规划的作用

数据规划在现代的信息化建设中发挥着越来越重要的作用，主要体现在以下四个方面：

(1) 将有效解决数据资源开发不足、利用不够、效益不高等问题，有利于整体信息化建设的提质增效；

(2) 将有利于缓解甚至打破数据建设中长期存在的"数据孤岛"问题，避免大量重复建设和体系分割；

(3) 将有利于数据建设的标准化，有利于数据的深层共享共用，形成数据建设的良性循环；

(4) 将有利于推进数据建设的市场化发展，有利于解决数据建设的产业化程度低、产业规模小、缺乏国际竞争力等问题。

2.2　数据规划设计方法

目前关于数据规划设计方法的最新研究成果较少，早期主流的方法是基于稳定信息过程的数据规划方法，该方法将软件系统设计的方法和数据需求分析方法结合，最终优化设计形成系列主题数据模型。该方法采用了部分软件系统设计的思路，而不是完全从数据角度分析得到结果，因此有人提出了基于稳定信息结构的数据规划方法。随着应用需求和数据本身的复杂度增加，数据规划设计也越来越复杂，为了便于决策者能从更加宏观的角度理解数据，有人提出了基于指标能力的数据规划方法。下面对上述三种方法进行详细介绍，供读者深入了解这些数据规划设计方法，更好地指导数据工程的建设。

2.2.1　基于稳定信息过程的数据规划方法

1. 方法概述

数据资源规划强调将需求分析与系统建模紧密结合起来——需求分析是系统建模的准备，系统建模是用户需求的定型和规范化表达。在进行信息资源规划的时候，首先要根据工作内容(而不是按照现行的机构部门)划分出一些"职能域"；然后由业务人员和分析人员组成的一些小组，分别对各个职能域进行业务和数据的调研分析；进而建立单位信息系统的功能模型和信息模型，作为整个信息化建设的逻辑框架。在做业务分析的时候，要注意识别主要业务过程，研究新的管理模式，即与机构调整和管理创新相结合。在做数据分析的时候，要调研分析职能域之间、职能域内部、职能域与外单位间的数据流向。只有经过这样细致的调研分析，才能进行科学的综合，获得相应的模型，并以模型为载体使参与数据资源规划的所有人在信息化建设"要做什么"的问题上达成共识。如图 2-1 所示，该数据资源规划方法可以概括为两条主线、三种模型、一套标准，其核心步骤如下：

(1) 定义职能域。定义职能域或职能范围、业务范围，即部门的主要管理活动领域。

(2) 各职能域业务分析。分析定义各职能域所包含的业务过程，识别各业务过程所包含的业务活动，形成由"职能域—业务过程—业务活动"三层结构组成的业务模型。

(3) 各职能域数据分析。对每个职能域绘出一、二级数据流程图，从而搞清楚职能域内外、职能域之间、职能域内部的信息流；分析并规范化用户视图；进行各职能域的输入、存储、输出数据流的量化分析。

(4) 建立领域的数据资源管理基础标准。包括数据元素标准、信息分析编码标准、用户视图标准、概念数据库和逻辑数据库标准。

(5) 建立信息系统功能模型。在业务模型的基础上，对业务活动进行计算机化可行性分析，并综合现有应用系统程序模块，建立系统功能模型。系统功能模型由"子系统—功能模块—程序模块"三层结构组成，成为新系统功能结构的规范化表述。

(6) 建立信息系统数据模型。信息系统数据模型由各子系统数据模型和全域数据模型组成，数据模型的实体是"基本表"，这是由数据元素组成的达到"第三范式"的数据结构，是系统集成和数据共享的基础。

(7) 建立关联模型。将功能模型和数据模型联系起来，就是系统的关联模型，它对控制模块开发顺序和解决共享数据库的"共建问题"，均有重要作用。

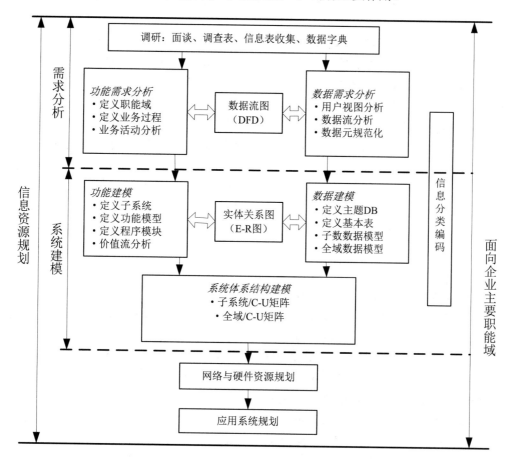

图 2-1　基于稳定信息过程的数据规划方法步骤

2. 具体步骤

1) 数据规划可行性分析

数据规划工作是数据工程建设的重要阶段，需要对被规划对象进行大量调研、分析和研究，往往涉及的人员多、过程时间长、规划工作量大。因此，在数据规划实施之前，首先应结合已有基础、资金、人员、时间等资源情况，对数据规划的必要性和可行性进行认真论证和分析。一般而言，任何工作开始之前都需要规划，只是规划的合理性、细致度和所需资源规模上的差异。对于数据规划的可行性，至少应从下述三个方面研究。

(1) 资源可行性，即是否有足够的人力和资金资源支持数据规划工作，数据规划所占用的资源是否过大，以致后续工作无法开展。

(2) 操作可行性，即是否有足够的时间来实施数据规划，是否有专业的技术规划人员参与数据规划，是否能得到高层部门领导的支持和认可。

(3) 技术可行性，即使用现有的技术手段能否支持数据规划。

2) 确定数据规划的目标和范围

数据规划的分析员访问关键人员，仔细阅读和分析相关材料，以便对数据规划对象的规模和目标进行确认，以清晰地描述数据规划对涉及的范围和实施数据工程建设的有限可行目标的内容。这个步骤的工作，实质上是为了确保分析员正在规划的内容确实是要求用户需要规划的内容。

这个阶段的工作是后续工作的基础，应尽量避免规划的范围过宽，想面面俱到，结果造成规划工作量过大，严重影响数据建设的进度和质量；还要避免规划的范围过窄，在数据建设过程中才发现大量内容没有有效规划，从而失去了数据规划的实际意义。以武器装备类数据规划为例，根据应用需求，其数据规划的范围是建设中国、美国、印度、俄罗斯的主战武器装备性能数据。如果数据规划的范围过大，可以表现在两个方面：

(1) 规划的内容太宽，如规划建设所有国家和地区的主战武器装备性能数据；

(2) 规划的内容太细，如规划建设组成武器装备每个部件的性能数据。这样的数据规划都脱离了实际需求，使数据建设任务工作量大增，而数据使用效率降低。一般而言，与业务密切相关的应用数据规划能够支持 5 到 10 年的数据建设需求就足够了，如果时间太长，等数据建成时，很多数据还没有使用和验证就已经过时了。

3) 数据规划的准备

数据规划实施前必须做好充分的准备工作，在准备阶段的主要工作如下：

(1) 组建数据规划小组。由高层部门领导挂帅，从科研院所和业务部门选择有经验的、素质好的人员组成专职的数据规划小组，其职责就是对本业务领域的数据进行规划、管理、协调和控制。它的人员组成应有系统规划员，负责总体规划和应用项目计划的编制和审查；数据管理员，负责数据管理规范的制订、修改、发布与监督执行，负责总体数据规划和数据库建设计划的编制或审查，负责数据资源的使用与管理；系统分析员，负责应用系统的分析与设计、数据库的设计和功能详细设计。

(2) 确定总体设计的技术路线。重视总体设计，重视数据环境的建设，建立稳定的数据基础，选择适合本业务数据特点的数据规划技术路线。

(3) 人员培训。对系统进行总体数据规划，意味着要采用一套科学的方法进行信息工程的基础建设。这套方法对大多数的参加者来说是新颖的，必须通过适当的培训使他们掌握这套方法。可以说，能否使参加规划的人员掌握科学的方法，是总体数据规划工作能否成功的另一个关键因素。

4) 研究当前的业务活动

不论是研制开发信息系统，还是展开业务领域的数据建设，都是围绕当前的业务活动展开的。充分的分析和研究这些业务活动，是数据规划的前提和基础。虽然，在数据规划可行性分析、确定数据规划的目标和范围等活动中已经对当前业务活动做过分析和研究，但其研究的基本目的是用较小的成本在较短的时间内确定数据规划的可行性和总体情况，因此许多细节被忽略了。然而详细研究当前的业务活动能够帮助我们捕获这些细节，并正确理解我们所要规划的数据到底是什么。

当然，需要指出的是当前的业务活动不仅仅是人工的活动，还应包括有信息系统支撑的业务活动，这些信息系统是数据规划的重要信息来源，应仔细阅读分析现有的信息系统的文档资料和使用手册，也要实地考察现有的信息系统。

为了准确反映当前的业务活动，我们也可以采用一些较成熟的方法和工具，如：企业业务模型图、IRP(信息资源规划)软件工具等。

5) 建立当前业务逻辑模型

对业务活动的分析研究成果还需要经过分析员的分析、细化、整合、重组，形成能够为数据规划人员所理解的逻辑模型。建立逻辑模型的图形化工具有数据流图、实体—联系图、状态转换图、用例图、业务功能的层次结构图等，这些图形化工具通过不同的角度准确反映了当前业务的功能和活动。

在建立当前业务的逻辑模型时，往往会发现现实中的业务活动不能适应本部门的信息化建设，必须对这样的业务活动甚至业务组织进行调整或改革，这就需要对建立的逻辑模型进行多次调整和修改，以适应这种变化。

6) 导出并建立数据模型

建立业务逻辑模型的目的不仅仅是反映将来信息系统的功能，更主要是能够反映数据建设的需求，以便进行统一的、一致的数据规划和设计，这就需要建立数据模型。

数据模型是根据已建立的业务模型，按照职能域去收集用户在业务过程中所处理的报表、单证等数据表单(统称用户视图)，分析这些用户视图由哪些数据元素组成，和业务过程的关系(输入关系、输出关系、存储关系)，要准确地找出这种关系，需要绘制各业务过程的业务过程图，图中反映出每个业务过程中各项业务活动的名称、需要的数据、产生的数据和责任人，使信息系统分析人员与用户对每个业务过程达成一致认识。从视图中抽取数据元素构成概念数据库，建立全局数据模型。

7) 建立信息资源管理标准

规划小组成员讨论并提出全域信息分类编码体系表，根据体系表和编码目录，结合主题数据库设计的要求，从数据元素库中提取全部可供信息编码的数据元素，填入各类信息编码的码表，逐一进行编码，并编写其编码原则和编码说明。属于程序标记类的编码可在应用开发时再做；码表内容非常庞大的一些信息编码，可另组队伍专门开发。完成后应组织专家评审。

8) 设计主题数据库

虽然我们已经设计并构建了数据模型，但还存在这种问题：相同的数据元素，被不同的开发小组生成多次，而且具有不同的结构，这样，应该相互协调的数据就不能相互协调，不同应用部门之间的数据传送也很难进行。一般情况下，我们所要规划的大多数数据都需要做统一的管理，相同的数据常常应被多个用户共享，不同的用户可以将这些数据用于不同的目的。只有通过规划与协调组织起来的数据，才能有效地为多个用户服务。为此，我们需要设计主题数据库。

主题数据库是面向业务主题的数据组织存储，这些主题数据库与本领域业务管理中要解决的主要问题相关联，而不是与通常的计算机应用项目相关联。主题数据库是对各个应用系统"自建自用"的数据库的彻底否定，强调建立各个应用系统"共建共用"的共享数据库。同时主题数据库要求调研分析业务活动中各个管理层次上的数据源，强调数据的就地采集，就地处理、使用和存储，以及必要的传输、汇总和集中存储。

设计主题数据库是数据规划的非常重要的一步工作，如何设计出科学合理的主题数据库一直是数据规划人员的一项重要工作。一般而言，我们采用自顶向下规划和自底向上设计的数据规划方法设计主题数据库。

主题数据库的设计一般过程如下：

(1) 统一数据标准。确定对应数据的统一数据标准，要首先统一数据的编码标准，使用统一的代码，消除数据间的重码现象；其次要对数据的录入标准、存储标准、输出标准进行统一，以适应数据集成的需要；还要规范数据的应用格式，建立统一的信息管理系统，统一信息使用和输出终端。

(2) 筛选数据。构建标准一致的数据库主题。数据库的结构和数据处理过程都是相对独立的，是面向业务主体的，它在建立的过程中需要对系统中所有的数据进行归类和标准化，在标准化的基础上进行整合、集成，形成数据标准一致的、规范化的、统一的、不需要数据接口的数据集合。

(3) 构建主题数据库。在数据标准统一和数据筛选、确定对应数据库的基础上，建立数据标准一致、信息共享的主题数据库，实现对分散开发的信息系统的数据集成、系统集成。

9) 数据的分布分析

结合数据存储地点，进一步调整、确定主题数据库的内容和结构，制订数据库开发策略。数据的分布分析要充分考虑业务数据发生和处理的地点，权衡集中式数据存储和分布式数据存储的利弊，还要考虑数据的安全性、保密性，系统的运行效率和用户的特殊要求等等。根据这些调整数据实体的分组，制订主题数据库的分布或集中存储方案。

10) 制订数据规划方案

将前面步骤中形成的业务逻辑模型、数据模型、资源编码标准体系、主题数据库设计方案、数据分布分析方案整合形成整体数据规划方案，以便于后续信息系统建设和数据工程建设参考分析。

11) 审核、评价数据规划方案

邀请部门领导、用户和领域专家共同分析评估数据规划方案，分别从经济可行性、技术可行性和操作可行性等方面再细致地进行分析研究，以确保该数据规划方案确实能解决用户问题，提高业务部门信息化的管理效率和水平。并对该数据规划方案给出结论性意见。

在进行数据规划的过程中需注意以下问题：

(1) 数据规划这种信息资源的开发方法，必须来自最高层的策划。因此高层管理人员的参与，能使规划工作更全面、更深入、更易于开展。

(2) 数据规划的基础是建立业务模型和数据模型，这两个模型大致上反映了整个业务活动情况。

(3) 数据规划的核心是模型分析，它需要系统设计人员深入细致地分析业务模型和数据模型，深刻理解它们，从而为设计数据库系统奠定基础。

(4) 数据规划的重点是建立主题数据库，确立整个信息系统的主题，并根据主题去组织数据，而建立规范的数据库表是建立主题数据库的主要任务。

系统建设要与管理体制相互适应。业务本身是一个存在的系统，管理信息系统是一个新建的系统，要使管理信息系统能够充分发挥作用，必须解决两者之间的适配关系，两者不是简单的加减、模拟或替代关系，要为达到总体目标而互相适应。

2.2.2 基于稳定信息结构的数据规划方法

1. 方法概述

该方法也是从组织的目标开始，但对组织目标及任务的确定和分解是为了更为全面地收集初始数据集，数据收集完成后，通过数据项审查、主题数据集审查以及信息关系分析，直接从数据的角度得到组织的信息模型，然后通过数据的流程对应地分析出组织的业务，这是一种从组织信息及其关系到业务过程的认识过程。这种认识过程很大程度上减弱了对现行业务的依赖，由于数据及其关系对于组织来讲是稳定的，因此通过信息关系分析组织的信息模型，以及由信息模型得到的组织逻辑业务过程，通常不会由于现行业务过程的变化而发生改变，从而在最大限度上保持了模型的稳定性。

基于稳定信息结构方法的中心是建立"核心数据集"，再转换成满足不同的使用者需要的输出信息结构——目标数据集，由于核心数据集的稳定性，通过更改输出信息结构即可满足不同的使用者，而输出信息结构的更改不会产生更多的"波及效应"。基于稳定信息过程的方法需要先确定信息处理过程，一方面这种过程是当权的决策者和使用者的意志的反映，另一方面是组织与环境作用的结果，当然这一过程不得违反，且必须符合逻辑过程，但一定会加入一些人为的、非逻辑的、不稳定的因素。基于稳定信息过程的方法在本质上没有实现稳定因素与不稳定因素的分离，没有摆脱对于过程稳定性的过分依赖致使当权者意志的变化、环境的轻微扰动等就可能形成病态信息，影响使用，甚至引起信息系统的崩溃。而基于稳定信息结构方法从分析组织的目标开始，从组织的目标到组织的任务，然后到组织的数据以及数据关系分析，这样一步步展开的，其根本目的是通过一系列逻辑严密的步骤，分析提炼隐藏于组织结构和组织运行中的稳定的信息关系或信息流程，然后通过某种建模工具，将这种信息关系或信息流程描述出来，以作为今后组织信息系统建设的基础。

2. 具体步骤

基于稳定信息结构的方法有五大步骤(见图 2-2): A 确定目标和边界→B 获取初始数据集→C 建立核心数据集→D 完善目标数据集→E 建立信息模型等。其中,任一步骤都可返回前面的任一步骤,是一个循环过程。由于步骤 A 和其他方法基本一致,因此此处将从步骤 B 开始论述。

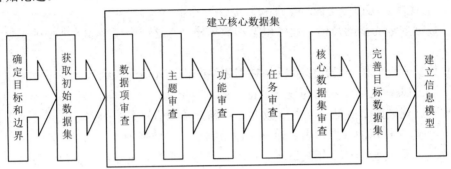

图 2-2　基于稳定信息结构的数据规划方法步骤

1) 获取初始数据集

初始数据集的收集应尽可能全,防止有用信息的丢失,从表面上看这些数据是杂乱无章的,但数据之间存在着必然的本质联系,因此,只要在一个具有强相关性的数据集合中收集到了一项数据,那么经过严密的逻辑分析,我们就有可能得到这一数据集在逻辑意义上的全集。所谓"全",是指支持信息系统目标的每一功能项至少能有一定数量的数据,作为逻辑分析的基础。

数据收集工作和后面的数据分析工作在实际工作中一般是交替进行的,数据收集常伴以分析,而数据分析又常需要补充收集数据,这也是步骤 C 可能返回 B 或 A 的原因。

初始数据集具有包罗万象、关系不明、冗余度较大、数据的来源和目的并不明确、不规范等特征,这些都是在后续的分析过程中需要重点解决的问题。

2) 建立核心数据集

建立核心数据集的过程是去粗取精、去伪存真、由此及彼、由表及里的分析过程,需要经过数据项审查—主题审查—功能审查—任务审查—核心数据集审查(与目标及功能的对比)等步骤。其中后四个步骤中发现问题(主要是完整性问题)时还要返回前面的若干步骤。

(1) 数据项审查。为了便于在建立组织的信息、模型时能以精确、逻辑严密的数据作为基础,必须首先对收集到的单个数据项审查,保证进入信息模型的各个数据项的概念是正确的,精度是足够的,采集是方便的,如果达不到要求需进行适当的修正。数据项审查主要针对的是初始数据集中的单个数据项,它不一定能够表达一个完整的语义,该步骤的重点在于单个数据项自身的一些特性。

(2) 主题的建立、审查、改进。主题是能构成一个完整语义的数据项组合,建立主题就是根据数据项之间的关系进行适当的组合,形成一系列的主题,这些主题的集合称为主题集。比如,当"兵器室数量""单位名称"和"计量单位"这三个数据项组合起来时,我们就可以得到一个完整的语义,得到"某一单位有多少兵器室"这样一个主题。主题审查是检查主题及其集合的指标是否达到满意的程度，并给出通过、改进、删除的结论。

在此步骤中，规划人员会发现在初始数据集中还会缺少一些数据项，没有它们，有些数据是孤立的，无法构成一个完整的含义，此时，必须重复以前各个步骤，来不断完善整个数据集合。也许会发现一些多余的数据项，似乎没有什么用途，可暂做保存，有可能在进一步的规划中还能使用。也可能出现一些类似的、相近的、交叉的和重复的主题，要给予一定的优化，这是规划中的难点所在。

(3) 功能的建立、审查、改进。每一个主题集是一个更大主题或主题子集的一个部分，或者直接服务于一定的功能。基于这一情况，在完成主题集的基础上，需要对每一个主题及其集合进行功能审查，即确定一组主题或主题子集能否完成一个特定的功能。功能的建立，就是根据主题集确定其能完成的功能集的过程；功能的审查，是检查功能及其集合是否达到满意的程度的过程，并给出通过、改进、删除的结论。

(4) 任务的建立、审查、改进。任务是一个或若干个功能的动态组合。如果功能审查是为了保证功能执行的条件是否具备，则任务就是一个应用这些条件达到特定目标的过程。任务集的建立，是根据功能集确定其能完成的任务集的过程。

功能与主题是多对多的关系。功能是直接对数据进行操作的部分，任务是功能的集合。任务集的审查是检查任务集实现需求的情况，并给出通过、改进、删除的结论；功能的审查是静态的，任务的审查则是动态的。

(5) 核心数据集的建立、审查、改进。核心数据集是具有一定功能、支持一定任务、能为实现组织目标(或信息系统目标)提供全部信息支持的数据集合。建立核心数据集的过程，是在主题集的基础上经过功能与任务分析，将其逐步完善的过程。核心数据集的审查是检查其达到规定指标的程度，并给出通过、改进、删除的结论。

3) 完善目标数据集

核心数据集是一种纯理性的数据集，其格式、内容与实际应用有一定的差距，不能直接满足用户要求。而目标数据集是能够满足用户界面各种需要的数据集，这一阶段需要用户的充分参与，用户需求在这个阶段得到充分的展示，从这个意义上讲，完善目标数据集的过程也是用户需求的实现过程。目标数据集是由核心数据集经过一定的变换得到的，过程中只需要增加一些控制信息，而不需要增加数据本身，从这个意义上讲，完善目标数据集的过程也是对核心数据集的检验过程。如果存在核心数据集不能满足目标数据集要求的情况时，需要重复以前的各步骤，以使其达到规定的要求。

4) 建立信息模型

前面的规划工作是分析，组织信息模型的建立则是综合过程。尽管前面的分析有动态的过程，但其结果的形式是静态的，但这为动态的信息模型奠定了基础。信息模型的建立过程是根据数据之间的逻辑关系，找出信息的逻辑流程的过程，也是用这些逻辑过程连接各数据集合的过程。信息模型抽象地反映了组织运作过程中信息的流动过程，也就是数据规划的结果和归宿。

信息模型在逻辑上与信息系统是对等的，信息系统的建设是以信息模型为蓝本的，或者说，信息模型代表了组织(用户)的信息需求。也就是说，信息系统相关的设备、人员与组织机构及其相应的制度设计都是为它服务的。

2.2.3　基于指标能力的数据规划方法

1. 方法概述

该方法以"决策—指标—数据模型"的分析为切入点，一步步反推出能够支持目标决策应用的核心数据集。为了能够精准地评估出各种能力，做出正确适当的决策，经常需要辅之以各种指标数据。各种能力的评估和决策的制定都应该有各自适当的指标体系。在指标体系中，随着指标的深入分析，可以构造出层层细化的指标数据模型。根据底层指标数据模型的具体要求，分析并收集能够支撑这些底层模型的数据集，将所有从底层指标数据模型收集来的数据集合并整理，直至形成目标数据集。

基于指标能力的数据规划方法不需要关心具体的业务流程，也不需要收集大量的初始数据集，在规划过程中每一步分析的数据信息都是有方向的，服务于最终的能力评价、决策制定等。在该方法中，比较重要的内容是建立正确的指标体系。指标体系是否合理决定了能力评价和制定决策的正确程度，也关系到是否能够分析出关联有意义的数据。此外，由于指标体系的层次是从高到低不断分解的过程，在底层的指标中，可能会出现交叉使用同样的数据元素的情况，在形成的目标数据集中，对于这些表达相同意义的数据元素需要做一致性检验，避免数据元素的重复或同义不同名等现象。具体步骤主要包括决策评估的搜集、支撑指标的分析、指标体系构建、建立指标的数据模型并分析数据集、数据子集的融合、核心数据集的一致性检验、核心数据集的评价，通过审核评价的数据形成核心数据集，最后围绕决策分析需求，按需完善目标数据集，形成可以完全支持目标应用需要的数据集。

2. 具体步骤

基于指标能力的数据规划方法流程如图 2-3 所示，下面对其中部分流程进行简要介绍。

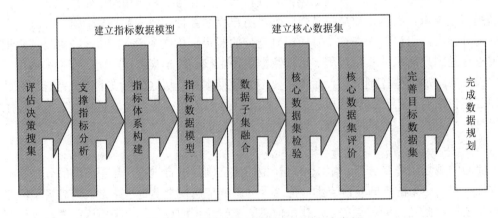

图 2-3　基于指标能力的数据规划方法流程

1) 评估决策搜集

本方法着眼于数据资源建设的最终目标是为能力的评估和决策的制定服务，因此以这些最终目标为导向分析数据资源，首先是要正确搜集和分析出需要评价的各种能力和制定的各类决策，将这些能力和决策分类细化，方便支撑指标的分析。

2) 支撑指标分析

能力评估和决策制定与数据之间需要各种指标作为连接的桥梁过渡。根据能力评估和决策制定的需要，转换出相应的支撑指标。以评估军队主要作战能力为例，为做出正确的能力评估，需要建立相应的指标作为依据。指标中可以从侦察情报、指挥控制、立体突击、精确打击、综合保障等多个指标考察作战能力，由这些指标值的综合得分评判军队的主要作战能力。

3) 指标体系构建

围绕分析的支撑指标，通过分类组合等方法进行系统化设计，构建形成指标体系，形成的指标体系还需要经过专家审核和评价，形成一致的认识和理解。有时形成的指标体系可能是比较抽象的概念，无法直接分析出需要支撑的数据。指标体系建立后，可以进一步细化出更为详细的指标，由这些小指标的组合形成大指标。例如"指挥控制"可以细分为陆战场综合态势更新周期、作战命令通达作战部队时间等小指标。

4) 指标数据模型

细化后的指标体系已经较为具体，可根据这些具体指标，建立出对应的信息逻辑模型。在这些模型中，分析并定义出必要的数据元素，从而构成各小指标的数据子集。

5) 数据子集融合

每个数据模型的数据子集建立后，根据指标体系的层次结构，向上回溯，合并融合出上一层次的各个指标的数据集合。例如，在作战能力的评估中，可以由多个分指标的数据集合拢形成这一能力评估所需的目标数据集。

6) 核心数据集检验

在数据子集不断合并融合的过程中，各个具体指标所分析的数据集之间可能存在一些重复的数据元素。如果这些重复的数据元素表达的意义是一样的，可以删除重复，只保留一个即可。而有些数据元素表达的实际意义是一样的，但在定义上存在差别，则需要利用一定的技术算法作出辨别，删除同义不同名的数据元素。

7) 核心数据集评价

形成的数据集是否能够正确支撑能力评估和决策制定，需要一定的标准来评价。这里推荐一种评价体系，主要由准备级、平台级、数据级、利用级四个维度构成。准备级包括规章制度、行为准则、标准规范等指标；平台级是展示成果的载体，用于联系数据供与需，包括数据生成、数据收集、工具推荐、成果展现、传播与反馈等指标；数据级是主要描述数据数量、质量、标准、范围等指标；利用级是数据开放的成果，包括利用促进、成果产出和数据利用等指标。

2.2.4　数据规划方法比较

数据规划是开展大数据建设的重要组成部分，是提高数据质量的重要保障手段，但不同数据规划方法有不同的特点和应用场合，必须准确理解和灵活运用，才能为今后的数据建设提供有力指导。表 2-1 是三种数据规划方法的比较。

表 2-1　三种数据规划方法的比较

数据规划方法	理论支撑	优点和缺点	应用场景
基于稳定信息过程的数据规划方法	信息工程论	优点：理论成熟、易理解、实现难度不大； 缺点：步骤繁杂、涉及因素多、数据稳定较差	业务场景相对固定；前期数据积累较少
基于稳定信息结构的数据规划方法	数据工程论	优点：理论较成熟、实施周期较短、数据稳定性好； 缺点：全局设计后置、初期工作量大、并行工作组织难度大	业务场景经常变化；前期数据积累较多
基于指标能力的数据规划方法	多理论融合	优点：直接支撑决策需求、设计思路清晰、数据稳定性好； 缺点：实现案例少、实施难度大、设计人员要求高	业务场景涉及决策；前期数据积累较少

2.3　数据规划中的需求分析

数据规划的需求分析是数据规划的重要基础，直接影响数据规划的质量和效果，在实际的需求分析实施过程中，往往这个阶段的工作容易忽视。数据规划的需求分析首先需要建立领域的全局观，站在一个较高的角度来分析和研究数据需求，确保数据规划分析的成果具有较长时间的稳定性和可用性。因此，无论采用哪种数据规划方法，其第一阶段的工作都需要进行需求分析。

2.3.1　需求分析概述

数据工程建设项目启动之前，特别是大数据环境下的数据工程建设，更加需要进行深入细致的需求分析。一般的软件系统开发都要进行业务领域功能的需求分析，"软件工程"或"系统分析与设计"课程中讲的就是这种需求分析。数据工程的需求分析与一般的软件工程需求分析的区别主要有以下三点：

(1) 分析的业务范围不同。数据工程的需求分析强调对全组织、组织的大部分或组织的主要部分进行分析，是一种全局性的分析，需要有全局的观点；而软件工程的需求分析是一种局部性的分析，它是根据具体的应用开发项目的范围进行调查分析，即使范围较大(涉及多个职能域)也是分散地进行旨在满足编程需要的需求分析，不强调全局观点。

(2) 分析人员组成不同。数据工程需求分析要求业务人员参加，特别强调高层管理人员的重视和亲自参与工作。一般要组成业务人员与系统分析人员"联合需求分析小组"，而且要求业务人员在需求分析阶段起主导作用，系统分析人员起协助辅导作用，整个需求分析过程是业务人员之间、业务人员与计算机人员之间的研讨过程；软件工程的需求分析主要是由系统分析人员完成的，他们只是向业务人员做一些调查，并没有组织业务人员广泛深入地参与。

(3) 对数据标准化的要求不同。数据工程的数据需求分析要建立全局的数据标准，这是进行数据集成的基础准备工作。就是说，全局性的数据标准化工作要提前开始并集中统一地进行，而不是等到应用项目开发时再分散地进行(此时将无法控制)；软件工程的数据需求分析不做数据标准化的准备工作，由分析人员因人而异进行数据调查，一般收集完用户的单证报表便结束。

2.3.2　需求获取方法

数据工程建设有其独有的规律特点，其需求获取的方法也与软件系统针对业务功能的需求获取存在一定差异，其主要方法包括访谈法、普查法和抽查法、数据流图法、快速原型界面法等。

1. 访谈法

访谈是最早开始使用的获取用户需求的技术，也是迄今为止仍然广泛使用的需求分析技术。访谈有两种基本形式，分别是正式的和非正式的访谈。正式访谈时，分析小组将提出一些事先准备好的具体问题，例如，询问客户公司销售的商品种类、雇用的销售人员数目以及商品销售分析需要的信息等。在非正式访谈中，分析小组将提出一些用户可以自由问答的开放性问题，以鼓励被访问人员说出自己的想法，例如，询问用户对目前正在开展的工作需要掌握哪些信息，以及对当前信息提报手段有哪些不满意的地方。

当需要调查的领域信息量较大，且关注信息的流转流程时，向被调查人分发调查表是一个十分有效的做法，经过仔细考虑写出的书面回答可能比被访者对问题的口头回答更准确。分析员仔细阅读收回的调查表，然后再有针对性地访问一些用户，以便向他们询问在分析调查表时发现的新问题。

在询问用户的过程中使用情景分析技术往往非常有效。所谓情景分析，就是对用户将来使用目标数据解决某个具体问题的方法和结果进行分析。例如，假设目标数据是能准确评估一个学生的综合能力素质，当给出学生的课程成绩、体能考核成绩、担任班级骨干情况、各种获奖情况数据时，如何能够给出一个综合能力素质的评分，就出现了一个可能的情景描述。需求分析员根据自己对目标数据所需的原始数据分析，给出适用于该目标的数据集。需求分析小组利用情景分析技术，往往能够获知用户的具体应用需求，从而了解所需构建的数据种类及其相关细节。

情景分析技术的用处主要体现在下述两个方面：

(1) 它能在某种程度上展现目标数据的应用场景，从而便于用户理解，而且还可能进一步揭示出一些分析员目前还不知道的数据需求。

(2) 由于情景分析较易为用户理解，因此使用这种技术能保证用户在需求分析过程中始终扮演一个积极主动的角色。需求分析的目标是获知用户的真实需求，而这一信息的唯一来源是用户，因此，让用户起积极主动的作用对需求分析工作获得成功是至关重要的。

在访谈法应用过程中，应注意尽力避免需求分析的边界不清、目标不明、范围过大的问题，分析小组往往喜欢追求完美和极致，尽力满足用户的所有需求，虽然出发点很好，但往往不现实。究其原因，任何数据工程项目能否成功实施，都有若干限定条件，即在限定时间、限定人员投入、限定资金投入和限定环境条件下的任务，若无限扩大其需求范围，则可能使工程项目难以收尾，最终造成失败。

2. 普查法和抽查法

普查法最早用于对社会人口信息的调查。普查法就是动员所有能够动员的力量进行详细的、规范的调查，所得的是最基层的、最详细的第一手调查资料。抽查法是指从全部调查研究对象中，抽选一部分进行调查，并据以对全部调查研究对象作出估计和推断的一种调查方法。显然，抽查法虽然是非全面调查，但它的目的却在于取得反映总体情况的信息资料，因而，也可起到全面调查的作用。

无论是采用普查法还是抽查法，其调查的内容和要素应该是相同的，只是调查的样本空间不同，一个是全体样本，一个是局部代表性样本。调查的内容一般包含：本单位的各类用户情况、各类用户正在使用的系统和数据情况、数据的流转情况、数据的权限和密级情况、数据的存储管理情况等；调查的要素一般包含：数据对象的名称、定义、结构、关系、标准遵循等要素，数据项的名称、含义、类型、取值范围、样例数据等要素。

在数据工程项目建设之前，往往很多单位都已经或正在开展各类信息系统建设，各种数据集、数据表、数据库已经存在，如果全部推倒重来，不仅实施难度大，浪费严重，而且容易造成现有业务工作的混乱。因此，需要尽力吸纳已有的数据建设成果，融入新的建设项目中，在不断迭代演化中，逐步规范替代。

3. 数据流图法

数据流图最早是软件系统需求分析的重要工具，在基于稳定信息结构的数据规划方法中，通常可利用数据流图来辅助进行数据需求分析。这一方法运用到数据需求分析中具有以下优点：

(1) 软件系统本质上是信息处理系统，而任何信息处理系统的基本功能都是把输入数据转变成需要的输出信息，数据决定了需要的处理和算法，因此数据流图能很好地支撑数据需求分析；

(2) 数据流图的分析技术本身比较成熟，数据需求分析人员能很快掌握，降低数据需求分析的难度和成本；

(3) 数据流图是软件系统分析设计的基础，如果一个部门已研制了相关的软件系统，可以直接利用这些软件系统的数据流图成果，帮助我们快速进行数据需求分析，成果复用性和分析工作的效率都较好。

数据流图法采用结构化分析的思路，面向数据流自顶向下逐步求精进行需求分析。首先得出目标系统的高层数据流图，逐步求精，把数据流和数据存储定义到元素级。为了达到这个目标，通常从数据流图的输出端着手分析，这是因为系统的基本功能是产生这些输出，输出数据决定了系统必须具有的最基本的组成元素。

输出数据是由哪些元素组成的呢？通过调查访问不难搞清这个问题，那么，每个输出数据元素又是从哪里来的呢？既然它们是系统的输出，显然它们或者是从外面输入到系统中来的，或者是通过计算由系统中产生出来的，沿数据流图从输出端往输入端回溯，应该能够确定每个数据元素的来源，与此同时也就初步定义了有关的算法。但是，早期的高层数据流图，许多具体的细节没有包括在里面，因此沿数据流图回溯时常常遇到为了得到某个数据元素需要用到数据流图中目前还没有的数据元素，或者得出这个数据元素需要用的算法尚不完全清楚的问题。为了解决这些问题，往往需要向用户和其他有关的人员请教，他们的回答可以使分析员对目标系统的认识更深入更具体，系统中更多的数据元素被划分出来，更多的算法被搞清楚。通常把分析过程中得到的有关数据元素的信息记录在数据字典中，把算法的简明描述记录在 IPO(Input Process Output，输入加工输出)图中。通过分析而补充的数据流、数据存储和处理，应该添加到数据流图的适当位置上。

必须请用户对上述分析过程中得出的结果仔细复查，数据流图是帮助复查的极好工具。从输入端开始，分析员借助数据流图和数据字典向用户解释输入数据是怎样一步一步地转变成输出数据的。这些解释集中反映了通过前面的分析工作中分析员所获得的对目标系统的认识。这些认识正确码？有没有遗漏？用户应该注意倾听分析员的报告，并及时纠正和补充分析员的认识。复杂过程验证了已知的元素，补充了未知的元素，填补了文档中的空白。

反复进行上述分析过程，分析员越来越深入地定义了系统中的数据和系统应该完成的功能。为了追踪更详细的数据流，分析员应该把数据流图扩展到更低层次。通过功能分解可能完成数据流图的细化。

对数据流图细化之后可得到一组新的数据流图，不同的系统元素之间的关系变得更清楚了。对这组新数据流图的分析追踪可能产生的新的问题，这些问题的答案可能又在数据字典中增加一些新条目，并且可能导致新的或精化的算法描述。随着分析过程的进展，经过问题和解答的反复循环，最终得到对规划建设数据的满意了解。

4. 快速原型界面法

快速建立原型界面是最准确、最有效、最强大的数据需求分析技术。快速原型界面就是快速建立起来的旨在演示目标数据需求的可运行原型界面。构建原型界面的要点是：它应该实现用户看得见的数据展示界面，省略实际软件系统的"隐含"功能。

快速原型界面法应该具备的第一个特性是"快速"。快速原型界面的目的是尽快向用户提供一个可在计算机上运行的数据展示界面，以便使用户和设计者在需要建设哪些数据这个问题上尽可能快地达成共识。因此，原型的某些缺陷和功能是可以忽略的，只要这些缺陷不会严重损害原型的界面展示，不会使用户对目标数据需求产生误解，就不必管它们。

快速原型界面法应该具备的第二个特性是"容易修改"。如果原型的第一版不是用户所需的，就必须根据用户的意见迅速地修改，构建出原型的第二版，以更好地满足用户需求。在实际数据需求分析时，原型的"修改—试用—反馈"过程可能重复多遍，如果修改耗时过多，势必延误整体的建设时间。

为了快速地构建和修改原型界面，通常使用原型设计工具。原型设计工具利用大量已有模板进行组合搭配，并输入部分样例数据，帮助用户理解界面设计的思路，引导用户的深层需求。目前，主流的原型设计工具如 Axure RP Pro，能够高效率制作产品原型，快速绘制线框图、流程图、网站架构图、示意图、HTML 模版等，可以辅助设计人员快速设计完整的产品原型。另外一款原型设计工具 UIDesigner，是腾讯推出的一款进行软件界面原型设计的工具，拥有强大的模板和预制功能，能够快速地搭建起软件界面的高保真原型。

5. 简易的需求规格说明技术

使用传统的访谈定义需求时，用户处于被动地位，而且往往有意无意地与开发者区分

"彼此"。由于不能像同一个团队的人那样齐心协力地识别和分析需求，这种方法的效果有时并不理想。

为了解决上述问题，人们研究出一种面向团队的需求收集法，称为简易的需求规格说明技术。这种方法提倡用户与开发者密切合作，共同标识问题，提出解决方案要素，商讨不同方案并指定基本需求。使用简易的数据规格说明技术分析需求的典型过程如下：

首先进行初步的访谈，通过用户对基本问题的回答，初步确定待解决的问题的范围和解决方案。然后开发者和用户分别写出"数据需求"，选定会议的时间和地点，并选举一个负责主持会议的协调人，邀请开发者和用户双方组织的代表出席会议，并在开会前预先把写好的数据需求及其应用场景分析报告分发给每位与会者。

每位与会者在开会的前几天认真审查相关需求材料，并且列出作为所有可能的数据对象，这些数据对象的服务对象，以及数据对象的关注属性。此外，还要使每位与会者列出这些数据对象的来源，以及如何产生这些数据对象。最后还应该列出约束条件(例如成本、规模、安全性要求、完成日期)和性能标准(例如数据增长速度、数据容量、响应速度等)。并不期望每位与会者列出的内容都是毫无遗漏的，但是，希望能准确地表达出每个人对目标数据及其应用的认识。

大家共同创建一张需求的组合列表。在组合列表中消除冗余项，加入了在展示过程中产生的新想法，但是并不删除任何实质性内容。在针对每个议题的组合列表都建立起来之后，由协调人主持讨论这些列表。组合列表将被缩短，加长或重新措辞，以便更准确地描述将被开发的数据产品和服务应用。讨论的目标是，针对每个议题(对象、服务、约束和性能)都创建出一张意见一致的列表。

一旦得出了意见一致的列表，就把与会者分成更小的小组，每个小组的工作目标是为每张列表中的项目制定小型规格说明。小型规格说明是对列表中包含的数据项的准确说明。然后，每个小组都向全体与会者展示他们制定的小型规格说明，供大家讨论。通过讨论可能会增加或删除一些内容，也可能进一步做些精化工作。在完成小型规格说明之后，以创建出意见一致的确认标准。最后，由一名或多名与会者根据会议成果起草完整的数据需求规格说明书。

简易的需求规格说明技术并不是解决数据需求分析阶段遇到的所有问题的"万能灵药"，但是，这种面向团队和需求收集方法确实有许多突出优点：开发者与用户不分彼此，齐心协力，密切合作，即时讨论并求精，最终导出规格说明的具体内容。

2.3.3　用户视图分析技术

数据需求分析是数据资源规划中最重要、工作量最大且较为复杂的分析工作，要求对组织管理所需要的信息进行深入的调查研究。通过前面需求分析技术的介绍，我们了解了数据工程的需求分析与软件工程的需求分析有显著的区别：数据工程的数据需求分析强调对全领域或部门的数据需求进行整体分析，要有全面的观点，要建立全局的数据标准，能为可能的异构数据集成奠定基础；而软件工程的数据需求分析并不这样要求，它是根据具体的应用开发项目的范围进行调查，无需建立全局的数据标准，不必去抓数据集成的基础工作。

数据工程的需求分析体现了面向数据的思想方法，而无论采用哪种数据需求分析方法，最直接的分析对象就是用户视图。

1. 用户视图的概念

用户视图是一些数据的集合，它反映了最终用户对数据实体的看法，基于用户视图的数据需求分析，可大大简化传统的实体—联系(E-R)分析方法，有利于发挥业务分析员的知识经验，建立起稳定的数据模型。

由于用户视图直接面向用户的数据需求，其视图的数量大、格式复杂、定义不规范，因此需要对用户视图进行分类管理和严格定义。

1) 用户视图的分类与登记

用户视图作为各管理层次最终用户的数据对象，是一个非常庞杂的对象集合。在手工管理方式下，各种各样的单证、报表、账册，不仅是数据的载体，而且还是数据传输的介质，甚至还是数据处理的工具。上级管理人员经常不经严格分析就设计出结构不科学的表格要求下级填报，尽管大家整天在"表格的海洋"里忙碌，但还是做不到及时、准确、完整地提供有用信息，更谈不上实时信息的处理。进行数据需求分析的目的是要从根本上结束这种局面，为此必须较彻底地清理一下长期以来一直被忽视的大量"乱表"，做好这项调查研究工作，首先要用一套科学的方法对所有用户视图进行分类和登记。

用户视图分为三大类：输入大类、存储大类和输出大类。每大类下分为四小类：单证/片卡小类、账册小类、报表小类和其他小类(如格式化电话记录、屏幕数据显示格式等)。进行用户视图登记时，应注意做好以下几点。

(1) 用户视图标识是指它的一种编码，这对全业务领域的用户视图的整理和分析是非常必要的。

用户视图标识的编码规则如下：

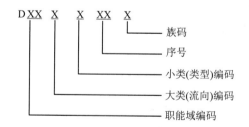

其中：

大类(流向)编码取值：1 = 输入，2 = 存储，3 = 输出。

小类(类型)编码取值：1 = 单证，2 = 账册，3 = 报表，4 = 其他。

序号：01～99。

族码取值：空，A～Z。

(2) 用户视图名称是指用一短语表示的用户视图的意义和用途。

例如：

用户视图标识：D041309。

用户视图名称：材料申报表。

这里用户视图标识编码的具体意义是："04"代表第四职能域"物资"，"1"表示

"输入"，"3"表示"报表"(这种"申报表"实际是下级单位送上来的报表)，"09"表示在同一大类同一小类中的第 9 个。

应该注意，用户视图的名称是说明其"意义和用途"的短语，它是抽象的，因此有可能与原来的表名不完全一样。例如，这里的"材料申报表"是原先的名称，在作整理登记时可改为"材料申报表"。用户视图登记除了标识和名称外，还要包括生存期和记录数两项内容。

(3) 用户视图生存期是指用户视图在管理工作中从形成到失去作用的时间周期。同样采取编码方式进行分类：

1 = 动态，　　2 = 日，　　3 = 周，　　4 = 旬，

5 = 月，　　　　6 = 季，　　7 = 年，　　8 = 永久

例如，上例的用户视图生存期是"月"，编码是"5"。如果该申报表要保留一年，那么生存期就要改为"年"，编码是"7"。

(4) 用户视图记录数是指把它看成一张表时的行数。在填写这一数据时，必须注意到必要的计算。

例如，上例的申报表每月有 7 张(该企业有 7 个基层单位)，每张表里按材料的品名、规格、型号平均有 20 行，那么，该视图的记录数应该是：$7 \times 20 = 140$。

为使信息量的估计有把握一些，可以取一上限(如 150)。

应用辅助工具进行用户视图登记时，用户视图标识或代码由系统自动生成；生存期编码由系统提示，经单击选定后自动编码存储。

2) 用户视图的组成

对每一用户视图的数据项逐一进行登记，这是一种比较复杂的分析、综合和抽象的过程，最终得出一个用户视图的数据结构并进行登记。

例如，"材料申报表"的组成是：

序号	数据项/元素名称	数据项/元素定义
01	NY	年月
02	DWBM	单位编码
03	CLBM	材料编码
04	SL	数量
05	YTDM	用途代码

需要注意的是，用户视图组成的数据项应该是"基本数据项"或"数据元素"，而不应该是复合数据项。数据元素是最小的不可再分的信息单元。例如，管理工作的某报表中的"试验起止时间"是一种复合数据项，应分成两个基本的数据项："试验开始时间"和"试验结束时间"。

2. 数据结构规范化

业务工作中经常有一些比较复杂的表格，有的甚至有"表中表"，在进行用户视图组成登记时不能简单地照抄，必须做一定的规范化工作。适当规范化的用户视图不仅适合计算机处理，有利于数据库的设计，而且也更适合业务人员的使用。

一个用户视图中的若干个数据元素之间存在一定的关系。

例如："职工登记表"中：

"职工号"与"姓名"之间存在一对一关系；

"部门编码"与"工种"之间存在多对多关系。

对用户视图中的所有数据项用这些基本关系进行分析，就会发现它们之间在结构上的问题，为解决这些问题而加以科学地重新组织，这就是用户视图的规范化。

1) 从单个用户视图导出一范式

【例 2-1】 某公司的"月工资表"结构如表 2-2 所示。

表 2-2　月工资表结构

工号	姓　名	基本工资	奖金项目—金额	扣款项目—金额	实发金额

这里"奖金项目—金额"和"扣款项目—金额"都是复合数据项，这类项目是经常变动的。许多程序员采取横向列出奖金、扣款项目的办法建立数据库，如表 2-3 所示。

表 2-3　横向列出奖金、扣款项目表

工号	姓名	基本工资	奖　金			扣　款		实发金额
			出勤	优质	建议	违规	劣质	
0112	李小明	500	100	200	100			900
0113	张伟	600	100		100		200	600
0116	孙雅君	500		200	200	100	100	700
0210	刘辉	600	100		200	100		800
⋮	⋮	⋮	⋮	⋮	⋮	⋮	⋮	⋮

按这样的数据结构编写工资程序，每当奖金项目、扣款项目有增减变化时，都需要改变数据库设计，同时要改变工资程序。如果多留出一些奖金、扣款项目，会造成"横向冗"，而且程序质量也不会有根本性的改变。问题就出在存在复合数据项。

为消除复合数据项而重新组织生成以下几个表(*表示该表的主码或主键字段)：

(1) 职工编号—姓名对照表：

*工号	姓名

(2) 收入代码—名称对照表：

*收入代码	收入名称

(3) 扣除代码—名称对照表：

*扣除代码	扣除名称

(4) 收入登记表：

*工号	*收入代码	收入金额

(5) 扣除登记表：

*工号	*扣除代码	扣除金额

按这种新的数据结构组织起来的实际工资数据如表 2-4～表 2-8 所示。

表 2-4　职工编号—姓名对照表

工　号	姓　名
0112	李小明
0113	张伟
0116	孙雅君
0210	刘辉
⋮	⋮

表 2-5　收入代码—名称对照表

收入代码	收入名称
01	基本工资
02	出满勤奖
03	优质奖
04	建议奖
⋮	⋮

表 2-6　扣除代码—名称对照表

扣除代码	扣除名称
01	违规扣
02	劣质扣
03	缺勤扣
⋮	⋮

表 2-7　收入登记表

工号	收入代码	收入金额
0112	01	500
0112	02	100
0112	03	200
0112	04	100
0113	01	600
0113	02	100
0113	04	100
⋮	⋮	⋮

表 2-8　扣除登记表

工　号	扣除代码	扣除金额
0113	02	200
0116	01	100
0116	02	100
0210	01	100

上述五个表中的各行数据是怎样确定的呢?

表 2-4 通过"工号"的不同值,唯一确定每一行数据;

表 2-5 通过"收入代码"的不同值,唯一确定每一行数据;

表 2-6 通过"扣除代码"的不同值,唯一确定每一行数据;

表 2-7 通过"工号+收入代码"的不同值,唯一确定每一行数据;

表 2-8 通过"工号+扣除代码"的不同值,唯一确定每一行数据。

这里的"+"号是指把两个字符串连接起来。

规范后的"收入登记表"包含基本工资项,这是通过收入项目编码实现的。

小结:不含有复合数据项的数据结构是一范式(1NF)的数据结构。对于含有复合项的数据结构,应该将复合项移出来另行组织,即将原结构进行分解而导出一范式。

注意:"收入登记表"和"扣除登记表"用于编辑记录本月的工资数据。当编辑结束后,要归入工资历史数据库时,收入登记表和扣除登记表的每条记录都要加上"年月"的实际值(如本月是 2021 年 6 月,就加上"202106")作为第一个字段。这种工资历史数据库积累几年后,将是重要的信息资源,用它可以进行多种有关工资的统计分析工作。

表 2-4 和表 2-5 这两个参照表中的项目及其编码,只许增加,不许修改,不许删除。因为,如果对参照表中的项目及其编码进行修改或删除,所建立的工资历史数据库会因项目代码含义的变化而失掉某些项目代码,使不同时期的工资项目数据发生混乱,无法进行相关的统计分析。

这是一种稳定的数据结构,基于这种数据结构编出的工资程序,无论各月的奖扣项目如何变化,都不必修改程序,用户只需自行增加奖扣项目参照表中的记录就可以了。因此可以说,只有建立在稳定的数据结构之上的应用程序,才能使开发人员从烦琐的维护工作中解脱出来。

2) 从单个用户视图导出二范式

【例 2-2】 某公司的"员工登记表"结构如下所示:

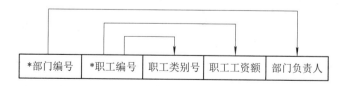

*部门编号	*职工编号	职工类别号	职工工资额	部门负责人

这个数据结构的问题是:把"部门编号+职工编号"作为主码,"职工类别号"和"职工工资额"这两个数据项仅依赖于"职工编号",即它们是主码的一部分,而不是主码的

全部；"部门负责人"仅依赖于"部门编号"，也是主码的一部分，而不是主码的全部。理论和实践都证明了这种数据结构会有多种"异常"，会把数据存储搞乱。为消除所有的"不完全依赖"，重新组织成如下的三个表，就导出了二范式(2NF)结构：

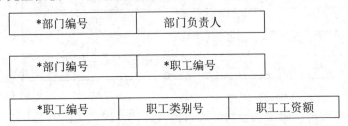

*部门编号	部门负责人

*部门编号	*职工编号

*职工编号	职工类别号	职工工资额

　　读者可以先做出原表的实例，即假想若干行数据，填成一张易于理解的"具体"的表，而不是抽象的表，然后再做出规范后的三个表的实例，比较研究优劣，以加深对规范化的理解。还要特别注意到第二个表，它的两个数据元素都是主码，不存在非主码元素，那么这样的表有什么意义？

　　小结：如果一个数据结构的全部非主码数据元素都完全依赖于整个主码，那么这个数据结构就是二范式(2NF)的。对于含有"不完全依赖"的数据结构，应该加以消除另行组织，从而导出二范式。

3) 从单个用户视图导出三范式

【例2-3】　某公司的"员工社会保险登记表"结构如下所示。

*部门编号	*职工编号	职工类别号	职工工资额	部门负责人

　　这个数据结构的问题是存在"传递依赖"，"社会保障号"依赖于"职工编号"，而"职工姓名"又依赖于"社会保障号"。这也是一种不好的数据结构。

　　消除"传递依赖"，重新组织成如下的三个表，就导出了三范式(3NF)结构：

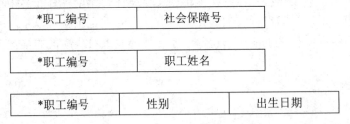

*职工编号	社会保障号

*职工编号	职工姓名

*职工编号	性别	出生日期

　　小结：如果一个数据结构的全部非主码数据元素都完全依赖于主码，而不依赖于其他的数据元素，那么这个数据结构就是三范式(3NF)的。对于含有"传递依赖"的数据结构，加以消除另行组织后，就可以导出三范式。

3. 用户视图整理模式

　　对现有报表进行分析的最主要的且比较麻烦的工作是抽象整理出其用户视图组成。为了能较顺利地进行报表类用户视图的组成整理工作，需要按报表的特点，分类掌握其组成整理的模式。

模式一：列名稳定，行名稳定，按列名整理用户视图组成。例如表 2-9 所示的物资需求申请汇总表。

表 2-9　物资需求申请汇总表

年月	基层单位	材料名称	材料数量	计量单位	用途
200107	一公司	钢材	20	吨	生产
200107	二公司	水泥	9	吨	基建
⋮	⋮	⋮	⋮	⋮	⋮

用视图组成：

01	Y	年月
02	JCDW	基层单位
03	CLMC	材料名称
04	CLSL	材料数量
05	JLDW	计量单位
06	YT	用途

模式二：列名不稳定，行名稳定，按列名代码化整理用户视图组成。例如表 2-10 所示的报表格式。

表 2-10　报 表 格 式

列名 1	列名 2	列名 3	...	列名 n

列名代码的报表组成：

01	LDM	列代码
02	LMC	列名称

报表组成：

01	M	行名
02	LDM	列代码
03	SZ	实例值

模式三：列名不稳定，行名也不稳定，按列名代码化和行名代码化整理用户视图组成。例如表 2-11 所示的报表格式。

表 2-11　报 表 格 式

列名 1	列名 2	列名 3	...	列名 n
行名 1				
行名 2				
⋮				
行名 n				

列名代码表组成：

01	LDM	列代码
02	LMC	列名称

行名代码表组成：

01	DHM	行代码
02	HMC	行名称

报表组成：

01	HDM	行代码
02	LDM	列代码
03	SZ	实例值

用户视图的收集、分析与整理，是保证信息需求分析和其后系统建模的基础，业务分析员和系统分析员必须认真工作，并且在整理用户视图登记时，还要注意下列事项：

(1) 凡可作"输入"或"存储"大类的，以及可作"输出"或"存储"大类的，一律归类为"存储"大类(码值"2")。

(2) "存储"大类的用户视图应规范到三范式，并定义其主码。

(3) "存储"大类的用户视图经规范化，有些原先的一个用户视图转化为几个规范化的用户视图，称为"同族用户视图"，它们的标识仅仅是族码不同。

(4) 加强各职能域用户视图的交叉复查，等价用户视图只需登记一次。

2.4　数据规划设计工具

2.4.1　IRP2000 信息资源规划工具

目前，国内数据规划自动化工具较少，最具有代表性的工具是 IRP2000，该工具是在国内开发研制的，能够全面支持企业信息资源规划的需求分析与系统建模两个阶段工作。通过该软件，可以进行以下工作：

(1) 业务功能分析。IRP2000 支持业务模型的建立，用"职能域—业务过程—业务活动"三层列表来描述业务的功能结构，如图 2-4 所示。

(2) 业务数据分析。IRP2000 支持用户视图分析(如登记及组成)、数据项\元素的聚类分析和各职能域输入\出数据流的量化分析，如图 2-5 所示。

(3) 系统功能建模。IRP2000 支持功能模型的建立，用"子系统—功能模块—程序模块"的三层结构来表示系统的逻辑功能模型，如图 2-6 所示。

(4) 系统数据建模。IRP2000 从概念主题数据库的定义开始，支持用户视图分组与基本表定义，落实逻辑主题数据库的所有基本表结构，建立全域和各子系统数据模型，如图 2-7 所示。

(5) 系统体系结构建模。IRP2000 可识别定义子系统数据模型和功能模型的关联结构，自动生成子系统和全域 C-U 矩阵，如图 2-8 所示。

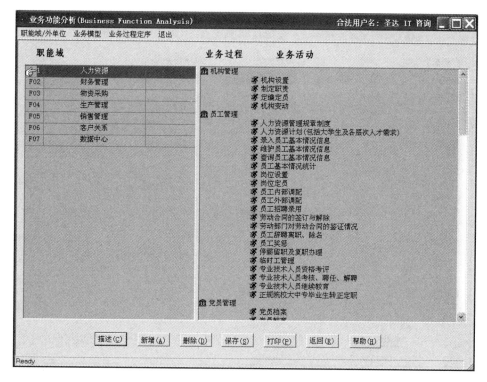

图 2-4　业务功能分析软件界面

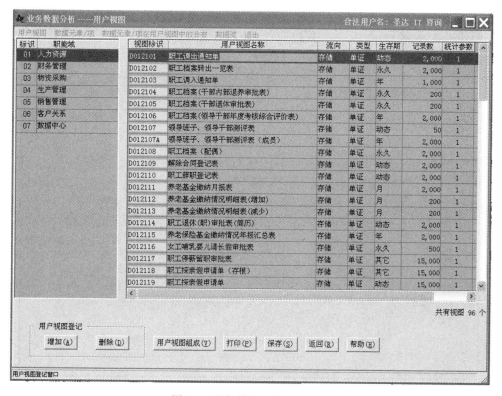

图 2-5　业务数据分析软件界面

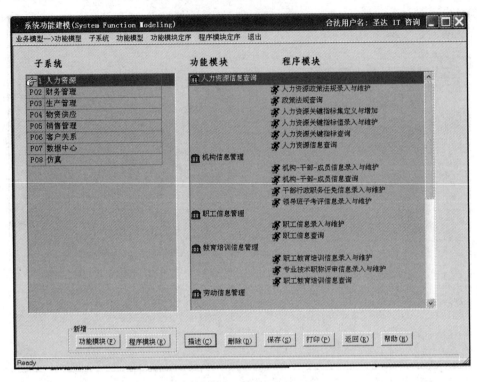

图 2-6　系统功能建模软件界面

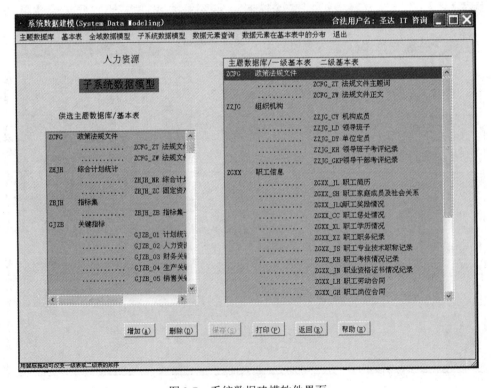

图 2-7　系统数据建模软件界面

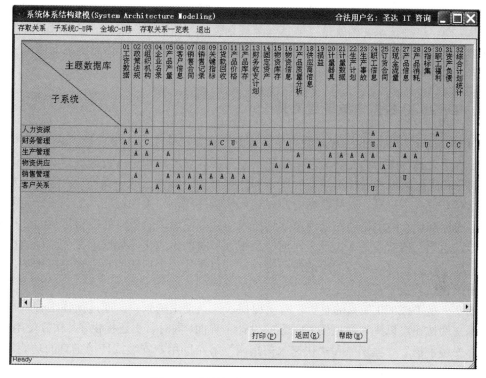

图 2-8　系统体系结构建模软件界面

　　IRP2000 将数据规划的有关标准规范和方法步骤都编写到软件工具中，使用可视化、易操作的程序，引导规划人员执行标准规范，使信息资源规划工作的资料录入、人机交互和自动化处理的工作量比例为 1∶2∶7，因而能高质量、高效率地支持数据规划工作。该工具能帮助企业继承已有的程序和数据资源，诊断原有数据环境存在的问题，建立统一的信息资源管理基础标准和集成化信息系统总体模型，在此基础上可以优化提升已有的应用系统，引进、定制或开发新应用系统，高起点、高效率地建立新一代的信息网络。

　　在传统的软件工程需求分析阶段，数据分析人员利用数据字典记录数据流和数据存储中的数据定义、结构和相互关系。随着系统的复杂化和从建设到运行的全程管理的需要，数据字典逐渐发展成元库。IRP2000 创建的、贯穿数据规划到应用系统开发全过程的元库，称作信息资源元库。

　　在信息资源规划阶段，设计信息资源元库时要考虑的内容包括：各职能域/现有应用系统之间以及与外单位交流什么信息，现有应用系统和新规划的应用系统处理什么信息，即已有哪些信息资源、要开发哪些信息资源；在系统建设阶段，信息资源元库设计的内容包括数据库设计，信息分类编码设计，数据环境重建信息，应用系统整合、开发等；在系统运行阶段，信息资源元库要记录的内容包括信息结构变化、数据定义变化、信息分类编码变化、信息处理变化、应用系统变化等。

　　这种工具将信息资源规划的步骤方法和标准规范"固化"到软件系统中，为规划分析人员营造紧密合作的环境，尤其是能加强业务人员与分析人员的有效沟通。在进行信息资源规划的过程中，从职能域的定义划分开始，到业务流和数据流的调研分析，再到系统功能建模和数据建模，都需要经历复查修改，由粗到精，不断完善，这就需要动态的、活化的技术文档。这种技术文档就是"信息资源规划信息与知识库"或"信息资源元库"，它们在信息资源规划过程中创建，并用于信息化建设的全程。总之，信息资源元库是一个组织信息化建设的核心资源，必须认真加以管理。

2.4.2　DP2020 数据资源规划工具

DP2020(Data Planning 2020)数据资源规划工具是陆军工程大学项目团队 2020 年研制的一套软件工具，该工具支持信息系统开发的高层规划设计和总体数据规划。利用该工具可以简化和固化数据资源标准规范的制定和数据资源规划方法的步骤设计；能够以友好的可视化交互方式，引导、支持数据资源规划人员执行规范、建立标准，共享统一元库；能快速生成标准化、结构化的数据资源规划技术文档，使烦琐的资料处理和复杂的分析建模工作得以简化。该工具基本实现了数据资源规划步骤的集成化，数据定义全流程的标准化和一致性，数据表单与业务需求的统一管理和共享优化，为后期的数据管理、维护，以及信息系统建设奠定了基础。

图 2-9 是 DP2020 工具的首页，首页提供了工具使用的入口，通过新建工程或打开已有工程文件按钮可以进入数据资源规划的设计主界面，同时首页还提供了"软件使用手册""软件安装手册""案例"和"快速入门指南"等帮助用户安装或使用工具的功能。

图 2-9　数据资源规划工具首页

图 2-10 是 DP2020 工具的业务模型构建界面，提供了职能域、业务过程、业务活动等业务模型，并能通过可视化交互的方式，直接将相关业务模型放置到设计界面，进行直观的设计和编辑。

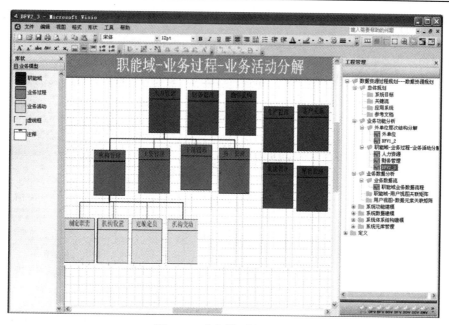

图 2-10 业务模型构建界面

图 2-11 是 DP2020 工具的业务数据流分析界面,提供了外单位、职能域、用户视图等模型,并能通过可视化交互的方式,直接将相关模型放置到设计界面,进行直观的设计和编辑。

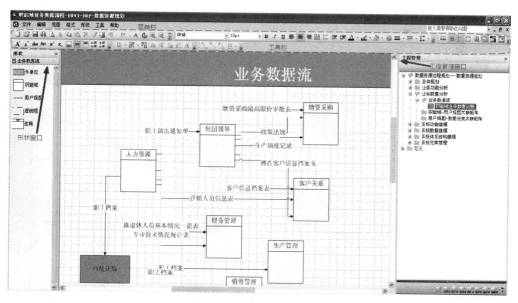

图 2-11 业务数据流分析界面

图 2-12 是 DP2020 工具的系统模型分析界面,提供了子系统、功能模块、程序模块等模型,并能通过可视化交互的方式,直接将相关模型放置到设计界面,进行直观的设计和编辑。同时 DP2020 工具提供了从业务模型直接生成系统模型的功能,提高了系统模型设计的效率。

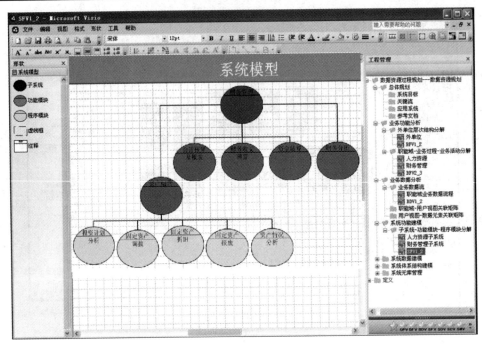

图 2-12　系统模型分析界面

　　图 2-13 是 DP2020 工具的数据库模型设计界面，提供了主题数据库、基本表等模型，并能通过可视化交互的方式，直接将相关模型放置到设计界面，进行直观的设计和编辑。同时 DP2020 工具提供了从用户视图表到基本表定制生成的功能，提高了数据库模型设计的效率。

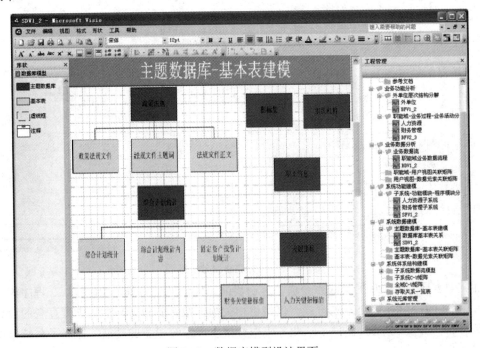

图 2-13　数据库模型设计界面

图 2-14 是 DP2020 工具的系统模块与基本表存储关系界面，提供了功能/程序模块与基本表之间的存取关系自动生成和可视化展现功能。其中界面中出现的三种关系符号含义为："A"指该系统模块与对应的基本表既有产生关系，也有读取关系；"C"指该系统模块与对应的基本表只有产生关系；"U"指该系统模块与对应的基本表只有读取关系。

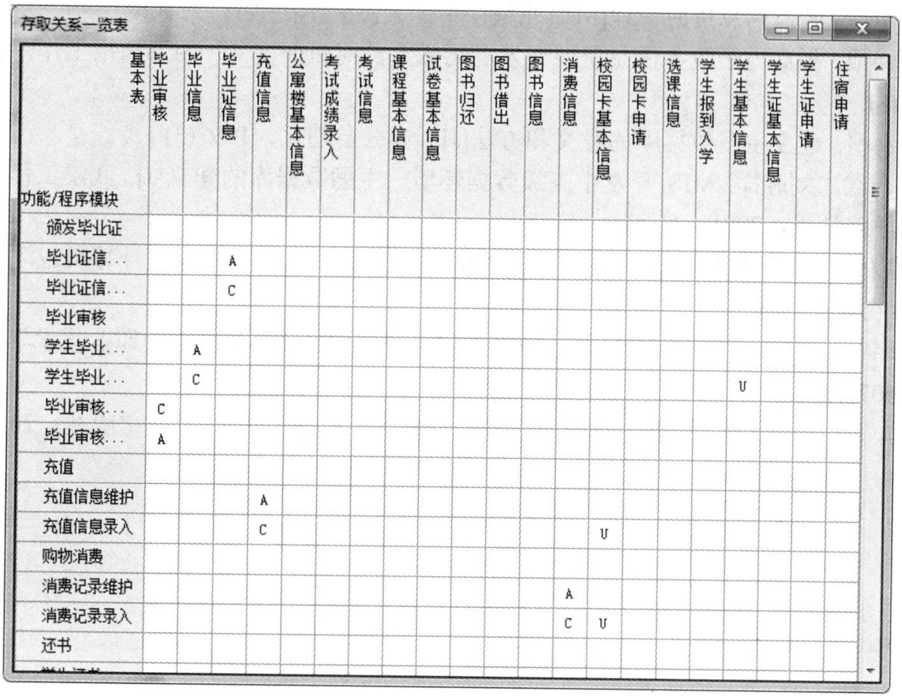

存取关系一览表

功能/程序模块 \ 基本表	毕业审核	毕业信息	毕业证信息	充值信息	公寓楼基本信息	考试成绩录入	考试信息	课程基本信息	试卷基本信息	图书归还	图书借出	图书信息	消费信息	校园卡基本信息	校园卡申请	选课信息	学生报到入学	学生基本信息	学生证基本信息	学生证申请	住宿申请
颁发毕业证																					
毕业证信…			A																		
毕业证信…			C																		
毕业审核																					
学生毕业…		A																			
学生毕业…		C																	U		
毕业审核…	C																				
毕业审核…	A																				
充值																					
充值信息维护				A																	
充值信息录入				C										U							
购物消费																					
消费记录维护														A							
消费记录录入													C	U							
还书																					

图 2-14　系统模块与基本表存储关系界面

本　章　小　结

数据规划设计是数据工程建设中的一项重要的基础性工作，本章重点围绕基于稳定信息过程的数据规划方法、基于稳定信息结构的数据规划方法、基于指标能力的数据规划方法，分别从方法概述、具体步骤等方面进行详细介绍，使读者掌握数据资源规划的实践方法。同时，通过分析比较三种方法的特点，帮助读者在实施数据规划时能正确选择相应的方法完成规划任务。然后重点介绍了数据规划中的需求分析技术，主要包括需求获取和用户视图分析技术。最后介绍了两种数据规划设计工具。

本　章　参　考　文　献

[1]　MARTIN J. 战略数据规划方法学[M]. 耿继秀，陈耀东，译. 北京：清华大学出版社，1994.

[2]　MARTIN J. 信息工程与总体数据规划[M]. 高复先，吴曙光，译. 北京：人民交通出

版社，1989.

[3]　张卓. 试论战略数据规划及其概念基础[J]. 军械工程学院学报，2002，14(4).

[4]　陈增吉. 基于稳定信息结构的数据规划方法[J]. 山东理工大学学报，2009，23(3) .

[5]　王冰. 浅谈军队物流 MIS 建设中的数据规划[J]. 物流科技，2007(11).

[6]　冯惠玲. 政府信息资源管理[M]. 北京：中国人民大学出版社，2006.

[7]　刘焕成. 提高电子政务信息资源开发利用效率的对策研究[J]. 图书情报工作，2004，48(8).

[8]　曹林贵. 建立主题数据库的意义和方法[J]. 办公自动化，1997(3) .

[9]　祖巧红，刘胜祥. MIS 开发中高级数据环境—主题数据库的建立[J]. 武汉工程职业技术学院学报，2001，13(4) .

[10]　曹林贵. 关于总体数据规划与主题数据库的讨论[C]. 第五届全国计算机应用联合学术会议，1999.

[11]　江锦祥，马云飞. 以数据为中心的高校信息资源规划[J]. 浙江交通职业技术学院学报，2007(1) .

[12]　李学军，邹红霞. 军事信息资源规划与管理[M]. 北京：国防工业出版社，2010.

第 3 章　数据模型构建

　　数据模型构建是对需要建设的数据对象及其关系进行规范化的描述和定义。一个好的数据模型不仅要准确地反映客观事实，还要符合数据库设计理论的要求和客观规律，同时也是数据建设和信息系统建设质量的重要保证。本章首先介绍了数据模型的基本概念和数据模型的三种基本形式，然后介绍了四种常见的数据建模标记符号，以及数据模型的描述方法，最后介绍了基于本体的数据建模新技术和新方法。

3.1　数据模型的基本概念

　　数据模型具有许多优点，数据模型是无二义性的，可以很好地反映用户的需求，易于理解和沟通。根据模型应用的目的不同，可以将数据模型划分为三类：概念模型、逻辑模型和物理模型。概念模型，是按照用户的观点来对数据进行建模，主要用于表达用户的需求。逻辑模型是在概念模型的基础上确定模型的数据结构，根据不同的数据结构，目前主要的逻辑模型有层次模型、网状模型、关系模型、面向对象模型和对象关系模型。物理模型是在逻辑模型的基础上，确定数据在计算机系统内部的表示方式和存取方式，物理模型是面向计算机的。

3.1.1　概念模型

　　概念模型也称信息模型，它是按用户的观点来对数据和信息建模，也就是说，把现实世界中的客观对象抽象为某一种信息结构，这种信息结构不依赖于具体的计算机系统，也不对应某个具体的数据库管理系统，它是概念级别的模型。

1. 概念模型的基本元素

1) 实体

　　此处把客观存在的并可以相互区分的事物称为实例，比如"395001，三系，1 号楼，大学英语，85"就是一个学生实例，描述了一个同学的具体情况，再比如"109742，王芳，一系，计算机教研室，讲师"就是一个教师实例，描述了一名教师的具体情况。实例可以是具体的人、事、物，也可以是抽象的概念，如某名老师、某门课程、某次上课等。

　　同一类型实例的抽象称为实体，如学生实体(学号、系名、住处、课程、成绩)、教师实体(工作证号，姓名，系名，教研室，职称)。实体是同一类型实例的共同抽象，不再与某个具体的实例对应。相比较而言，实例是具体的，而实体则是抽象的。

2) 属性

实体的特性称为属性。学生实体的属性包括学号、系名、住处、课程、成绩等，教师实体的属性包括工作证号、姓名、系名、教研室、职称等。

3) 域

属性的取值范围称为该属性的域。例如，性别的域是集合{"男"，"女"}。域的元素必须是相同的数据类型。

4) 键

能唯一标识每个实例的一个属性或几个属性的组合称为键。一个实例集中有很多个实例，需要有一个标识能够唯一地识别每一个实例，这个标识就是键。

5) 联系

在现实世界中，客观事物之间是相互关联的，这种相互关联在数据模型中表现为联系。实体之间的联系包括如下三种：

(1) 一对一联系。如果对于实体 A 中的每一个实例，实体 B 中至多有一个实例与之联系，反之亦然，则称实体 A 与实体 B 存在一对一联系，记为 1:1。

(2) 一对多联系。如果对于实体 A 中每一个实例，实体 B 中有 n 个实例与之联系，反之，对于实体 B 中的每一个实例，实体 A 中至多有一个实例与之联系，则称实体 A 与实体 B 存在一对多联系，记为 $1:n$。

(3) 多对多联系。如果对实体 A 中的每一个实例，实体 B 中有 n 个实例与之联系，反之，对于实体 B 中的每一个实例，实体 A 中也有 m 个实例与之联系，则称实体 A 与实体 B 存在多对多联系，记为 $m:n$。

2. 概念模型的要求

在概念模型设计阶段，设计人员从用户的角度看待数据及处理要求和约束，产生一个反映用户观点的概念模型。将概念模型设计作为一个独立的过程有以下几个方面的好处：

(1) 各阶段的任务相对单一化，设计复杂程度大大降低，便于组织管理；

(2) 概念模型不受特定的 DBMS(Database Management System，数据库管理系统)的限制，也不需要考虑数据存储和访问效率问题，因而比逻辑模型更为稳定；

(3) 概念模型不含具体的 DBMS 所附加的技术细节，能够准确地反映用户的需求。

通常对概念模型有以下要求：

(1) 概念模型是对现实世界的抽象和概括，它应该真实、充分地反映现实世界中事物和事物之间的联系，有丰富的语义表达能力，能表达用户的各种需求。

(2) 概念模型应简洁、明晰、独立于机器、容易理解，方便数据库设计人员与用户交换意见，使用户能够积极参与数据库的设计工作。

(3) 概念模型应易于变动。当应用环境和应用要求改变时，容易修改和补充概念模型。

(4) 概念模型应容易向关系、层次或网状等各种数据模型转换，易于从概念模型导出与 DBMS 相关的逻辑模型。

3.1.2　逻辑模型

逻辑模型是在概念模型的基础上建立起来的，概念模型考虑的重点是如何将客观对

象及客观对象之间的联系描述出来，逻辑模型考虑的重点是以什么样的数据结构来组织
数据。

1. 逻辑模型的种类

目前，数据库领域中最常见的逻辑模型如下：

(1) 层次模型；

(2) 网状模型；

(3) 关系模型；

(4) 面向对象模型；

(5) 对象关系模型。

其中，层次模型和网状模型称为格式化模型。20 世纪 70 年代至 80 年代初，格式化模
型的数据库系统非常流行，在数据库系统产品中占据了主导地位。20 世纪 80 年代以来，
计算机厂商新推出的数据库管理系统几乎都支持关系模型，非关系系统的产品也大都加上
了关系接口。数据库领域当前的研究工作也都是以关系方法为基础的，关系模型成为目前
最重要的一种逻辑数据模型。

关系数据模型具有下列优点：

(1) 关系模型与格式化模型不同，它是建立在严格的数学理论基础之上的。

(2) 关系模型的概念比较单一。无论实体还是联系都用关系来表示，对数据的检索和
更新结果也是关系，所以其数据结构简单、清晰，易懂易用。

(3) 关系模型的存取路径对用户透明，从而具有更高的数据独立性、更好的安全保密
性，也简化了程序员的工作和数据库开发工作。

关系数据模型最主要的缺点是，由于存取路径对用户透明，查询效率往往不如格式化
数据模型。

2. 关系模型的基本元素

关系模型的基本元素包括关系、关系的属性、视图等。关系模型是在概念模型的基
础上构建的，因此关系模型的基本元素与概念模型中的基本元素存在一定的对应关系，
见表 3-1。

表 3-1　关系模型与概念模型的对应关系

概念模型	关系模型	说　明
实体	关系	概念模型中的实体转换为关系模型中的关系
属性	属性	概念模型中的属性转换为关系模型中的属性
联系	关系，外键	概念模型中的联系有可能转换为关系模型的新关系，被参照关系的主键转化为参照关系的外键
—	视图	关系模型中的视图在概念模型中没有元素与之对应，它是按照查询条件从现有关系或视图中抽取若干属性组合而成的

3. 关系模型的完整性约束

关系数据模型的数据操作主要包括查询、插入、删除和更新数据，这些操作必须满足
关系的完整性约束条件。关系的完整性约束包括三大类型：实体完整性、参照完整性和用

户定义的完整性。其中,实体完整性、参照完整性是关系模型必须满足的完整性约束条件,用户定义的完整性是应用领域需要遵照的约束条件,体现了具体领域中的语义约束。

1) 实体完整性

实体完整性规则:若属性(指一个或一组属性)A 是关系 R 的主属性,则属性 A 不能为空值。

2) 参照完整性

现实世界中的实体之间往往存在某种联系,在关系模型中,实体与实体的联系包含在关系模式的表达之中,由此产生关系模式与关系模式之间的引用。

参照完整性规则:若属性(或属性组)F 是关系模式 R 的外码,它与关系模式 S 的主码 K 相对应,则对于 R 中每个元组在 F 上的值必须为下列两种情况之一:

(1) 取空值(F 的每个属性值均为空值);

(2) 等于 S 中某个元组的主码值。

3) 用户定义的完整性

用户定义的完整性就是针对某一具体关系数据库的约束条件。它反映某一具体应用所涉及的数据必须满足的语义要求。例如,住处属性不能取空值,学号属性必须取唯一值,成绩属性的取值范围为 0～100 等。

对于具体应用中出现的这类约束条件,应当由关系模型提供定义和检验这类约束的机制,以便使用统一的方法处理这些约束,而不是由应用程序承担这一检查功能。

3.1.3　物理模型

物理模型是在逻辑模型的基础上,考虑各种具体的技术实现因素,进行数据库体系结构设计,真正实现数据在数据库中的存放。物理模型的内容包括确定所有的表和列,定义外键用于确定表之间的关系,基于性能的需求可能进行反规范化处理等内容。在物理实现上的考虑,可能会导致物理模型和逻辑模型有较大的不同。物理模型的目标是如何用数据库模式来实现逻辑模型,以及真正地保存数据。

物理模型的基本元素包括表、字段、视图、索引、存储过程、触发器等,其中表、字段和视图等元素与逻辑模型中基本元素有一定的对应关系,见表 3-2。

表 3-2　物理模型与逻辑模型的对应关系

逻辑模型	物理模型	说　　明
关系	表	逻辑模型中的关系转换为物理模型中的表
属性	字段	逻辑模型中的属性转换为物理模型中的字段,由于物理模型与具体的 DBMS 相对应,因此物理模型中字段的类型与逻辑模型中属性的类型可能不完全一致
主键属性	主键字段	逻辑模型中的主键属性转换为物理模型中的主键字段
外键属性	外键字段	逻辑模型中的外键属性转换为物理模型中的外键字段
视图	视图	逻辑模型中视图转换为物理模型中的视图

索引就是一种供数据库服务器在表中快速查找某行(或某些行)的数据库结构。为什么在新华字典中能够很快地找到某个汉字呢?主要原因是字典中的内容已按照拼音顺序进行了排序,所以能很快找到所查的汉字。在数据库中,为了从大量的数据中迅速地找到需要的内容,也采用类似字典的方法,由于数据在查询之前已经排好序,因此数据查询时不必扫描整个数据表,而是在表的某个局部范围内查找,缩小了查找范围,节约了查询时间,提高了查询速度。

存储过程是数据库中定义的子程序,是由 SQL 语句和控制流语句构成的程序块。存储过程可以大大提高 SQL 语句的效率和灵活性。

触发器是一个特殊的存储过程,它存放在数据库中特定的表上,它不是由程序调用或手工启动来执行的,而是由某个事件来触发执行的,当这个表的数据被添加、删除和更改时,触发器就会自动执行。触发器可以查询其他表,而且可以包含复杂的 SQL 语句,触发器常常用于加强数据完整性约束和业务规则等。

3.1.4　数据模型种类

1. 层次模型和网状模型

层次模型是指用一颗"有向树"的数据结构来表示各类实体以及实体间的联系,树中每一个节点代表一个记录类型,树状结构表示实体之间的联系。用树型(层次)结构表示实体类型及实体间联系的数据模型称为层次模型。在树中,每个节点表示一个记录类型,节点间的连线或边表示记录类型间的关系,每个记录类型可包含若干个字段,记录类型描述的是实体,字段描述实体的属性,各个记录类型及其字段都必须命名。如果要存取某一记录类型的记录,可以从根节点起,按照有向数层次向下查表。层次模型具有数据结构比较简单清晰、数据库的查询效率高等优点。然而在现实生活中,很多联系是非层次性的,而层次数据库系统只能处理一对多的实体联系;并且,由于层次模型查询子女节点必须通过双亲节点,因此查询效率很低。

由于层次模型只能处理一对多的实体联系,对现实世界的描述比较局限,因此就诞生出了网状模型。网状模型的主要特点是子女节点与双亲节点的联系可以不唯一,因此网状模型可以方便地表示各种类型的连接。网状模型具有更好的性能和较高的存取效率,但网状模型的结构、数据定义语言和数据操作语言较为复杂,用户不太易于使用和掌握。

2. 关系模型

用二维表结构表示数据以及数据之间的联系的模型称为关系模型。关系模型是目前最重要的一种数据模型。IBM 公司的 E.F.Codd 在 1970 年—1974 年间发表了一系列有关关系模型的论文,从而奠定了关系数据库的设计基础。

关系模型的特征如下:

(1) 无论是实体还是实体之间的联系都被映射成一张二维表。

(2) 可以建立多个关系模型,来表示实体之间多对多的关系。

(3) 关系模型中的每个属性是不可分割的,具有原子性。

(4) 关系模型是一些表格的框架,实体的属性是表格中列的条目,实体之间的关系也是通过表格的公共属性表示的，关系模型结构简单明了，便于用户操作和使用。

3. 多维数据模型

随着电子商务、商业智能等应用的不断发展，关系数据库之父 E.F.Codd 于 1993 年提出了联机分析处理(OLAP)的概念。Codd 认为，联机事务处理(OLTP)已不能满足用户分析的需求，故提出了多维数据库和多维分析的概念。

多维数据模型是基于关系数据库的 OLAP 技术。多维数据模型以关系型结构进行多维数据的表示和存储。多维数据模型将多维数据库的多维结构划分为两类表：一类是事实表，用来存储数据和维关键字；另一类是维表，即对每个维度使用一个或多个表来存放层次、成员类别等维度的描述信息。多维数据模型主要包括星型模型和雪花模型。

4. DataVault 数据模型

DataVault 是 Dan Linstedt 发起并创建的一种模型方法论，它是在 ER 关系模型上的衍生，同时设计的出发点也是为了实现数据的整合，并非为数据决策分析直接使用。它强调建立一个可审计的基础数据层，也就是强调数据的历史性可追溯性和原子性，而不要求对数据进行过度的一致性处理和整合；同时也基于主题概念将企业数据进行结构化组织，并引入了更进一步的范式处理来优化模型应对源系统变更的扩展性。它主要由 Hub(关键核心业务实体)、Link(关系)、Satellite(实体属性)三部分组成。

5. Anchor 模型

Anchor 模型是由 Lars. Rönnbäck 设计的，其初衷是设计一个高度可扩展的模型，核心思想是所有的扩展只是添加而不是修改，因此它将模型规范到 6NF，基本变成了 Key-Value 结构模型。

6. 基于本体的数据模型

在数据模型中引入本体理论，就是利用本体理论明确化、规范化和形式化等优点，通过构建本体实现对业务概念、领域术语及其相互关系的规范化描述，勾画出领域的基本知识体系和描述语言。基于本体的数据模型主要具有以下几个特点：

(1) 保证知识理解的唯一性。在概念体系构建中，利用本体对概念模型统一的形式化定义后，保证了领域知识通过模型化，在传递与共享过程中知识理解的唯一性和精确性。

(2) 强化知识的横向联系。本体理论强调知识的结构，重视事物之间的横向联系，因此利用本体可以加强横向知识的表示。

(3) 克服信息交流的障碍。本体是以机器可以理解的形式化语言来描述知识(信息)的，因而也解决了人与机器、机器与机器之间的知识(信息)交流障碍。

(4) 明确隐含的知识。本体所具有的明确、清晰等优点，有助于对业务活动中的假定或设想等隐含知识进行清晰化表示。

将相对完善的本体技术应用到数据建模的实践中，利用本体的概念化、规范化的描述语法来形式化描述领域知识，分析具体的业务问题，可以完善和提高数据建模理论与方法，完善现有的业务模型，从而提高领域内数据建模的效率。

3.2　数据建模标记符号

如果要将数据模型中的要素可视化地展现出来，需要借助一些专门的符号。目前有多种标记符号，这些标记符号所表达的概念基本是相同的，其中比较流行的标记符号有四种：P. P. Chen 提出的实体—联系图标记符号；美国空军发起的 ICAM 的系列方法之—IDEF1x标记符号；James Martin 等人提出的 IE(信息工程)标记符号；UML 数据模型标记符号。这些标记符号受到广泛使用，并被很多 CASE 工具采纳。

3.2.1　实体—联系图标记符号

1. 实体

实体用矩形表示，在矩形框内注明实体的名称，如图 3-1 所示，该图表示的是"部队"实体。

图 3-1　部队实体

2. 属性

属性用椭圆来表示，并用线与实体连接起来，在椭圆内注明属性的名称，如图 3-2 所示，部队实体有"部队番号"属性。

图 3-2　部队番号属性

3. 联系

联系用菱形表示，并用线与有关实体连接起来，在菱形内注明联系的名称，在连接线上注明基数，联系还可以有属性，如图 3-3 所示，部队实体与装备实体之间有多对多的"拥有"联系，该联系有"数量"属性。

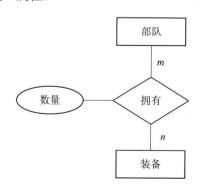

图 3-3　选课联系

4. 实体—联系图标记符号的应用

图 3-4 描述了一个简单的概念模型，该模型有四个实体，分别是部队、人员、装备和驻地。人员实体有人员编码和人员名称属性，部队实体有部队编号、部队番号、部队代号、部队级别、部队类型和简介等属性，驻地实体有地址编码和详细地址属性，装备实体有装备编码和装备型号属性。部队实体与驻地实体之间是一对一的联系，部队实体与人员实体之间是一对多的联系，部队实体与装备实体之间是多对多的拥有联系，并且拥有联系有数量属性。

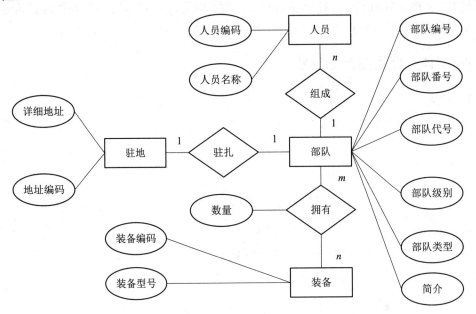

图 3-4　实体—联系图标记的部队信息概念模型

3.2.2　IDEF1x 标记符号

1. 实体和属性

实体分为两大类：一类是独立实体，用直角分层矩形表示；另一类是依赖实体，用圆角分层矩形表示。如图 3-5 所示，矩形上面是实体的名称，矩形的上层是主键属性，矩形的下层是非主键属性。不依赖于任何其他实体就能唯一确定实体中每个实例的实体称为独立实体，否则称为依赖实体。

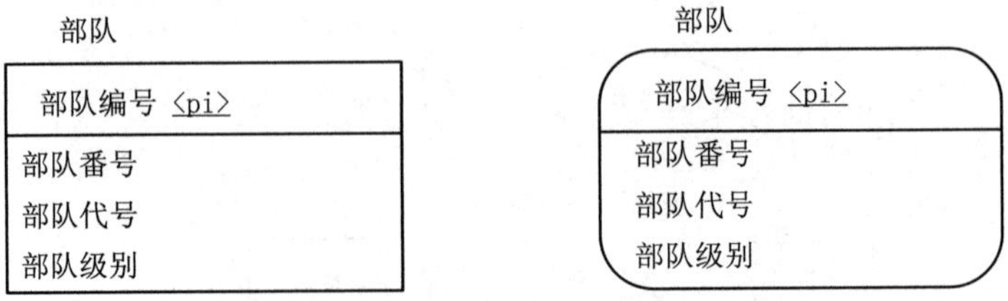

图 3-5　独立实体和依赖实体标准符号

2. 联系

实体之间的联系分为两大类：一类是标识联系；另一类是非标识联系。两个实体之间建立联系后，如果子实体是独立实体，则二者的联系是非标识联系，如果子实体是依赖实体，则二者的联系是标识联系。或者说，如果二者的联系是非标识联系，则子实体是独立实体，如果二者的联系是标识联系，则子实体是依赖实体。标识联系用实线表示，非标识联系用虚线表示，标识联系与非标识联系的差别可在关系模型中体现出来。如果两个实体之间存在非标识联系，则父实体的主键成为子实体的外键，如图 3-6 所示；如果两个实体之间存在标识联系，则父实体的主键成为子实体的外键且为主键的一部分，如图 3-7 所示。

联系用实线或虚线表示，根据联系两端的基数不同，联系两端的标记符号也有所差别，见表 3-3。

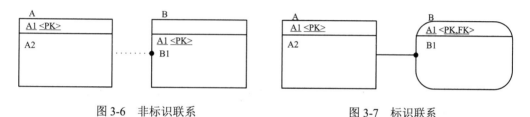

图 3-6　非标识联系　　　　　　　　　　　　图 3-7　标识联系

表 3-3　联系两端的标记符号

联系两端的标记符号	含　义
·········· 或 —————— ··········● 或 ——————●	基数为 1 基数为 0，1 或 n
——Z——● 或 ——Z——●	基数为 0 或 1
——P——● 或 ——P——●	基数为 1 或 n
——5——● 或 ——5——●	基数为 5(某个指定的自然数)
··········○	基数为 0 或 1，作用于父实体端

3. 继承

与实体—联系图不同，在 IDEF1x 标记符号中，实体之间除了联系之外，还有继承，这是面向对象思想在数据建模中的典型应用。如图 3-8 所示，其含义是军官实体和士兵实体都继承于人员实体，军官实体和士兵实体中没有共同的属性，因为它们共同的属性都抽取到人员实体中。

4. 视图

在逻辑模型和物理模型中，视图用圆角分层矩形表示，如图 3-9 所示，矩形上层是视图的名称，矩形中层是视图的属性，矩形下层是视图参考的表或其他视图。

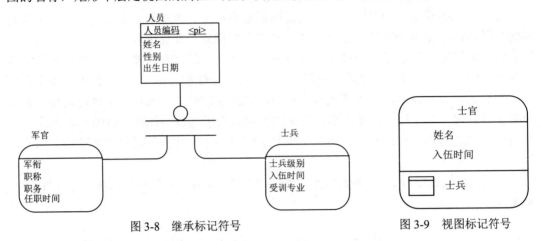

图 3-8   继承标记符号   图 3-9   视图标记符号

5. IDEF1x 标记符号的应用

在图 3-10 中，有五个实体，分别是人员、部队、驻地、装备、装备编配等。人员实体有人员编码和人员名称属性，部队实体有部队编号、部队番号、部队代号、部队级别、部队类型、简介等属性，驻地实体有地址编码属性和详细地址属性，装备实体有装备编码和装备型号属性，装备编配实体有装备数量属性。部队实体与驻地实体之间是一对一的联系，部队实体与人员实体之间是一对多的联系，部队实体与装备编配实体之间是一对多的联系，装备实体与装备编配实体之间是一对多的联系。从图 3-4 与图 3-10 的比较可以看出，IDEF1x 表示法比较简练、精确。

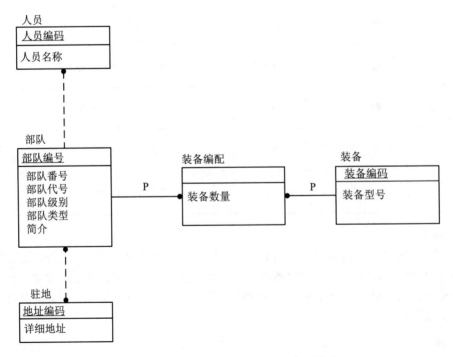

图 3-10   IDEF1x 标记的部队信息概念模型

3.2.3 信息工程标记符号

1. 实体和属性

实体用分层矩形表示，上层列出实体的名称，下层列出实体的所有属性，如图 3-11 所示，其中主键属性用下划线和<pi>标记，外键属性用<fk>标记。

图 3-11 实体标记符号

2. 联系

联系用带"鱼尾纹"的线来表示，并将两个实体连接起来，在线旁写明联系的名称，根据联系种类和基数通过鱼尾纹体现出来，图 3-12 中表示部队实体与人员实体之间是一对多的联系。一个部队中有 0 个或多个人员，一个人员只属于一个部队，并必须归属一个部队。联系两端符号的含义见表 3-4。

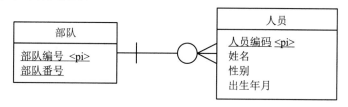

图 3-12 联系标记符号

表 3-4 联系两端的标记符号

符　　号	含　　义
─○─	基数为 0 或 1
─┼─	基数为 1
─○<	基数为 0 或 n
─┼<	基数为 1 或 n
─◁	基数为 0 或 n，连接的实体为依赖实体
─◁┤	基数为 1 或 n，连接的实体为依赖实体

3. 继承

在 IE 标记符号中也有继承的标记符号，如图 3-13 所示。继承的含义和用途与 IDEF1x 中的继承类似，这里不再作过多的叙述。

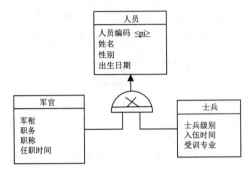

图 3-13　继承的标记符号

4. 视图

在 PowerDesigner 的建模工具中，IE 中的视图标记符号与 IDEF1 x 中的视图标记符号相同，如图 3-9 所示。

5. 信息工程标记符号的应用

在图 3-14 中，有五个实体，分别是人员、部队、驻地、装备、装备编配等。人员实体有人员编码和人员名称属性，部队实体有部队编号、部队番号、部队代号、部队级别、部队类型、简介等属性，驻地实体有地址编码属性和详细地址属性，装备实体有装备编码和装备型号属性，装备编配实体有装备数量属性。部队实体与驻地实体之间是一对一的联系，部队实体与人员实体之间是一对多的联系，部队实体与装备编配实体之间是一对多的联系，装备实体与装备编配实体之间是一对多的联系。从图 3-4 与图 3-14 的比较可以看出，信息工程图表示法比较简练、精确。

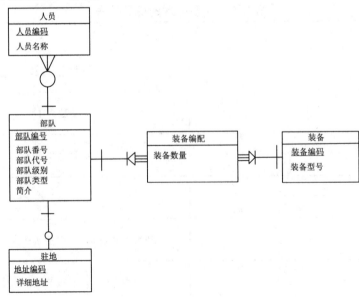

图 3-14　信息工程符号标记的部队信息概念模型

3.2.4 UML 数据模型标记符号

这里以 Rational Rose 2003 为例介绍 UML 数据模型标记符号，在 Rational Rose 2003 中没有概念模型和逻辑模型的建模过程，直接进行物理模型建模。

1. 表和字段

在 Rational Rose 2003 中，表的板型(Stereotype)有 None、Label、Decoration 和 Icon 四种。在 Decoration 板型中，表用分层的矩形表示，如图 3-15 所示，上层是表的板型和名称，中层是表的字段，下层是表的各种约束条件，如主键、外键、索引和触发器等。

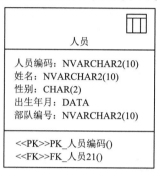

图 3-15 表的标记符号

2. 联系

在 UML 标记符号中，联系分为标识联系(Identifying Relationship)和非标识联系 (Non-Identifying Relationship)两类，如图 3-16 所示，标识联系用带实菱形的直线表示，靠近菱形的一端是父实体，直线上方标注《Identifying》，直线的两端注明联系的基数；非标识联系用直线表示，直线上方标注《Non-Identifying》，直线的两端注明联系的基数。

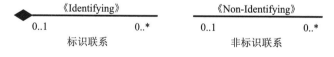

图 3-16 联系标记符号

3. 视图

在 Rational Rose 2003 中，视图的板型(Stereotype)有 None、Label、Decoration 和 Icon 四种。在 Decoration 板型中，视图用分层的矩形表示，如图 3-17 所示，上层是视图的板型和名称，中层是视图的字段和字段来源，下层是视图的触发器。

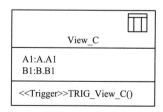

图 3-17 视图标记符号

　　由于视图的内容来自其他的表或视图，因此视图对其他的表或视图存在依赖关系，这种依赖的标记符号如图 3-18 所示，虚线箭头指向被依赖的表或视图，虚线箭头的上方标记《Derive》，虚线箭头的下面标记依赖的名称。

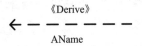

图 3-18　视图关联标记符号

4. UML 数据模型标记符号的应用

　　在图 3-19 中，有 5 个表，人员表有人员编码、人员名称和部队编号字段，其中人员编码字段是主键，部队编号字段是外键，部队表与人员表是一对多的非标识联系；部队表有部队编号、部队番号、部队代号、部队级别、部队类型、简介字段，其中部队编号字段是主键，部队表与驻地表是一对一的非标识联系，部队表与装备编配表存在一对多的标识联系；驻地表有驻地编码、详细地址和部队编号字段，其中驻地编码字段是主键，部队编号字段是外键；装备编配表有装备数量、部队编号和装备编码字段，其中部队编号和装备编码字段既是外键又是主键；装备表有装备编码、装备型号字段，其中装备编码是主键，装备表和装备编配表是一对多的标识联系。

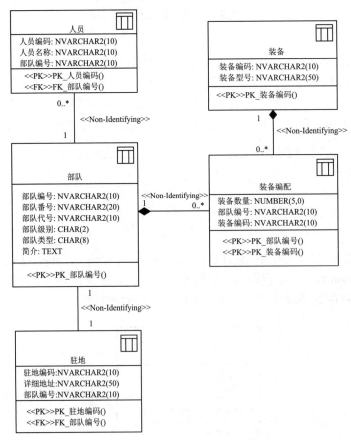

图 3-19　UML 标记的部队信息物理模型

3.2.5　标记符号的补充说明

前面介绍的四种标记符号尽管有很多相似之处，但是在许多细节上仍然存在一定的差异。

实体—联系图标记符号由于缺乏视图、索引、触发器等逻辑模型和物理模型所需元素的标记符号，因此它只能应用于概念模型建模，适合以手工标绘方式与用户进行面对面的交流，挖掘和明确系统数据需求。虽然常用的 CASE 工具不支持该标记符号，但由于该标记符号易于理解，因此常在数据建模教学中被广泛使用。

IDEF1x 标记符号和信息工程标记符号可用于概念模型建模，也可用于逻辑模型和物理模型建模，主流的数据建模 CASE 工具几乎都支持 IDEF1x 标记符号和信息工程标记符号，但是这些 CASE 工具提供的标记符号之间也存在一些差异，难以统一。

随着 UML 在建模领域的广泛应用，UML 在数据建模方面也在快速发展，作为业界主流的建模工具 Rational Rose，UML 目前只支持物理模型建模。跳过概念模型和逻辑模型，直接进行物理模型建模对开发人员有较高的要求，而且物理模型也不便于与用户交流。

3.3　数据模型描述方法

在数据定义阶段，构建的数据模型应包括概念数据模型、逻辑数据模型、物理数据模型和数据字典四个部分。其中数据字典是各类标准数据和编码规则的集合，用于指导数据的编码、交换等工作，而各层次数据模型的概念在前面已进行了阐述，这里不再赘述。下面围绕数据模型的描述方法进行详细介绍。

3.3.1　概念数据模型描述方法

概念数据模型主要规定了概念数据模型图、概念定义表、实体属性的定义方法等内容。

1. 概念数据模型图

概念数据模型图设计的要求如下：

(1) 概念数据模型图主要面向使用业务系统的用户，应取得和用户一致的意见；

(2) 概念数据模型图采用实体—联系图的符号来进行描述和定义；

(3) 每个概念数据模型图应标注对应的用户视图和业务活动。

2. 概念定义表

概念是指对数据需求中的一个人，一件事物，或者一个理念的抽象。通过抽象和提取出概念实体、属性、关系，定义表得到进一步的明确，保证数据模型建设的概念清楚，没有歧义。该定义表结构要求如下：

(1) 名称：指实体、属性、关系的名称；

(2) 定义：指实体、属性、关系意义所做的简要而准确的描述；

(3) 类型：是指定义的对象是实体、还是属性，还是关系；

(4) 提供或维护单位：提供或维护数据定义的单位。

3. 实体属性的定义方法

实体属性除了通过定义表来描述外，有时还需要补充该实体属性的取值规则和准确含义。可通过借鉴已有的数据定义方法，采用统一的描述形式，实现标准化描述和无歧义的理解。

建议采用如下的符号来描述实体属性的含义或取值情况：

= 的意思是等价于(或定义为)；

+ 的意思是和(即属性由两个分量组成)；

[ ]的意思是或(即从方括号内列出的若干个分量中选择一个)，通常用"｜"号隔开供选择的分量；

$n\{ \}m$ 的意思是重复(即重复花括号内的分量)，重复的最小次数是 n，最大次数是 m；

( )的意思是可选(即括号内的分量可有可无)。

下面举例说明上述定义数据的符号的使用方法。装备型号是武器装备实体的一个属性，是长度不超过 8 个字符的字符串，其中第一个字符必须是字母字符，随后的字符既可以是字母字符也可以是数字字符，采用上面的符号可以定义装备型号：

装备型号 = 字母字符 + 字母数字串

字母数字串 = 0{字母或数字}7

字母或数字 = [字母字符|数字字符]

3.3.2　逻辑数据模型描述方法

逻辑数据模型规定了领域数据的抽象数据库设计内容，是根据数据关系结构进行设计的数据模型。逻辑数据模型主要包括逻辑数据模型图、表实体定义表、表属性定义表、关系定义表和域定义表。

1. 逻辑数据模型图

逻辑数据模型设计的要求如下：

(1) 逻辑数据模型的设计要依据概念数据模型的设计结果，不能有不一致；

(2) 逻辑数据模型图采用信息工程标记符号等来进行描述和定义；

(3) 每个逻辑数据模型图应标注对应的概念数据模型。

2. 表实体定义表

表实体定义表结构要求如下：

(1) 名称：该表实体的中文名称；

(2) 代码：该表实体所对应的数据库中表的名称，可以是中文，也可以是字母、数字和符号的组合；

(3) 提供或维护单位：定义该表实体的提供或维护单位；

(4) 注释：该表实体的含义等其他需要说明的内容。

3. 表属性定义表

表属性定义表结构要求如下：

(1) 名称：中文名称；

(2) 代码：该表属性的标识代码，可以是中文，也可以是字母、数字和符号的组合；

(3) 定义域：定义的域代码，与下面的域定义表中的名称表示方法一致；

(4) 数据类型：该数据项的数据类型，数据类型的值应从已有的标准定义中选取；

(5) 长度：数据类型的长度；

(6) 精度：如果该数据类型是近似数值类型，则需定义该数值的精度；

(7) 量纲：量纲单位一般用国际度量单位；

(8) 非空：表示是否可以为空，"是"表示为非空，"否"表示可以为空；

(9) 主标识符：表示是否为主标识符，"是"表示为主标识符，"否"表示不是主标识符；

(10) 取值规则：数据项取值的约束条件，约束条件主要指取值范围、取值列表以及取值的格式化等规则；

(11) 注释：该数据项含义等其他需要说明的内容。

4. 关系定义表

关系定义表结构要求如下：

(1) 名称：关系的中文名称；

(2) 代码：关系的标识代码，可以是中文，也可以是字母、数字和符号的组合；

(3) 表实体 1 代码：表实体 1 的代码；

(4) 表实体 2 代码：子表实体的代码；

(5) 关系类型：父表实体与子表实体之间的关系类型，关系类型编码的取值如表 3-5 通用关系类型表所示。

(6) 注释：该关系含义等其他需要说明的内容。

表 3-5　通用关系类型表

关系类型名称	关系类型编码	说　　　明
一对一关系	10	1 个实体 A 对应 0 或 1 个实体 B； 1 个实体 B 对应 0 或 1 个实体 A
	11	1 个实体 A 对应 1 个实体 B； 1 个实体 B 对应 0 或 1 个实体 A
	12	1 个实体 A 对应 0 或 1 个实体 B； 1 个实体 B 对应 1 个实体 A
	13	1 个实体 A 对应 1 个实体 B； 1 个实体 B 对应 1 个实体 A
一对多关系	20	1 个实体 A 对应 0 或 n 个实体 B($n \neq 1$，下同)； 1 个实体 B 对应 0 或 1 个实体 A
	21	1 个实体 A 对应 1 或 n 个实体 B； 1 个实体 B 对应 0 或 1 个实体 A

关系类型名称	关系类型编码	说　　明
一对多关系	22	1 个实体 A 对应 0 或 n 个实体 B； 1 个实体 B 对应 1 个实体 A
	23	1 个实体 A 对应 1 或 n 个实体 B； 1 个实体 B 对应 1 个实体 A
多对多关系	30	1 个实体 A 对应 0 或 n 个实体 B； 1 个实体 B 对应 0 或 n 个实体 A
	31	1 个实体 A 对应 1 或 n 个实体 B； 1 个实体 B 对应 0 或 n 个实体 A
	32	1 个实体 A 对应 0 或 n 个实体 B； 1 个实体 B 对应 1 或 n 个实体 A
	33	1 个实体 A 对应 1 或 n 个实体 B； 1 个实体 B 对应 1 或 n 个实体 A

5. 域定义表

域定义表结构要求如下：

(1) 名称：域的中文名称；

(2) 代码：域的标识代码，可以是中文，也可以是字母、数字和符号的组合；

(3) 数据类型：可表示的值的集合，也称为数据格式，其取值可以是字符型、数值型、日期时间型、布尔型等。

(4) 长度：该域数据类型的长度；

(5) 精度：如果该域的数据类型是近似数值类型，则需定义该数值的精度；

(6) 取值规则：域取值的约束条件，约束条件主要指取值范围、取值列表以及取值的格式化等规则；

(7) 默认值：该域的默认的取值；

(8) 量纲：量纲单位一般用国际度量单位；

(9) 注释：该域的含义等其他需要说明的内容。

3.3.3　物理数据模型描述方法

物理数据模型简称物理模型，物理模型是面向计算机物理表示的模型，描述了数据在储存介质上的组织结构，它不但与具体的 DBMS 有关，而且还与操作系统和硬件有关。每一种逻辑数据模型在实现时都有其对应的物理数据模型。数据库管理系统为了保证其独立性与可移植性，大部分物理数据模型的实现工作由系统在逻辑数据模型的基础上自动完成，如物理存取方式、数据存储结构、数据存放位置以及存储分配等，而设计者只设计索引、聚集等特殊结构，因此在设计物理数据模型时不再考虑物理存取方式等内容的构建。

物理数据模型规定了领域数据的数据库设计内容，是根据数据关系结构进行设计的实际数据库系统的数据模型。物理数据模型主要包括物理数据模型图。

物理数据模型图结构要求如下：

(1) 物理数据模型图的设计要依据逻辑数据模型的设计结果，不能有不一致；

(2) 物理数据模型图中的符号可以采用 UML 数据标记符号等；

(3) 每个物理数据模型图应标注对应的逻辑数据模型。

3.4 关系模型构建技术

3.4.1 关系模型的基本概念

1. 概念

用二维表结构表示数据以及数据之间的联系的模型称为关系模型。关系模型有以下相关概念。

(1) 关系：一个关系对应通常所说的一张表。

(2) 元组：表中的一行即为一个元组。

(3) 属性：表中的一列即为一个属性，给每一个属性起一个名称即属性名。

(4) 主码：也称码键，属于表中的某个属性组，它可以唯一确定一个元组。

(5) 域：一组具有相同数据类型的值的集合。属性的取值范围来自某个域。

(6) 分量：元组中的一个属性值。

(7) 关系模式：对关系的描述，表现为关系名(属性 1，属性 2，…，属性 n)。

2. 关系模型的完整性约束

为了确保关系模型的一致性、完整性，需要建立完整性的约束条件，一般关系模型的完整性约束有三个方面的内容。

(1) 实体完整性。实体完整性是指实体的主属性不能取空值。实体完整性规则规定实体的所有主属性都不能为空。实体完整性是针对基本关系而言的，一个基本关系对应着现实世界中的一个主题，例如学生表对应着学生这个实体。现实世界中的实体是可以区分的，他们具有某种唯一性标志，这种标志在关系模型中称之为主码。

(2) 参照完整性。参照完整性在关系数据库中主要指的是外键参照的完整性。若 A 关系中的某个或者某些属性参照 B 或其他几个关系中的属性，那么在关系 A 中该属性要么为空，要么必须出现在 B 或者其他的关系的对应属性中。

(3) 用户定义的完整性。用户定义完整性是针对某一个具体关系的约束条件。它反映的某一个具体应用所对应的数据必须满足一定的约束条件。例如，某些属性必须取唯一值，某些值的范围为 0～100 等。

3.4.2 关系模型的构建步骤

关系模型构建的目的是便于数据的组织管理，并确保数据维护过程的一致性和正确性。

现在主流的数据库均为关系型数据库，关系模型与关系型数据库融合较好，因此关系模型的设计也是物理模型设计的重要基础。一般我们认为关系模型设计是属于逻辑模型设计的范畴的，因此关系模型设计一般从需求分析阶段的概念模型转化而来，并进行规范化处理，形成逻辑严谨、格式规范、符合关系模型约束的数据模型。

关系模型的构建主要包含三个步骤：

(1) 概念模型设计。概念模型设计一般采用 ER 模型来描述，通常设计人员根据用户提供的用户视图，先进行局部数据模型设计，抽取出局部数据模型的实体对象、属性和关系，然后聚合局部数据模型形成全局数据模型，最后进行优化，得到最终的概念模型。

(2) 导出初始关系模型。根据概念模型，参考概念模型转化为逻辑模型的方法，逐一将概念模型转化为关系模型，其中概念模型中的联系转化比较复杂，需要根据联系类型和数据表设计需要，分别进行转化。

(3) 规范化处理。依据关系模型的规划化理论，对初始的关系模型进行检查，优化不符合规划化的数据模型，以满足规划化的要求。

1. 概念模型设计

1) 设计局部 ER 模型

设计局部 ER 模型的步骤如下：

(1) 找出独立的实体；

(2) 刻画实体的属性；

(3) 确定实体的关键字；

(4) 确定实体之间的联系，包括基数关系；

(5) 检查需求的覆盖。

2) 各局部 E-R 模型合并为全局 E-R 模型

各局部 E-R 模型在合并为全局 E-R 模型时，重点是围绕实体对象进行合并，首先合并实体，然后再合并同类实体的属性，然后保留实体之间的各种关系。但由于各个子系统的 E-R 图之间必定会存在许多不一致的地方，我们称之为模型冲突。子系统 E-R 图之间的模型冲突主要有三类：属性冲突、命名冲突、结构冲突。

(1) 属性冲突。属性冲突一般包含属性域冲突和属性取值单位冲突。属性域冲突即属性值的类型、取值范围或取值集合不同，例如零件号，有的部门把它定义为整数，有的部门把它定义为字符型。属性取值单位冲突的示例为：零件的重量有的以公斤为单位，有的以斤为单位，有的以克为单位。

(2) 命名冲突。命名冲突一般包含同名异义、异名同义。同名异义即不同意义的对象在不同的局部应用中具有相同的名字。异名同义即同一意义的对象在不同的局部应用中具有不同的名字，如对于科研项目，财务科称为项目，科研处称为课题，生产管理处称为工程。

(3) 结构冲突，结构冲突是指同一对象在不同应用中具有不同的抽象。例如职工在某一局部应用中被当作实体，而在另一局部应用中则被当作属性；同一实体在不同子系统的 E-R 图中所包含的属性个数和属性排列次序不完全相同。

需要认真梳理上述各种冲突，并给出消除冲突的方法，确保全局 E-R 模型的质量。

　　3) 对全局 E-R 模型进行优化

主要遵循的优化准则有三个方面:

(1) 合并实体类型;

(2) 消除冗余属性;

(3) 消除冗余联系。

2. 导出初始关系模型

1) 实体类型的转换

将每个实体类型转换成一个关系模式,实体的属性即为关系模式的属性,实体标识符即为关系模式的键。

2) 联系的转换

将联系转换成为关系模式时,要根据联系方式的不同采用不同的转换方式。

(1) 1∶1 联系的转换方法。

将 1∶1 联系转换为一个独立的关系,与该联系相连的各实体的码以及联系本身的属性均转换为关系的属性,且每个实体的码均是该关系的候选码。

将 1∶1 联系与某一端实体集所对应的关系合并,则需要在被合并关系中增加属性,其新增的属性为联系本身的属性和与联系相关的另一个实体集的码。

(2) 1∶n 联系的转换方法。

一种方法是将联系转换为一个独立的关系,其关系的属性由与该联系相连的各实体集的码以及联系本身的属性组成,而该关系的码为 n 端实体集的码。

另一种方法是在端实体集中增加新属性,新属性由联系对应的 1 端实体集的码和联系自身的属性构成,新增属性后原关系的码不变。

(3) $m∶n$ 联系的转换方法。

在向关系模型转换时,一个 $m∶n$ 联系转换为一个关系。转换方法为:与该联系相连的各实体集的码以及联系本身的属性均转换为关系的属性,新关系的码为两个相连实体码的组合(该码为多属性构成的组合码)。

(4) 三元的转换关系。

若实体间的联系是 1∶1∶1,则可以在转换成的三个关系模式中的任意一个关系模式的属性中加入另外两个关系模式的键(作为外键)和联系类型的属性。

若实体间的联系是 1∶1∶n,则在 n 端实体类型转换成的关系模式中加入两个 1 端实体类型的键(作为外键)和联系类型的属性。

若实体间的联系是 1∶$m∶n$,则将联系关系也转化成关系模式,其属性为三端实体类型的键加上联系类型的属性,而键为 m 端和 n 端实体键的组合。

若实体间的联系是 $m∶n∶p$,则将联系类型也转化为关系模式,其属性为三端实体类型的键加上联系类型的属性,而键为三端实体键的组合。

3. 规范化处理

规范化设计主要是设计符合第三范式要求和完整性约束的数据模型,关于数据模型规划化处理具体方法在数据库理论的相关书籍有详细介绍,这里不再赘述。

3.5 维度模型构建技术

3.5.1 维度模型的基本概念

多维关系模型以关系型结构进行多维数据的表示和存储。多维关系模型将多维数据库的多维结构划分为两类表：一类是事实表，用来存储数据和维关键字；另一类是维表，即对每个维度使用一个或多个表来存放层次、成员类别等维度的描述信息。维度模型主要包括星型模型和雪花模型。

星型模型是数据仓库使用的最基本、最常用的数据模型，能准确简洁地描述出实体之间的逻辑关系。一个典型的星型模型包括一个大型的事实表和一组逻辑上围绕这个事实表的维度表。事实表是星型模型的核心，其中存放大量的数据，也是同主题密切相关的，用户所需要的度量数据。维度是观察事实、分析主题的角度。维度表的集合是构建数据仓库数据模式的关键。维度表通过主键与事实表相连，用户依赖维表中的维度属性，从事实表中获取支持决策的数据。

雪花模型是对星型模型的扩展，它对星型模型的维表进一步层次化，原有的各维表按抽象层次被分解为更多不同层次的维表，这些被分解的表都连接到主维度表而不是事实表。雪花模型便是通过这种方式来最大限度地减少数据存储量并且联合较小的维表来改善查询性能，消除数据冗余。

3.5.2 维度模型的基本构建步骤

多维数据建模的目的就是降低数据库结构的复杂性，使得终端用户易于理解并写出他们需要的查询，且提高查询的效率。这些目的主要是通过减少表的数目以及简化表间的联系来达到的。这降低了数据库结构的复杂性，也减少了用户查询中要求进行连接的表的数目。

多维数据建模是根据应用需求分析的要求，使用事实、维度、层次从多个度量角度对业务活动进行建模，构建出的多维数据模型由事实表和维表组成，其中事实表中包含的是一些度量信息，维表中包含的是关于度量的描述性信息，它的结构非常简单，层次清晰，易于为用户所理解。

多维数据模型的构建主要包含四个步骤：

(1) 业务需求分析。通过业务需求的梳理和研究，提出对主题数据对象的信息需求要素，并通过多次迭代最终确认业务信息需求，解决数据构建的定位问题。

(2) 维度设计。通过分析主题数据对象的不同视角，建立有意义的分析维度，帮助用户全方位了解数据对象的特征，解决数据构建的应用问题。

(3) 事实表设计。通过分析主题对象的事实要素，形成抽象意义的事件列表信息，并确定这些事实数据的来源和集成要求，解决数据构建的动态数据来源问题。

(4) 数据规范定义。通过多维数据的模型和各种规范化要求，形成具有较高质量的数据模型，并最终提高数据资源的整体质量，解决数据构建的质量问题。

1. 业务需求分析

业务需求分析的重点是提炼核心实体对象，数据实体的模式设计和构建是领域数据建设的基础性工作，特别是大数据环境下，业务实体的属性数据呈现跨领域的异构性和跨时间的不延续性，往往难以全面客观分析实体的准确特征和发展趋势，需要采用需求分析的方法，全面获取用户需求，基本实现对业务领域核心数据对象的全覆盖。例如面对复杂的军事领域，可以抽象出如人员、装备、物资、设施、组织等核心实体对象类型。该部分的需求分析方法与前文所述的需求分析方法一致，在此不再赘述。

2. 维度设计

维度是维度建模的基础和灵魂。在维度建模中通常将度量称为"事实"，将环境描述为"维度"，维度是用于分析事实所需要的多样环境。维度所包含的表示维度的列，称为维度属性。维度属性是查询约束条件、分组和报表标签生成的基本来源，是数据易用性的关键。维度的设计过程就是确定维度属性的过程，如何生成维度属性，以及所生成的维度属性的优劣，决定了维度属性的方便性，也极大影响了数据模型的可用性。

下面是维度设计的详细步骤，主要包含四项内容：

(1) 选择维度或新建维度；

(2) 确定主维表；

(3) 确定相关维表；

(4) 确定维度属性。

关于维度属性的设计一般遵循以下原则：

① 尽可能多生成丰富的维度属性，确保维度的完整性；

② 对维度属性给出详尽的文字说明，确保对维度属性有一致性理解；

③ 区分数值型属性与事实，避免将维度数据与事实数据混淆；

④ 沉淀出通用的维度属性，可以形成多层维度。

3. 事实表设计

1) 事实表特性

事实表作为数据仓库维度建模的核心，紧紧围绕着业务过程来设计，通过获取描述业务过程的度量来表达业务过程，包含了引用的维度和与业务过程有关的度量。事实表中一条记录所表达的业务细节程度被称为粒度。通常粒度可以通过两种方式来表述：一种是维度属性组合所表示的细节程度；一种是所表示的具体业务含义。作为度量业务过程的事实，一般为整型或浮点型的十进制数值，有可加性、半可加性和不可加性三种类型。可加性事实是指可以按照与事实表关联的任意维度进行汇总。半可加性事实只能按照特定维度汇总，不能对所有维度汇总，比如库存可以按照地点和商品进行汇总，而按时间维度把一年中每个月的库存累加起来则毫无意义。还有种度量完全不具备可加性，比如比率型事实。对于不可加性事实，可分解为可加的组件来实现聚集。相对维表来说，通常事实表要细长得多，行的增加速度也比维表快很多。

2) 事实表设计原则

事实表设计原则如下：

(1) 尽可能包含所有与业务过程相关的事实；

(2) 只选择与业务过程相关的事实；

(3) 在同一个事实表中不能有多种不同粒度的事实。

3) 事实表设计方法

事实表设计方法如下：

(1) 选择业务过程及确定事实表类型。在明确了业务需求以后，接下来需要进行详细的需求分析，对业务的整个生命周期进行分析，明确关键的业务步骤，从而选择与需求有关的业务过程。

(2) 声明粒度。粒度的声明是事实表建模中非常重要的一步，意味着精确定义事实表的每一行所表示的业务含义，粒度传递的是与事实表度量有关的细节层次。明确的粒度能确保对事实表中行的意思的理解不会产生混淆，保证所有的事实按照同样的细节层次记录。

(3) 确定维度。完成粒度声明以后，也就意味着确定了主键，对应的维度组合以及相关的维度字段就可以确定了，应该选择能够清楚描述业务过程所处的环境的维度信息。

(4) 确定事实。应该选择与业务过程有关的所有事实，且事实的粒度要与所声明的事实表的粒度一致。

4. 数据规范定义

数据规范定义是指以维度建模作为理论基础，构建总线矩阵，划分和定义数据域、业务过程、维度、词根、限定词、时间周期、派生指标。

表命名规范基本原则如下：

(1) 表名、字段名采用一个下画线分隔词根(如：clienttype→client_type)；

(2) 每部分使用小写英文单词，属于通用字段的必须满足通用字段信息的定义；

(3) 表名、字段名需以字母为开头；

(4) 表名、字段名最长不超过 64 个英文字符；

(5) 优先使用词根中已有关键字；

(6) 在表名自定义部分禁止采用非标准的缩写。

3.6 基于本体的数据模型构建技术

目前，数据建模技术发展较快，出现了许多新的数据模型构建技术，如面向数据仓库的多维数据建模技术，强调数据交换的元数据建模技术，突出空间和时间数据特点的时空数据建模技术，面向非结构化数据的多媒体数据建模技术，以及面向知识库构建和跨领域数据融合的本体建模技术。下面围绕本体的基本概念、本体的构建原则和步骤、基于本体的数据模型构建等几个方面进行简要介绍。

3.6.1 本体的基本概念

本体论的概念最初起源于哲学领域。它在哲学中的定义为"对世界上客观存在物的系统的描述，即存在论"，是客观存在的一个系统的解释或说明，关心的是客观现实的抽象本质。

在人工智能界，最著名并被引用得最为广泛的本体的定义是由 Gruber 提出的："本体是概念化的明确的规范说明"。该定义体现了本体的四层含义：

(1) 概念化：客观世界的现象的抽象模型；

(2) 明确：概念及它们之间的联系都被精确定义；

(3) 形式化：通过数学的方式来精确描述，使得本体具有可读性；

(4) 共享：本体中反映的知识具有客观性、共同性，是相关领域中普遍认可的概念集，它体现的是全体的共识。

本体的基本元素包括概念、关系、函数、公理和实例等五部分。

(1) 概念(C)是一类对象的集合的抽象描述。

(2) 关系(R)描述 n 个概念所含对象之间的联系。

(3) 函数(F)是一类特殊的关系，$F \equiv C_1 \times C_2 \times \cdots \times C_{n-1} \to C_n$ 表示前 $n-1$ 个元素可以唯一确定第 n 个元素。

(4) 公理(A)是无需证明的永真断言；公理通常都是一阶谓词逻辑的表达式；公理是那种无须再进行证明的逻辑永真式(重言式)。例如，三角形内角之和等于 180°。

(5) 实例(I) 从语文上讲表示对象，对概念集合来讲，可以表示其中某个特定的概念。

基于上述有关本体的定义和基本元素分析，本体的形式化定义通常为五元组结构：

$$O := \{C, R, F, A, I\}$$

其中，C、R、F、A、I 分别表示本体的概念、关系、函数、公理和实例。

3.6.2 本体的构建原则与步骤

本体作为通信、互操作和系统工程的基础，必须经过精心的设计。实际上，本体的创建过程是一个非常费时费力的过程，需要一套完善的工程化的系统方法来支持，特定的专用本体还需要专家进行参与。通用的大规模本体很少，大多本体只是针对某个具体领域或应用而创建的。在实际应用中，不同本体之间常常需要进行映射、扩充与合并处理，以及根据特定的需要由一个大的本体提取满足要求的小本体等操作。此外，当现实的知识体系发生变化时，先前创建的本体也必须做出相应的演化以保持本体与现实的一致性，这都是本体工程所需研究的问题。

1) 构建原则

Gruber 提出了指导本体构建的五个原则。

(1) 清晰：本体必须有效地说明所定义术语的意思。定义应该是客观的，与背景独立的；当定义可以用逻辑公理表达时，它应该是形式化的；定义应该尽可能地完整；所有定义应该用自然语言加以说明。

(2) 一致：本体应该是一致的，也就是说，它应该支持与其定义相一致的推理，它所定义的公理以及用自然语言进行说明的文档都应该具有一致性。

(3) 可扩展性：本体应该为可预料到的任务提供概念基础，它应该可以支持在已有的概念基础上定义新的术语，以满足特殊的需求，而无须修改已有的概念定义。

(4) 编码偏好程度最小：概念的描述不应该依赖于某一种特殊的符号层表示方法，因为实际系统可能采用不同的知识表示方法。

(5) 约定最小：本体约定应该最小，只要能够满足特定的知识共享需求即可，这可以通过定义约束最弱的公理以及只定义通信所需的词汇来保证。

2) 构建步骤

本体一般借鉴软件工程的方法来构建，通常构建的步骤如下：

(1) 确定本体的目的和使用范围：对同一对象，应用的领域范围不同，所需定义的内容也不尽相同。

(2) 已有本体的集成：尽可能重用和修改已有本体。如果在成熟的本体基础上进行一定的修改或改进就可以满足系统的需要，那么不仅可以节省精力，也可以减少错误等。

(3) 本体捕获：即列举出本体涉及的重要术语，确定关键的概念和关系，并给出精确定义。

(4) 本体编码：即选择合适的语言表达概念和术语。

(5) 验证与评估：利用相关的逻辑方法测试和检验本体的一致性和有效性；根据需求描述、能力询问等对本体进行评价，考察其是否准确地描述了真实世界。

实际的本体开发过程是一个反复迭代的过程，需要根据实际需求反复地讨论、修改、调试。

3.6.3　基于本体的数据模型构建

数据模型作为沟通领域专家与信息技术人员的桥梁，是信息系统开发过程的有机组成部分，是无法回避的一个开发步骤。但是由于不同的信息系统的开发时间各异、开发人员不同，致使不同数据模型的描述方法不尽相同，数据模型的共享与重用困难，造成了极大的资源浪费。目前，常用的数据模型描述方法包括：面向对象的模型描述、基于实体—联系的模型描述、基于 UML 的模型描述、基于概念图的模型描述以及基于 XML 的模型描述等等。描述方法的不统一给数据模型的构建造成了极大的混乱，基于本体的数据模型构建，主要就是从规范其建模方法的角度来解决这一问题。

依据数据建模的一般过程，基于本体的概念建模的一般过程如图 3-20 所示。

(1) 分析需求，明确目标。对系统进行需求分析，在此阶段获取系统相应领域文件或文档，与领域专家沟通，全面了解应用需求，以求得设计与需求的统一。

(2) 在需求分析的基础上，进一步细化与规范系统需求，提取概念、元素等关键词汇，利用结构框架等理论，对概念模型进行结构化描述，并采用自然语言初步描述本体相关的概念和属性，为下一步构建本体、形式化描述概念模型提供坚实的基础。

(3) 根据需求分析和结构化描述的结果，结合系统应用的相关领域知识，采用恰当的方法构建应用本体。但是由于应用本体的构建是复杂而耗时的过程，所以可以充分借鉴现有的应用本体，之后进行评估和完善。

(4) 在结构化描述和本体构建的基础之上，形式化描述概念模型，并对所建立的概念模型进行评价。采用本体描述语言对结构化的概念模型进行形式化描述，形成形式化文档存储。

(5) 对在建模过程中遇到的问题及时进行评估，用以完善概念模型和应用本体。并且可以利用本体进化及推理的特性完善应用本体，使其适用于概念建模的应用。

(6) 对经过评估的应用本体及形式化的概念模型使用、存档以及发布，实现概念模型的重用和共享。

步骤(2)到步骤(5)是一个反复迭代的过程，需要多次反复才能逐渐完善。

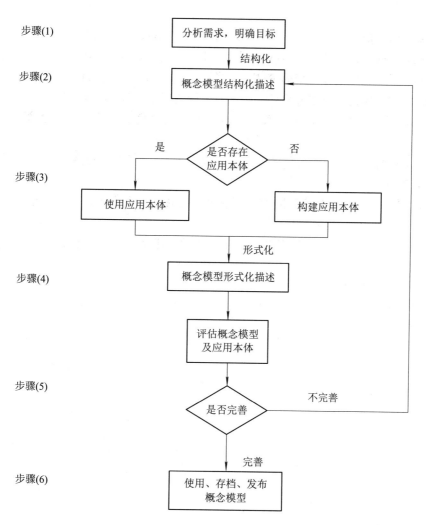

图 3-20　基于本体的概念建模的基本步骤

本 章 小 结

本章重点介绍数据建模模型构建的理论、方法和最新的发展技术等相关内容。首先简要介绍了数据模型的基本概念及其含义，并按数据模型的分类分别介绍了概念模型、逻辑模型和物理模型。然后，围绕数据建模的方法分步骤介绍了数据的需求分析、概念模型的设计、逻辑模型的设计、物理模型的设计。紧接着全面介绍了构建数据模型的各类标记符号，分别是实体—联系图标记符号、IDEF1x 标记符号、信息工程标记符号、UML 数据模型标记符号。然后介绍了数据模型描述方法，帮助读者理解数据模型的描述方法。最后，详细介绍了关系模型、维度模型和基于本体模型的构建技术。

本章参考文献

[1]　张宏军. 作战仿真数据工程[M]. 北京：国防工业出版社，2014.

[2]　戴剑伟. 数据工程理论与技术[M]. 北京：国防工业出版社，2010.

[3]　杨建池. 军事领域本体构建研究[J]. 计算机仿真，2007，24(12).

[4]　李勇. 领域本体构建方法研究[J]. 计算机工程与科学，2008，30(5).

[5]　蒋维. 军事训练本体在数据库智能检索中的应用研究[D]. 南京：解放军理工大学，2008.

[6]　张以忠，张萌. 基于本体的军事概念模型研究[J]. 中国人民解放军电子工程学院学报，2009，28(4).

[7]　ELMASRI R. 数据库系统基础[M]. 邵佩英，徐俊刚，王文杰，等译. 北京：人民邮电出版社，2007.

[8]　ALLEN S. 数据建模基础教程[M]. 李化，等译. 北京：清华大学出版社，2004.

第 4 章　数据采集与数据处理

数据采集与数据处理是数据工程建设的难点之一，之前的数据规划设计与模型构建侧重解决数据建设需求和数据结构描述的问题，数据采集与数据处理则重点解决数据资源获取与积累，以及数据质量提升等问题。虽然数据采集与数据处理的方法很多，系统工具比较丰富，但仍然需要考虑在资源有限的情况下，如何设计有效可行的数据采集处理策略，解决数据常态化积累和转化应用的问题。

4.1　数据采集概述

4.1.1　数据采集的基本概念

数据采集技术是信息技术领域的重要组成部分之一，是信息技术的基础和前提。数据采集技术是以传感器、电子和计算机等技术为基础的一门综合应用技术。

按被采集的对象类型，数据采集可分为针对软件的采集和针对硬件的采集。软件数据采集可从信息系统的数据库、通信报文、文件或对外接口中进行数据获取；硬件数据采集一般将要获取的信息通过传感器转换为信号，并经过信号调理、采样、量化、编码和传输等步骤得到最终的数据样式。两种类型采集的数据最终均由计算机系统进行处理、分析、存储和显示。

衡量数据采集系统的主要指标有两个：一是精度，二是速度。对任何量值的采集都要有一定的精确度要求，否则将失去采集的意义。提高数据采集的速度不仅可以提高工作效率，更主要的是可以扩大数据采集系统的适应范围。

现代数据采集系统具有以下几个特点：

(1) 随着云计算、物联网等技术的发展，可采集数据的范围更广、规模更大、粒度更细。

(2) 软件在数据采集系统中的作用越来越大，增加了系统设计的灵活性。

(3) 数据采集与数据处理相互结合得日益紧密，形成了数据采集与数据处理相互融合的系统，可实现从数据采集、处理到控制的全部工作。

(4) 数据采集过程一般都具有"实时"特性，对于通用数据采集系统，一般希望有尽可能高的速度，以满足更多的应用环境。

(5) 随着微电子技术的发展，电路集成度不断提高，数据采集系统的体积越来越小，可靠性越来越高。

(6) 总线技术在数据采集系统中的应用越来越广泛，各种软硬件总线对数据采集系统结构的发展起着重要作用。

4.1.2 数据采集原理

传统的基于硬件的数据采集系统一般由传感器、前置放大器、滤波器、多路模拟开关、采样/保持器(S/H)、模/数转换器(A/D)和计算机系统组成，如图 4-1 所示。传感器把非电的物理量(如速度、温度、压力等)转变成模拟电量(如电压、电流、电阻等)。由于传感器输出的信号较小，因此需要前置放大器放大和缓冲，以满足模/数转换器的满量程输入要求。为了提高模拟输入信号的信噪比，需要滤波器对传感器以及后续处理电路中产生的噪声进行衰减。多路模拟开关将这个通道输入的模拟电压信号，一次接到放大器和数/模转换器上进行采样。采样/保持器能快速拾取多路模拟开关输出的子样脉冲，并保持幅值恒定，以提高数/模转换器的转换精度。采样/保持器输出的信号送至数/模转换器，将模拟信号转换为数字信号。计算机系统控制整个数据采集系统的正常工作，将数/模转换器输出的结果读入内存，进行必要的数据分析、数据处理和结果显示。

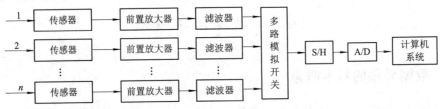

图 4-1　数据采集系统的硬件基本组成

4.1.3 数据采集分类

数据采集按照采集方式的不同主要分为四类，分别是离线采集、实时采集、互联网采集、其他方式的采集。

1. 离线采集

进行离线数据采集的主要工具是 ETL。在数据仓库的语境下，ETL 基本上就是数据采集的代表，包括数据的提取(Extract)、转换(Transform)和加载(Load)。在转换的过程中，需要针对具体的业务场景对数据进行治理，例如进行非法数据监测与过滤、格式转换与数据规范化、数据替换、保证数据完整性等。ETL 流程如图 4-2 所示。

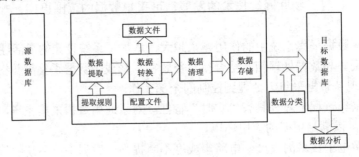

图 4-2　ETL 流程

2. 实时采集

实时采集用在考虑流处理的业务场景，主要工具为 Flume/Kafka，比如，用于记录数据源的执行的各种操作活动，比如网络监控的流量管理、金融应用的股票记账和 Web 服务器记录的用户访问行为。在流处理场景，数据采集会成为 Kafka 的消费者，就像一个水坝一般将上游源源不断的数据拦截住，然后根据业务场景做对应的处理(例如去重、去噪、中间计算等)，之后再写入对应的数据存储。这个过程类似传统的 ETL，但它是流式的处理方式，而非定时的批处理作业(Job)，这些工具均采用分布式架构，能满足每秒数百兆字节的日志数据采集和传输需求。

3. 互联网采集

进行互联网采集的代表工具有 Scribe、Crawler、DPI 等。Scribe 是 Facebook 开发的数据(日志)收集系统，又被称为网页蜘蛛、网络机器人，是一种按照一定的规则，自动抓取万维网信息的程序或者脚本，它支持图片、音频、视频等文件或附件的采集。

除了网络中包含的内容之外，对于网络流量的采集可以使用 DPI 或 DFI 等带宽管理技术进行处理。

4. 其他方式的采集

对于企业生产经营数据上的客户数据、财务数据等保密性要求较高的数据，可以通过与数据技术服务商合作，使用特定系统接口等相关方式采集。比如百度云计算的数企 BDSaaS，无论是数据采集技术、BI 数据分析，还是数据的安全性和保密性，都做得很好。

数据的采集是挖掘数据价值的第一步，当数据量越来越大时，可提取出来的有用数据必然也就更多。只要善用数据化处理平台，便能够保证数据分析结果的有效性，助力企业实现数据驱动。

4.2　数据采集策略与方法

4.2.1　数据采集策略

1. 采集途径

采集途径可以分为直接采集和间接采集。

直接采集是指通过研究者调查或者实验得来的数据。

数据调查针对的是社会现象，比如调查现在的经济形势、人的心理现象、工厂效率等。调查的形式分为普查和抽样。普查是要对一个总体内部的所有个体进行调查，国家进行的人口普查就是最典型的普查形式。普查的结果是最贴近总体的真实表现的，是无偏见(Unbias)的估测。但是普查的成本太大，少有项目采用这种方式。抽样则在生活中被广泛应用。由于数据分析挖掘涉及的总体数据量一般很大，如果要做普查，没有大规模的时间与金钱是几乎不可能的。所以，一般会从总体中抽取部分有代表性的个体进行调查，并用这部分个体的数据去反映整体，这就是抽样。

通过实验得到的数据叫作实验数据。实验方法需要研究者真正设计实验，并记录结果、整合为数据，服务于后期的数据分析与挖掘工作。实验的设计需要满足一个大原则：有实验组与对照组。实验组是只有要研究的变量发生变化的组；对照组是保持变量不变的组。这样，通过控制变量的方法，便能得到观测数据。

间接采集获得的数据原本已经存在，是由别人收集，使用者通过重新加工或整理得到的数据，间接法主要有系统内部采集和系统外部采集两种方法。

系统内部采集是比较常见的数据采集方法。要进行数据分析的公司肯定会有自己的数据，这些数据一般会保存在数据库中，如 Oracle 与 Teradata。数据仓库中会保存公司内部的生产数据，将公司的业务、渠道、成本、收益等生产过程数字化并固定存放在机器中。数据挖掘师可以通过 SQL 语言提取想要的数据表，并进行数据的收集。

系统内部数据一般都与企业的生产相关，涉及保密的用户信息与商业机密等。所以一般都是有项目或者有研究课题的时候才能够获取。

系统外部采集的数据更加宏观、更加公开。这些数据大部分不是针对某一家公司自己的运营与生产情况，而是更加偏重于社会的外部环境以及行业的经济形势。

系统外部采集的常用渠道有以下几种：① 统计部门或政府的公开资料、统计年鉴；② 调查机构、行会、经济信息中心发布的数据情报；③ 专业期刊；④ 图书；⑤ 博览会；⑥ 互联网。

系统外部采集数据的源头众多，采集方法也有很多，手工处理 Excel 或者网络爬虫都是可选的方法。

2. 采集方法

数据采集方法主要有以下几种。

(1) 直接观察法：通过开会、深入现场、参加生产和经营、实地采样、进行现场观察并准确记录(包括测绘、录音、录像、拍照、笔录等)调研情况。主要包括两个方面：一是对人的行为的观察，二是对客观事物的观察。观察法应用很广泛，常和询问法、搜集实物结合使用，以提高所收集信息的可靠性。

(2) 现场记录法：负责数据采集的人员，依据统一的要求和分工，在采集数据现场，使用各种数据采集工具、器材，按数据采集表所列的项目及时、准确地记录和填写各种数据。要防止漏记、错记。一旦发现漏错现象，不应随意涂改，而应对所采集的项目重新采集。

(3) 访谈问卷法：通过访员与受访者之间的问答互动来收集数据的调查方式，可以采用填写调查问卷、面对面采访、电话联络等方式获得数据，是一种应用比较广泛的采集方法。

(4) 直接采购法：对于不易在公开途径获得的行业内部数据，在行业法规允许的情况下可以采用直接购买数据的采集方式。

(5) 统计整理法：对分散采集的各种现实数据进行统计和核实，对收集的各种经验和理论数据进行统一的整理，使之形成系统、完整、配套的数据档案。通常应逐级统计，逐级整理。

(6) 随机抽样法：对采集的各种数据，主要是一线现场数据，由上级负责数据采集的人员，对有代表性的采集对象和采集的项目等，进行随机抽样的采集，并进行比对，以此验证各种采集数据的准确、可靠程度。

(7) 模拟试验法：对重点内容、关键技术、重要环节，按照数据采集标准所列的项目，集中人力、物力以及各种保障条件，组织专项的重点试验，从而采集出能反映真实业务水准的标准数据，并使之成为范本数据。

(8) 自动采集法：在智能手机和移动 APP、手机网站越来越流行的情况下，移动端数据采集也慢慢流行起来，很多 APP 都采取主动采集数据的方式来提升智能化元素的模式。用户规模越大，数据采集时间越久，对用户需求的分析越准确。未来发展趋势一定是主动数据收集、数据采集、移动网站 + 移动 APP 互相结合的方式，综合多种途径来获取和处理数据。数据的用途也会越来越多，而八爪鱼采集器也正在积极研究探索这一领域的相关智能化实现方式，以便为企业大数据提供更多便利，让整个互联网+移动互联网上的大数据收集变得更轻松、更智能、更高效。

3. 采集技术

数据采集技术主要包括信息获取技术、文本挖掘技术、自动摘要技术等。

(1) 信息获取技术：利用传感器、GPS、GIS、北斗定位系统、遥感仪器等设备获得自然信息和社会信息，需要通过普查、调研或采访等方式来获取数据。

(2) 文本挖掘技术：利用智能算法，如神经网络、基于案例的推理、可能性推理等，并结合文字处理技术，分析大量的非结构化文本源(如文档、电子表格、客户电子邮件、问题查询、网页等)，抽取或标记关键字概念、文字间的关系，并按照内容对文档进行分类，获取有用的知识和信息。

(3) 自动文摘技术：利用计算机自动地从原始文档中提取全面准确地反映该文档中心内容的简单连贯的短文。根据文档类型可以把文摘分为新闻类、博客类、体育类、教育类等不同类型，通过自动文摘技术提取文本文件中的有用信息。

4. 采集计划

数据采集计划需要根据实际解决方案进行具体设计，数据采集计划包括采集分工、采集费用、评价标准、采集工具选择、采集方式、采集频率等内容。

(1) 采集分工。采集分工需要根据具体方案以及人员配备来划分，如谁来负责采集方案设计、方案实施等，既要保证人力合理配置又要提高采集效率。

(2) 采集费用。采集费用指围绕项目研究而开展的数据跟踪采集、案例分析等所需的费用，需要结合具体采集任务与采集方案来确定。

(3) 评价标准。评价标准一般有两个：精度和速度。对于实时性要求比较高的系统需要保证采集的速度，比如电商平台数据采用 7 × 24 小时的数据采集。对于数据精确度要求比较高的系统首先需要保证的是采集数据的精度。

(4) 采集工具选择。采集工具的选择需要根据采集对象数据的特征、采集数据量大小、实时性要求等结合具体业务场景来决定。如网页数据采集通常选择网络爬虫或网站公开 API 等方式，如 Nutch、JCrawler4j、WebMagic、WebCollector、Scrapy 等。日志采集方式可以获得用户行为、业务变更、系统运行数据，形成可行性报告，帮助人们排查问题，做出决策。

(5) 采集方式。数据采集根据采集数据的类型可以分为不同的方式，对于网络中新兴数据载体，如网页、小程序、App、智能穿戴设备，可采用埋点、网络爬虫等方式采集数据。常见的客户端埋点方式包括全埋点、可视化埋点和代码埋点。全埋点将终端设备上用户的所有操作和内容都记录并保存；可视化埋点将终端设备上用户的一部分操作，通过服务器端配置的方式有选择性地记录并保存；代码埋点根据需求来定制每次的收集内容。也可采用服务器端埋点的方式，降低客户端的复杂度，避免信息安全问题。网络爬虫是比较常见的从网站获取数据的方式，目前有较多的开源框架，如 Apache Nutch 2、Scrapy、PHPCrawl 等，可以根据实际需求快速抓取数据。

(6) 采集频率。数据采集的频率与很多因素有关，如软件的难易程度，采集的字段多少，数据量的大小，硬件配置的高低，网络情况以及数据变化的频率等。根据各个业务系统的实时性要求，可对不同的业务系统实行差异化的采集频率，比如对于实时性要求较高的系统，可以采取几秒钟或者几分钟一次的采集频率，对于实时性要求不高的系统可以每天采集一次数据，对于变化程度不高的数据可以采用数据库导入的方式进行数据采集。在网站/栏目采集进入常规化以后，就需要根据一段时间内的发文规律，自动分析出采集频率。这样，可以使我们的服务器等资源的利用率达到最大化，减少浪费。

4.2.2　面向不同对象的数据采集方法

1. 数据库采集

开放数据库是实现数据的采集汇聚最直接的一种方式，例如两个系统分别有各自的数据库，在同类型的数据库之间进行数据采集是比较方便的。在两个应用系统之间进行数据采集有以下两种方式：

(1) 如果两个系统的数据库在同一个服务器上，只要用户名设置没有问题，就可以直接互相访问，在表单后将其数据库名称及表单所有者加上即可。

(2) 如果两个系统的数据库不在一个服务器上，建议采用链接服务器的形式处理，或者使用开放集和开放数据源的方式，这需要对数据库的访问进行外围服务器的配置。

传统企业会使用传统的关系型数据库 MySQL 和 Oracle 等来存储数据。

随着大数据时代的到来，Redis、MongoDB 和 HBase 等 NoSQL 数据库也常用于数据的采集。企业通过在采集端部署大量数据库，并在这些数据库之间进行负载均衡和分片，来完成数据采集工作。

2. 系统日志采集

系统日志是记录系统中硬件、软件和系统问题的信息，同时还可以监视系统中发生的事件。用户可以通过它来检查错误发生的原因，或者寻找受到攻击时攻击者留下的痕迹。系统日志包括系统日志、应用程序日志和安全日志。大数据平台或者说类似于开源 Hadoop 的平台会产生大量高价值的系统日志信息，如何采集这些信息成为研究者的研究热点。目前基于 Hadoop 平台开发的 Chukwa、Cloudera 的 Flume 以及 Facebook 的 Scribe，均可称为是系统日志采集法的典范。目前此类的采集技术大约可以每秒传输数百兆字节的日志数据信息，满足了目前人们对信息需求的速度。一般而言，与我们相关的并不是此类采集法，而是网络数据采集法。

3. 网络数据采集

网络数据采集是指通过网络爬虫或网站公开 API 等方式从网站上获取数据信息。该方法可以将非结构化、半结构化的数据从网页中抽取出来，将其存储为统一的本地数据文件，并以结构化的方式存储。它支持图片、音频、视频等文件或附件的采集,附件与正文可以自动关联。

在互联网时代,网络爬虫主要是为搜索引擎提供最全面和最新的数据的工具。

在大数据时代,网络爬虫更是从互联网上采集数据的有力工具。目前已经知道的各种网络爬虫工具已经有上百个,网络爬虫工具基本可以分为三类:

(1) 分布式网络爬虫工具,如 Nutch。

(2) Java 网络爬虫工具,如 Crawler4j、WebMagic、WebCollector。

(3) 非 Java 网络爬虫工具,如 Scrapy(基于 Python 语言开发)。

4. 感知设备数据采集

传感器是一种检测装置,能感受到被测量的信息,并能将其按一定规律变换成为电信号或其他所需形式的信息输出,以满足信息的传输、处理、存储、显示、记录和控制等要求。在生产车间中一般存在许多的传感节点,24 小时监控着整个生产过程,当发现异常时可迅速反馈至上位机,可以算得上是数据采集的感官接收系统,属于数据采集的底层环节。

传感器在采集数据的过程中的主要特性是其输入与输出的关系。

其静态特性反映了传感器在被测量的各个值处于稳定状态时的输入和输出关系,这意味着当输入为常量,或变化极慢时,这一关系就称为静态特性。我们总是希望传感器的输入与输出呈唯一的对照关系,最好是线性关系。

一般情况下,输入与输出不会符合所要求的线性关系,同时由于迟滞、蠕变等因素的影响,使输入、输出关系的唯一性也不能实现。因此我们不能忽视工厂中的外界影响,其影响程度取决于传感器本身,可通过传感器本身的改善加以抑制,有时也可以对外界条件加以限制。

4.3　数据采集工具

4.3.1　系统日志采集工具

许多公司的平台每天都会产生大量的日志,并且这些日志一般为流式数据,如搜索引擎的用户访问行为和实时信息的查询等。处理这些日志需要特定的日志系统,这些系统需要具有以下特征:

(1) 构建应用系统和分析系统的桥梁,并能将它们之间的关联解耦。

(2) 支持近实时的在线分析系统和分布式并发的离线分析系统。

(3) 具有高可扩展性,也就是说,当数据量增加时,可以通过增加节点进行水平扩展。

目前使用最广泛的、用于系统日志采集的海量数据采集工具有 Apache Flume、Hadoop 的 Chukwa、Scribe、Fluentd、Logstash 等。

以上工具均采用分布式架构,能满足每秒数百兆字节的日志数据采集和传输需求。

1. Flume

Flume 是一个高可用、高可靠、分布式的海量日志采集、聚合和传输系统。

Flume 支持在日志系统中定制各类数据发送方，用于收集数据，同时，Flume 提供对数据进行简单处理，并写到各种数据接收方(如文本、HDFS、HBase 等)的能力。

Flume 的核心是把数据从数据源(Source)收集过来，再将收集到的数据送到指定的目的地(Sink)。

为了保证输送的过程一定成功，在送到目的地之前，先缓存数据到管道(Channel)，待数据真正到达目的地后，Flume 再删除缓存的数据，如图 4-3 所示。

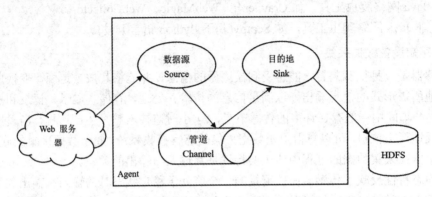

图 4-3　Flume 的基本概念

Flume 的数据流由事件(Event)贯穿始终，事件是将传输的数据进行封装而得到的，是Flume 传输数据的基本单位。

如果是文本文件，事件通常是一行记录。事件携带日志数据并且携带头信息，这些事件由 Agent 外部的数据源生成，当 Source 捕获事件后会进行特定的格式化，然后 Source会把事件推入(单个或多个)Channel 中。

Channel 可以看作是一个缓冲区，它将保存事件直到 Sink 处理完该事件。Sink 负责持久化日志或者把事件推向另一个 Source。

2. Chukwa

Chukwa 是 Apache 旗下用于监控大型分布式系统的数据收集系统。Chukwa 基于Hadoop 的 HDFS 和 MapReduce 来构建，能较好地适应大规模服务器集群的扩展性和可靠性。Chukwa 提供了很多模块以支持 Hadoop 集群日志分析，以及对日志数据的展示、分析和监视。

Chukwa 可以提供以下三个方面的应用需求：一是灵活的、动态可控的数据源；二是高性能、高可扩展的存储系统；三是对收集到的大规模数据进行高效分析。

Chukwa 架构如图 4-4 所示，其中主要组件为：

(1) Agent：负责采集最原始的数据，并发送给 Collector；

(2) Adaptor：直接采集数据的接口和工具，一个 Agent 可以管理多个 Adaptor 的数据采集；

(3) Collector：负责收集 Agent 送来的数据，并定时写入集群中；

(4) MapReduce：定时启动，负责把集群中的数据分类、排序、去重和合并；

(5) HICC：负责数据的展示。

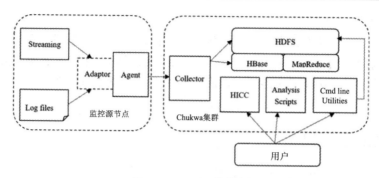

图 4-4　Chukwa 架构图

3. Scribe

Scribe 是 Facebook 开发的数据(日志)收集系统,为日志的"分布式收集,统一处理"提供了一个可扩展的、高容错的方案。当中央存储系统的网络或者机器出现故障时,Scribe会将日志转存到本地或者另一个位置;当中央存储系统恢复后,Scribe 会将转存的日志重新传输给中央存储系统。Scribe 通常与 Hadoop 结合使用,用于向 HDFS 中推送(Push)日志,而 Hadoop 通过 MapReduce 作业进行定期处理。

Scribe 架构如图 4-5 所示。Scribe 架构主要包括三部分,分别为 Scribe Agent、Scribe和存储系统。其中 Scribe Agent 负责从各种数据源中收集数据日志;Scribe 负责管理、调度和推送(Push)海量的数据日志,同时提供数据日志的暂存功能;存储系统负责持久化存储海量的数据日志,存储系统既可以通过 DB(数据库)存储结构化数据,也可以通过HDFS(分布式文件系统)存储非结构化数据。

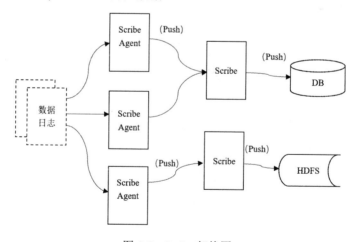

图 4-5　Scribe 架构图

4. Fluentd

Fluentd 是另一个开源的数据收集架构。Fluentd 使用 C/Ruby 开发,使用 JSON 文件来统一日志数据。通过丰富的插件,可以收集来自各种系统或应用的日志,然后根据用户定义将日志做分类处理。通过 Fluentd,可以非常容易地实现像追踪日志文件并将其过滤后转存到 MongoDB 这样的操作。Fluentd 可以彻底地把人从烦琐的日志处理操作中解放出来。

5. Logstash

Logstash 工具可以理解为是一根具备实时数据传输能力的管道，负责将数据信息从管道的输入端传输到管道的输出端。同时这根管道还可以根据需求在中间加上滤网，Logstash 提供了很多功能强大的滤网以满足各种应用场景。该工具常用于日志系统中的日志采集服务。

4.3.2　网络数据采集工具

网络采集是指通过网络爬虫或网站公开 API 等方式，从网站上获取数据信息，该方法可以将非结构化的数据从网页中抽取出来，将其存储为统一的本地数据文件，并以结构化的方式存储。它支持图片、音频、视频等文件或附件的采集。

一般来说，网络爬虫工具基本可以分为三类：分布式网络爬虫工具(Nutch)、Java 网络爬虫工具(Crawler4j、WebMagic、WebCollector)、非 Java 网络爬虫工具(Scrapy)。这里主要介绍 Scrapy。

Scrapy 是由 Python 语言开发的一个快速、高层次的屏幕抓取和 Web 抓取架构，用于抓取 Web 站点并从页面中提取结构化数据。Scrapy 用途广泛，可以用于数据挖掘、监测和自动化测试。

Scrapy 吸引人的地方在于它是一个架构，任何人都可以根据需求方便地修改。它还提供多种类型爬虫的基类，如 BaseSpider、Sitemap 爬虫等，Scrapy 2.6.3 版本提供对 Web 2.0 爬虫的支持。

Scrapy 运行原理如图 4-6 所示。

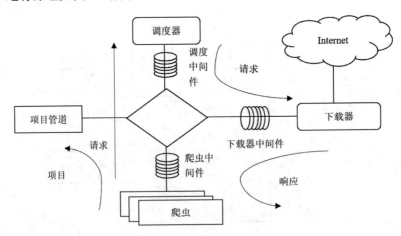

图 4-6　Scrapy 运行原理

Scrapy 的整个数据处理流程由 Scrapy 引擎进行控制。Scrapy 运行流程如下：

(1) Scrapy 引擎打开一个域名时，爬虫处理这个域名,并让爬虫获取第一个爬取的 URL。

(2) Scrapy 引擎先从爬虫处获取第一个需要爬取的 URL，然后作为请求在调度中进行调度。

(3) Scrapy 引擎从调度器处获取接下来进行爬取的页面。

(4) 调度器将下一个爬取的 URL 返回给引擎，引擎将它们通过下载中间件发送到下载器。

(5) 当网页被下载器下载完成以后，响应内容通过下载器中间件被发送到 Scrapy 引擎。

(6) Scrapy 引擎收到下载器的响应并将它通过爬虫中间件发送到爬虫进行处理。

(7) 爬虫处理响应并返回爬取到的项目，然后给 Scrapy 引擎发送新的请求。

(8) Scrapy 引擎将抓取到的内容放入项目管道，并向调度器发送请求。

(9) 系统重复第(2) 步后面的操作，直到调度器中没有请求，然后断开 Scrapy 引擎与域之间的联系。

4.4　数据处理概述

一般情况下，数据资源来源广泛，应用需求和数据类型都不尽相同，但是最基本的数据处理和应用流程是一致的，如图 4-7 所示。

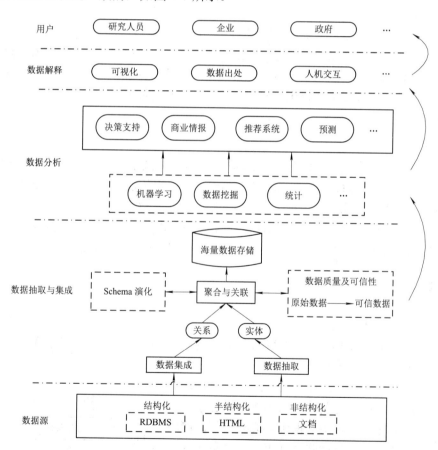

图 4-7　数据处理基本流程

整个数据的处理流程可定义为在合适工具的辅助下，对广泛异构的数据源进行抽取和集成，结果按照一定的标准统一存储。利用合适的数据分析技术对存储的数据进行分析，从中提取有益的知识并利用恰当的方式将结果展现给终端用户，具体而言可分为数据抽取与集成、数据分析以及数据解释。

1. 数据抽取与集成

数据库领域数据的一个重要特点就是多样性，这就意味着数据来源极其广泛，数据类型极为复杂，这种复杂的数据环境给数据的处理带来极大的挑战。首先必须对所需数据源的数据进行抽取和集成，从中提取关系和实体，经过关联和聚合之后采用统一定义的结构存储这些数据。在数据集成和提取时需要对数据进行清洗，保证数据质量及可信性。

数据抽取和集成技术不是一项全新的技术，传统的数据库领域已对此问题有了比较深入的研究。随着新的数据源的涌现，数据集成方法也在不断的发展之中。从数据集成的模型来看，现有的数据抽取与集成方式大致分为四种类型：基于物化或 ETL 方法的引擎、基于联邦数据库或中间件方法的引擎、基于数据流方法的引擎和基于搜索方法的引擎。

2. 数据分析

数据分析是整个数据处理流程的核心，因为数据的价值产生于分析过程。从异构数据源抽取和集成的数据构成了数据分析的原始数据。根据不同应用的需求可以从这些数据中选择全部或部分进行分析。

数据工程建设一般呈现大数据的特点，在很多场景中算法需要在处理的实时性和准确率之间取得平衡，比如在线的学习算法。云计算是进行大数据处理的有力工具，这就要求很多算法必须做出调整以适应云计算的框架，算法需要具有可扩展性。在选择算法处理大数据时必须谨慎，当数据量增长到一定规模后，从小数据量中挖掘有效信息的算法并不一定适用于大数据。

3. 数据解释

数据解释是为了将复杂的数据内容关系以较简单的方式呈现给用户，往往这个过程比较复杂。一方面可以引入可视化技术，通过对分析结果的可视化以形象的方式向用户展示结果，常见的可视化技术有标签云、历史流、空间信息流等；另一方面让用户能够在一定程度上了解和参与具体的分析过程。既可采用人机交互技术使得用户在得到结果的同时更好地理解分析结果的由来，也可采用数据起源技术，追溯整个数据分析过程，有助于用户理解结果。

4.4.1　数据集成

1. 数据集成的概念

数据集成就是将若干个分散的数据源中的数据，逻辑地或物理地集成到一个统一的数据集合中，以一个统一的视图提供给用户。这里的视图可以是物化的视图，也可以是虚拟的视图。数据集成的核心任务是要将互相关联的分布式异构数据源集成到一起，使用户能够以透明的方式访问这些数据源。集成是指维护数据源整体上的数据一致性，提高信息共享利用的效率；透明的方式是指用户无需关心如何实现对异构数据源数据的访问，只关心以何种方式访问何种数据。实现数据集成的系统称作数据集成系统，如图 4-8 所示，

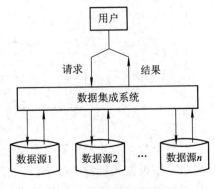

图 4-8　数据集成系统模型

它为用户提供统一的数据源访问接口，执行用户对数据源的访问请求。

数据集成的数据源包括 DBMS 所管理的数据、XML 文档、HTML 文档、电子邮件、普通文件等结构化、半结构化信息。数据集成是信息系统集成的基础和关键。好的数据集成系统要保证用户以低代价、高效率使用异构的数据。在构建异构数据集成系统时，主要会面对以下几方面的挑战。

1) 异构性

异构性是异构数据集成必须面临的首要问题，其主要表现在以下两个方面：

(1) 系统异构。数据源所依赖的应用系统、数据库管理系统乃至操作系统之间的不同构成了系统异构。

(2) 模式异构。模式异构是指数据源在存储模式上的不同。一般的存储模式包括关系模式、对象模式、对象关系模式和文档模式等几种，其中关系模式为主流存储模式。需要指出的是，即便是同一类存储模式，它们的模式结构可能也存在着差异。例如同为关系型数据库，Oracle 所采用的数据类型与 SQL Server 所采用的数据类型并不是完全一致的。

2) 完整性

异构数据源数据集成的目的是为应用提供统一的访问支持。为了满足各种应用处理(包括发布)数据的条件，集成后的数据必须保证完整性，包括数据完整性和约束完整性两方面。数据完整性是指完整提取数据本身，一般来说，这一点较容易达到。约束完整性中的约束是指数据与数据之间的关联关系，是唯一表征数据间逻辑的特征。保证约束的完整性是良好的数据发布和交换的前提，可以方便数据处理过程，提高效率。

3) 性能

网络时代的应用对传统数据集成方法提出了挑战，提出了更高的标准。一般来说，当前负责集成的应用必须满足轻量快速部署的要求，即系统可以快速适应数据源改变和低投入的特性。

4) 语义不一致

信息资源之间存在着语义上的区别。这些语义上的不同可能引起各种矛盾，从简单的名字语义不一致(不同的名字代表相同的概念)，到复杂的结构语义冲突(不同的模型表达同样的信息)。语义不一致会带来数据集成结果的冗余，干扰数据处理、发布和交换。所以如何尽量减少语义不一致也是数据集成的一个研究热点。

5) 权限问题

由于数据库资源可能归属不同的部门，因此如何在访问异构数据源数据的基础上保障原有数据库的权限不被侵犯，实现对原有数据源访问权限的隔离和控制，就成为连接异构数据资源库必须解决的问题。

6) 集成内容限定

多个数据源之间的数据集成，并不是要将所有的数据进行集成，那么如何定义要集成的范围，就构成了集成内容的限定问题。

2. 数据集成的方法

目前有多种集成异构数据源的方法，主要有三种：联邦数据库集成方法、中间件集成方法和数据仓库集成方法。根据数据集成系统接收的查询是发送到数据源还是预处理好的数据，可将这三种集成方法分成两类：虚拟视图方法和物化方法。虚拟视图(Virtual View)方法中接收的查询发送到数据源，物化(Materialized)方法中接收的查询发送到预处理好的数据。

1) 虚拟视图方法

对于采用虚拟视图方法实现的数据集成系统，当用户向该系统提交查询请求时，系统根据命令操作数据源中的数据。采用虚拟视图方法集成数据源主要有两种体系结构，一种是联邦数据库系统，另一种是中间件系统。

(1) 联邦数据库系统。

联邦数据库系统(Federated Database System，FDBS)是由参与联邦的半自治的数据库系统组成的，目的是实现数据库系统间部分数据的共享。联邦中的每个数据库的操作是独立于其他数据库和联邦的。"半自治"是因为联邦中的所有数据库都添加了彼此访问的接口。

联邦数据库系统分为紧耦合 FDBS 和松耦合 FDBS 两种。紧耦合 FDBS 有一个或几个统一的模式，这些模式可通过模式集成技术半自动生成，也可通过用户手工构造。要解决逻辑上的异构，就需要领域专家决定数据库模式间的对应关系。由于模式集成技术不易添加/删除联邦数据库集成系统中的数据库，所以紧耦合 FDBS 通常是静态的，且很难升级。松耦合 FDBS 没有统一的模式，但它提供了查询数据库的统一语言。这样 FDBS 中的数据库更具有自治性，但必须由用户解决所有语义上的异构。由于松耦合 FDBS 没有全局模式，因此每个数据库都要创建自己的"联邦模式"。

FDBS 中实现互操作最常用的方法是将每个数据库模式分别和其他所有数据库模式进行映射，这样的例子如图 4-9 所示。这样联邦中需要建立 $n(n-1)$ 个模式映射规则，但当参与联邦的数据库很多(n 值很大)时，建立映射规则的任务变得不可行。所以，联邦数据库集成系统适合自治数据库的数量比较小的情况。而且，通常情况下人们希望数据库能够保持"独立"，允许用户单独查询，数据库间能够彼此联合回答查询的情况。

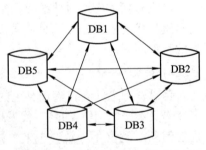

图 4-9　联邦数据库体系结构的例子

(2) 中间件系统。

中间件系统通过提供所有异构数据源的虚拟视图来集成它们，这里的数据源可以是数据库与 Web 数据源等。该系统提供给用户一个全局模式(也称 Mediated 模式)，用户提交的查询是针对该模式的，所以用户不必知道数据源的位置、模式及访问方法。

图 4-10 所示的是典型的中间件系统体系结构。该系统的主要部分是中介器和针对每个数据源的包装器。这里中介器的功能是接收针对全局模式生成的查询，根据数据源描述信息及映射规则将接收的查询分解成每个数据源的子查询，再根据数据源描述信息优化查询计划，最后将子查询发送到每个数据源的包装器中。包装器将这些子查询翻译成符合每个数据源模型和模式的查询，并把查询结果返回给中介器。中介器将接收的所有数据源的结果合并成一个结果返回给用户。

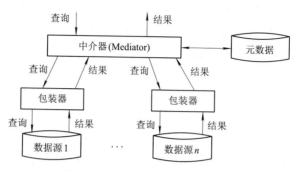

图 4-10 中间件体系结构的例子

中间件体系结构与紧耦合联邦有如下不同之处：

① 中间件系统可以集成非数据库数据源。

② 基于中介器的系统中的数据源的查询能力可以是受限制的，数据源可以不支持 SQL 查询。

③ 中间件系统中的数据源是完全自治的，这就意味着很容易向系统中添加或从系统中删除数据源。

④ 由于中间件系统中的数据源是自治的，因此对系统中数据源的访问通常是只读的，而 FDBS 支持读写访问。

2) 物化方法

物化方法也就是数据仓库法，该方法需要建立一个存储数据的仓库，由 ETL (Extract, Transform, and Load)工具定期从数据源过滤数据，然后装载到数据仓库，供用户查询。

数据仓库是一个面向主题的、集成的、相对稳定的、反映历史变化的数据集合，用于支持管理决策。对于数据仓库的概念可以从两个层次予以理解：首先，数据仓库用于支持决策，面向分析型数据处理；其次，数据仓库可对多个异构的数据源进行有效集成，集成后按照主题再进行重组，重组后的数据包含历史数据，而且存放在数据仓库中的数据一般不再修改。数据仓库存储了从所有业务系统中获取的综合数据，并利用这些综合数据为用户提供经处理后与决策相关的信息。

数据仓库拥有以下四个特点：

(1) 面向主题。操作型数据库的数据组织面向事务处理任务，各个业务系统之间各自分离，而数据仓库中的数据是按照一定的主题域进行组织的。主题是一个抽象的概念，是指用户使用数据仓库进行决策时所关心的重点方面，一个主题通常与多个操作型信息系统相关。

(2) 集成。面向事务处理的操作型数据库通常与某些特定的应用相关，数据库之间相互独立，并且往往是异构的。而数据仓库中的数据是在对原有分散的数据库数据进行抽取、清洗的基础上经过系统加工、汇总和整理得到的，必须消除源数据中的不一致性，以保证数据仓库内的信息是关于整个企业的一致的全局信息。

(3) 相对稳定。操作型数据库中的数据通常会实时更新，数据会根据需要及时发生变化。数据仓库的数据主要供企业决策分析之用，所涉及的数据操作主要是数据查询，一旦某个数据进入数据仓库以后，一般情况下将被长期保留，也就是数据仓库中一般有大量的查询操作，但修改和删除操作很少，通常只需要定期的加载、刷新。

(4) 反映历史变化。操作型数据库主要关心当前某一个时间段内的数据，而数据仓库中的数据通常包含历史信息，系统记录了企业从过去某一时间点(如开始应用数据仓库的时间点)到目前的各个阶段的信息，通过这些信息，可以对企业的发展历程和未来趋势做出定量分析和预测。

企业数据仓库的建设，是以现有企业业务系统和大量业务数据的积累为基础的。数据仓库不是静态的概念，只有把信息及时交给需要这些信息的使用者，供他们做出改善其业务经营的决策，信息才能发挥作用，信息才有意义。而把信息加以整理、归纳和重组，并及时提供给相应的管理决策人员，是数据仓库的根本任务。因此，从产业界的角度看，数据仓库建设是一个工程，是一个过程。数据仓库系统体系结构一般包含四个层次，具体如图 4-11 所示。

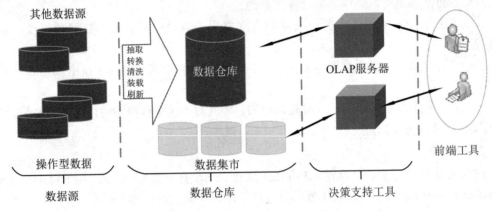

图 4-11　数据仓库系统体系结构

(1) 数据源。数据源是数据仓库系统的基础，是整个系统的数据源泉。通常包括企业内部信息和外部信息。内部信息包括存放于 RDBMS(Relational Database Management System，关系数据库管理系统)中的各种业务处理数据和各类文档数据。外部信息包括各类法律法规、市场信息和竞争对手的信息等；

(2) 数据仓库。数据仓库服务器是整个数据仓库系统的核心。数据仓库真正的关键之处是其对数据的存储和管理。数据仓库的组织管理方式决定了它有别于传统数据库，同时也决定了其对外部数据的表现形式。要决定采用什么产品和技术来建立数据仓库的核心，则需要从数据仓库的技术特点着手分析。针对现有各业务系统的数据，进行抽取、清洗，并有效集成，按照主题进行组织。数据仓库按照数据的覆盖范围可以分为企业级数据仓库和部门级数据仓库(通常称为数据集市)。

(3) OLAP 服务器。OLAP 服务器用于对需要分析的数据进行有效集成，按多维模型予以组织，以便进行多角度、多层次的分析，并发现趋势。

(4) 前端工具。前端工具主要包括各种报表工具、查询工具、数据分析工具、数据挖掘工具以及各种基于数据仓库或数据集市的应用开发工具。其中数据分析工具主要针对OLAP 服务器，报表工具、数据挖掘工具主要针对数据仓库。

3) 混合型集成方法

虚拟视图方法和物化方法都有自己的优点和缺点。虚拟视图方法实时一致性好，透明度高，不需要重复存储大量数据，能保证查询到最新的数据，比较适合于集成数据多且更新变化快的异构数据源集成，但执行效率低，过于依赖网络且算法复杂。物化方法执行效率高，较少依赖网络，但实时一致性差。混合型集成方法综合二者的优点，能够提高基于中间件系统的性能，保留虚拟数据模式视图为用户所用，同时提供物化的方法，可以复制各数据源之间的常用数据。对于简单的访问请求，通过数据复制的方式，在本地或单一数据源上实现访问请求；而对数据复制方式无法实现的复杂的用户请求，则采用虚拟视图方法。

4.4.2　数据转换

数据转换就是将数据进行转换或归并，从而构成一个适合数据处理的描述形式。数据转换包含以下处理内容：

(1) 平滑处理。平滑处理可用于帮助去除数据中的噪声，主要技术方法有 Bin 方法、聚类方法和回归方法。

(2) 合计处理。合计处理是指对数据进行总结或合计操作。例如，每天的数据经过合计操作可以获得每月或每年的总额。这一操作常用于构造数据立方或对数据进行多粒度的分析。

(3) 数据泛化处理。数据泛化处理是指用更抽象(更高层次)的概念来取代低层次或数据层的数据对象。例如，街道属性可以泛化到更高层次的概念，如城市、国家；数值型的属性，如年龄属性，可以映射到更高层次的概念，如青年、中年和老年。

(4) 规格化处理。规格化处理是指将有关属性数据按比例投射到特定的小范围之中。例如，将工资收入属性值映射到 0 到 1 范围内。

(5) 属性构造处理。属性构造处理是指根据已有属性集构造新的属性，以帮助数据处理过程。

下面将着重介绍规格化处理和属性构造处理。

1. 规格化处理

规格化处理就是将一个属性取值范围投射到一个特定范围之内，以消除数值型属性因大小不一而造成挖掘结果的偏差，常常用于神经网络、基于距离计算的最近邻分类和聚类挖掘的数据预处理。

对于神经网络，采用规格化后的数据不仅有助于确保学习结果的正确性，而且也会帮助提高学习的效率。对于基于距离计算的挖掘，规格化方法可以帮助消除因属性取值范围不同而影响挖掘结果的公正性。

下面介绍常用的三种规格化方法。

(1) 最大最小规格化方法。该方法对被初始数据进行一种线性转换。例如，假设属性的最大值和最小值分别是 98 000 元和 12 000 元，利用最大最小规格化方法将"顾客收入"属性的值映射到 0~1 的范围内，则当"顾客收入"属性的值为 73 600 元时，对应的转换结果如下：

$$\frac{73\,600 - 12\,000}{98\,000 - 12\,000} \times (1.0 - 0.0) + 0 = 0.716$$

计算公式的含义为"(待转换属性值 − 属性最小值)/(属性最大值 − 属性最小值) × (映射区间最大值 − 映射区间最小值) + 映射区间最小值"。

(2) 零均值规格化方法。该方法是指根据一个属性的均值和方差来对该属性的值进行规格化。假定属性"顾客收入"的均值和方差分别为 54 000 元和 16 000 元，则当"顾客收入"属性的值为 73 600 元时，对应的转换结果如下：

$$\frac{73\,600 - 54\,000}{16\,000} = 1.225$$

计算公式的含义为"(待转换属性值 − 属性平均值)/属性方差"。

(3) 十基数变换规格化方法。该方法通过移动属性值的小数位置来达到规格化的目的。所移动的小数位数取决于属性绝对值的最大值。计算公式为

$$v' = \frac{v}{10^j}$$

计算公式的含义为"待转换属性值/10^j"，j 为使 $\text{Max}(|v'|) < 1$ 成立的最小值。

假设属性的取值范围是 −986～917，则该属性绝对值的最大值为 986。当属性的值为 435 时，对应的转换结果如下：

$$\frac{435}{10^3} = 0.435$$

其中，j 为能够使该属性绝对值的最大值(986)小于 1 的最小值，故 j 取值 3。

2. 属性构造处理

属性构造处理方法可以利用已有属性集构造出新的属性，并将其加入现有属性集合中以挖掘更深层次的模式知识，提高挖掘结果准确性。例如，根据宽、高属性，可以构造一个新属性(面积)。构造合适的属性能够减少学习构造决策树时出现的碎块情况。此外，属性结合可以帮助发现所遗漏的属性间的相互联系。

4.4.3　数据清洗

数据质量问题是由人员、流程或系统等问题造成的，数据质量问题通常出现在数据的模式层和实例层。数据清洗是从数据的实例层角度考虑问题，其主要研究内容是检测并消除数据中的错误和不一致等质量问题，以提高数据的质量。在集成过程中，主要从实例层角度来提高数据质量，解决由于数据采集规范的不完善、人员理解错误或操作失误以及数据整合不当等原因，可能造成的数据缺失、记录重复等问题。

1. 数据清洗定义

数据清洗(Data Cleaning)又叫数据清理(Data Cleansing)、数据擦洗(Data Scrubbing)。由于数据清洗所应用的领域不同，其定义也稍有差别。数据清洗主要应用在数据仓库(Data Warehouse，DW)、数据挖掘(Data Mining)、综合数据质量管理三个领域。下面分别介绍这三个应用领域中数据清洗的定义。

1) 数据仓库中的数据清洗

数据仓库是一个面向主题的、集成的、时变的和非易失的数据集合，支持管理部门的

决策过程。数据仓库从多个数据源收集信息,存放在一个一致的模式下,并且通常驻留在单个站点。不同数据源中指代同一实体的记录,会造成在集成后的数据仓库中出现重复的记录。重复记录不但会造成数据冗余,占用大量空间,也会占用数据传输的带宽。数据清洗过程就是检测并消除冗余的重复记录,也就是所谓的合并/清洗问题。在数据仓库中,数据清洗定义为清除错误和不一致数据的过程,并需要解决记录重复问题。数据清洗是数据仓库构建的关键步骤,由于数据量大,不可能由人工完成,因此数据清洗的自动化得到该领域的广泛关注。

2) 数据挖掘中的数据清洗

数据挖掘,又称数据中的知识发现(KDD),是从存放在数据库、数据仓库或其他信息库中的大量数据发现知识的过程。数据清洗是数据挖掘过程中的第一步,以实现对数据的预处理。在各种不同的 KDD 和 DW 系统中,需针对该应用领域进行数据清洗。数据清洗是一种使用计算机化的方法来检查数据库,检测缺失的和不正确的数据,并纠正错误数据的过程。

3) 综合数据质量管理中的数据清洗

综合数据质量管理在学术界和商业界都得到了普遍关注,它解决了整个信息业务过程中的数据质量和集成问题。在综合数据质量管理中,没有直接给出数据清洗的定义,大多从数据质量的角度考虑数据清洗。将数据清洗定义为评价数据质量并改善数据质量的过程。在数据生命周期过程中,数据的获取和使用周期包括评估、分析、调整和丢弃数据一系列活动。将数据清洗结合到上述过程,该系列活动就从数据质量的角度定义了数据清洗过程。

2. 数据清洗流程

1) 数据清洗的典型过程 DAM

数据清洗是一个费时、费力、高代价的过程,需要花费大量的人力、物力与财力资源,相当一部分工作需要人工交互来完成,如何提高数据清洗的速度和效率,完善数据清洗的自动化水平是数据清洗的研究重点之一。实现数据清洗的典型过程是数据分析、检测和修正(Data Analysis, Detection and Modification, DAM),下面分别对其进行介绍:

(1) 数据分析。数据分析是数据清洗的前提和基础,通过详细分析"脏数据"的产生原因和存在形式,确定数据的质量问题,发现控制数据的一般规则,进而选择适当的数据清洗算法、清洗规则和评估方法,配置最佳的清洗步骤和流程。

(2) 数据检测。数据检测是指根据预定义的清洗算法和清洗规则,执行定义好的数据清洗步骤和流程,检测数据中存在的质量问题。

(3) 数据修正。数据修正是指通过人工或自动方式,修正或清除数据中的"脏数据"(源系统中的数据不在给定的范围内或对于实际业务毫无意义,或是数据格式非法,以及在源系统中存在不规范的编码和含糊的业务逻辑),通过数据修正得到干净的数据,提高原系统中的数据质量。

2) 数据清洗的系统框架 PDLMV

在针对具体应用、特定领域开展数据清洗的工作时,常常会采用数据清洗框架和高效实用的数据清洗工具。数据清洗的系统框架一般由准备(Preparation)、检测(Detection)、定位(Location)、修正(Modification)、验证(Validation)五部分组成，简称为 PDLMV，如图 4-12 所示。每个模块均可独立运行，完成不同需求的清洗任务。框架在执行过程中，可以在多处停止，不必继续执行后续步骤，灵活性更强，同时根据评估情况可以回到前面的清洗模块，修正方案，以便更好地完成清洗任务。针对各种"脏数据"，清洗算法和清洗规则可加入检测和修正两个模块，以实现更丰富的清洗功能。该框架包含部分数据质量评估功能，能够分析数据的质量情况，为清洗提供依据，并且能够对清洗结果进行验证，评估任务完成情况。

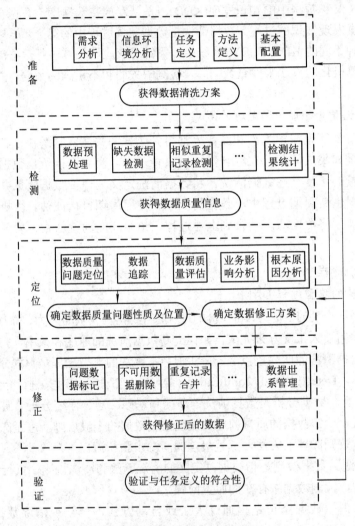

图 4-12　数据清洗的一般性系统框架 PDLMV

框架中各模块完成的具体功能如下：

(1) 数据准备模块。数据准备模块主要包括需求分析、信息环境分析、任务定义、方法定义和基本配置功能。需求分析是指明确数据清洗需求；信息环境分析是指可以明确待处理数据所处的环境特点；任务定义是指明确数据清洗的任务和目标；方法定义是指确定数据清洗所用的具体算法和规则；基本配置是指完成数据清洗的接口等相关配置工作，并基于以上工作获得数据清洗方案和流程。

此步骤主要完成了数据清洗前的分析准备工作，为下一步打好基础。

(2) 数据检测模块。数据检测模块包括数据预处理、缺失数据检测、相似重复记录检测等，还要进行检测结果统计。数据预处理是指对数据进行排序、分类等检测前的预处理，对于重复记录检测还要确定选取的字段，对于缺失数据要完成类别数据的准备；缺失数据情况的检测和相似重复记录情况的检测主要完成数据质量问题的检测功能；检测结果统计是指对检测的数据质量情况进行统计汇总。完成上述任务后可得到全面的数据质量信息。

(3) 数据定位模块。数据定位模块包括数据质量问题定位、数据追踪、数据质量评估、业务影响分析和根本原因分析。数据质量问题定位是指确定数据质量问题的性质和位置，提供清洗依据；数据追踪是指跟踪导入导出的数据，定位问题数据；数据质量评估是指评估数据质量的水平；业务影响分析是指分析相关业务对数据质量问题及数据修正的影响；根本原因分析是指明确导致数据质量问题的根本原因。

此步骤主要确定数据质量问题的性质和位置，分析导致数据质量问题的原因，从而明确数据的修正方案。并根据定位分析的效果和需要，适时返回"检测"模块。

(4) 数据修正模块。数据修正模块的工作是在定位分析的基础上，对检测出的实例层数据质量问题进行修正，具体包括问题数据标记、不可用数据删除、重复记录合并等，并对数据修正过程进行数据世系管理。

(5) 数据验证模块。数据验证模块可以对清洗结果进行评价，验证数据是否达到任务定义的要求。如果未达到要求则回到"定位"模块，对数据做进一步的定位分析和修正，甚至返回"准备"模块，调整相应的准备工作。

目前，国外开发的数据清洗工具种类繁多，功能多样。ETL 工具可以抽取、转换、装载数据，实现多数据源的数据集成，如 Data Stage(Ardent)、Data Transformation Service (Microsoft)、Warehouse Administrator(SAS)、PowerMart(Informatica)等，这些工具都能支撑数据清洗的功能。

4.5　数据清洗方法

数据清洗是数据处理工作的难点和重点，下面重点介绍缺失数据、重复数据、异常数据和逻辑错误数据的处理方法。

4.5.1　缺失数据处理

数据缺失是数据挖掘、数据仓库和数据库管理系统中重要的数据质量问题，真实的数据中经常会出现数据缺失情况。当数据用于分析报告、信息共享和决策支持时，缺失问题将会导致严重的后果。在关系数据中，数据集中某条记录存在一个或一个以上属性值为空的数据为缺失数据，也就是缺失记录，不完整数据也被认为是缺失数据。表 4-1 是一个存在缺失数据的例子。

表 4-1　缺失数据实例

姓名	性别	年龄/岁	薪水/元
李少节	男	38	8000
郑高	男	29	7900
王海霞	女		8500
符源	男	42	9000
罗胡	男	25	
潘佳	女	51	8700

缺失数据问题在真实数据集中是一种普遍现象，许多原因都会导致缺失数据的发生，例如人工录入或异构系统数据导入等。这些缺失数据经常会带来一些问题，影响相关工作。因此，解决该问题的方法呈现多样化。

1. 缺失数据清洗步骤

从数据清洗的角度考虑，缺失数据的处理包括缺失数据的检测、分类和估计填充三个步骤，如图 4-13 所示。

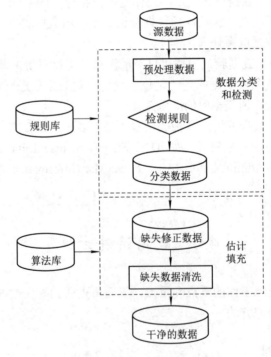

图 4-13　缺失数据清洗流程

1) 缺失数据检测

对缺失数据进行清洗，首先要检测数据集中的缺失数据，统计分析数据集中数据的缺失情况，以便下一步的处理。

2) 缺失数据分类

根据分类标准，对缺失数据进行分类。简单的分类方法是将记录分为完整记录和不完整记录两类。将不完整记录又分为三类：不完整合格记录、不完整待修正记录和不完整需删除记录。记录分类是缺失估计的前提，对于没必要修正的缺失记录直接删除，将提高工作效率，同时可以针对不同类别的缺失记录采取相应的方法进行修正。

3) 缺失数据的估计填充

缺失数据的估计填充主要针对缺失待修正记录，缺失较多属性值的记录一般没有必要或很难进行估计填充。首先采用合适的估计方法，估计记录中的缺失属性值，再采取一定的方式对缺失值进行填充，得到信息完整的记录。

2. 缺失数据清洗方法

处理缺失数据的简单方法是忽略含有缺失值的实例或属性，因此会浪费掉相当一部分数据，同时，不完整的数据集可能会带来统计分析的偏差。有些数据分析的方法可以容忍这些缺失值。缺失值填充通常以替代值填补的方式进行，它可以通过多种方法实现，如被广泛使用的均值填补法。然而，这种方法忽略了数据中的不一致问题，并且没有考虑属性间的关系，属性间的关联性在缺失值估计过程中是非常重要的信息。

概括起来，缺失数据的处理方法主要有：忽略元组法、简单填充法、统计学法、分类法。下面分别介绍这几类方法。

1) 忽略元组法

忽略元组法是缺失数据清洗的简单方法，它将存在缺失值的记录直接删除，得到完整的记录数据。这种方法实现简单，方式过于直接，虽然能够得到完整的数据，但会因此丢掉大量的数据。在实际数据当中，数据缺失情况是经常出现的，这种方法很难满足实际需求。

2) 简单填充法

简单填充法是利用某些值，对记录中的缺失值进行填充，得到完整的数据。此类方法有如下几种：

(1) 常量填充法。常量填充法就是用同一个常量对所有缺失值进行填充，此类值如"Unknown"或"Null"等。这种方法实现简单，但填充结果容易导致错误的分析结果，其适用范围有限。

(2) 人工填充法。该方法由领域专家对缺失值进行人为填充，需要操作人员对数据的背景知识和业务规则有一定程度的理解。因此，领域专家的经验和业务能力对缺失值的填充效果影响很大。对一些重要数据，或当不完整数据的数据量不大时可采用此方法。但如果缺失数据量庞大，通过人工方式填充将相当费时费力，而且还可能引入噪声数据。

3) 统计学法

统计学法分为以下几种：

(1) 均值填充法。均值填充法就是用同一字段中所有属性值的平均值作为替代值，用此替代值对该字段中的所有缺失值进行填充。此类方法只适用于数值型字段缺失值的填充。

(2) 中间值填充法。中间值填充法和均值填充法类似，其替代值为字段中所有数值的中间值。

(3) 最常见值填充法。最常见值填充法就是用同一字段中出现次数最多的属性值来填充该字段的所有缺失值。该方法可用于多种数据类型字段缺失值的填充。

(4) 回归模型法。一般来说，变量之间的关系可分为确定性的和非确定性的两种。非确定性的关系即所谓相关关系，非确定性关系的变量是随机变量，回归分析是研究相关关系的一种数学工具，它能通过一个变量的取值去估计另一个变量的取值。在缺失数据估计中，通过回归分析，建立相应的回归模型，对缺失值进行估计，其效果通常比其他统计方法更好。

上述统计学方法中的前三种在一定程度上会影响缺失数据与其他数据之间的关联性，而且，当数据量较大时，缺失值都用同一值来替代，也会影响数据的分布情况，导致分析结果的偏差。

4) 分类法

数据分类是数据挖掘中的重要方法。分类过程是找出描述和区分数据类和概念的模型(或函数)，即分类器。分类器通过训练数据集来构造，并将数据映射到给定类别中的某一类，以预测同一属性的缺失值。下面介绍几种用于缺失值估计的分类方法。

(1) 贝叶斯法。贝叶斯分类基于贝叶斯定理，通过数据的先验概率和条件概率计算得到后验概率，以实现数据的分类。设 X 是数据元组，X 用 n 个属性集的测量描述。H 为某种假设，假定数据元组 X 属于某种特定类 C。对于分类问题，希望确定 $P(H|X)$，即给定 X 的属性描述，找出元组 X 属于特定类 C 的概率。贝叶斯定理如下：

$$P(H|X) = \frac{P(X|H)P(H)}{P(X)}$$

式中：$P(H|X)$ 为后验概率；$P(H)$ 为先验概率；$P(X|H)$ 为在条件 H 下，X 的后验概率。

在缺失值估计中常用的是朴素贝叶斯分类法。在数据维数较多时，朴素贝叶斯分类法为方便计算属性的条件概率，一般假定各属性独立，即忽略属性间的关联性。因此，一种基于关系马尔可夫模型的缺失值估计方法被提出，该方法考虑属性间的关联性，为避免因数据缺失情况不同带来的填充结果偏差，采用最大后验概率和概率比例两种方法对缺失值进行填充。

(2) k 最近邻法。最近邻分类法是基于类比学习，即通过给定的检验元组与和它相似的训练元组进行比较来学习。训练元组用 n 个属性描述。每个元组代表 n 维空间的一个点。这样，所有的训练元组都存放在 n 维模式空间中。在给定一个未知元组时，k 最近邻分类法搜索该模式空间，找出最接近未知元组的 k 个训练元组。这 k 个训练元组是未知元组的 k 个"最近邻"。综合这 k 个"最近邻"对应的属性值，估计未知元组中的缺失值。

(3) 决策树法。决策树是一种类似于流程图的树结构，其中，每个内部节点表示在一个属性上的测试，每个分支代表一个测试结果输出，每个叶子节点存放一个类标号。一棵典型的决策树如图 4-14 所示。

图 4-14 是对银行房贷情况进行推理判断的决策树。内部节点用圆角矩形表示，叶子节点用椭圆形表示。给定一个类标号未知的元组 X，在决策树上测试元组的属性值，跟踪每一条测试输出路径，由根节点直到叶子节点，叶子节点即为该元组的类预测结果。

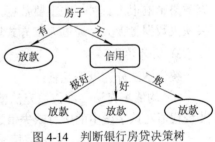

图 4-14　判断银行房贷决策树

4.5.2　重复数据处理

重复记录是指数据管理系统中，各字段属性值都相同的记录，这类记录是完全的数据重复。相似重复记录是指客观上表示现实中同一实体的记录，这类记录大部分字段中的属性值相同，个别字段中的属性值由于表示方式不同或数据错误等原因稍有差别。当对从多数据源或单数据源得来的数据进行集成时，多个记录代表同一实体的现象经常存在。如在表 4-2 中记录的 T-72M1 主战坦克和 T-72 中型坦克实质上应是同一型号的坦克，其主要性能参数高度相似。

表 4-2　重复数据实例

装备名称	速度/(km/h)	行程/km	发动机功率/hp	战斗全重/T	最大侧倾角/°	越壕宽/m	通过垂直墙宽/m	宽/m	高/m	国家
T-72M1 主战坦克	60	700	780	41	25	2.7	0.8	3.65	2.5	俄罗斯
T-72 中型坦克	60	700	585	41	30	2.7	0.85	3.6	2.19	俄罗斯

注：1 hp 约为 0.746 kW。

相似重复记录检测是数据清洗研究的重要方面，在数据管理系统中，重复记录不仅会导致数据冗余，浪费网络带宽和存储空间，还会提供给用户很多重复的信息。这类问题的解决主要基于数据库和人工智能的方法。目前，除了对关系数据进行相似重复记录检测，越来越多的用于 XML 数据、RDF 数据、复杂网络数据等非结构化数据的重复检测方法被提出。

1. 相似重复记录清洗步骤

相似重复记录清洗过程通常包括以下几个步骤，如图 4-15 所示。

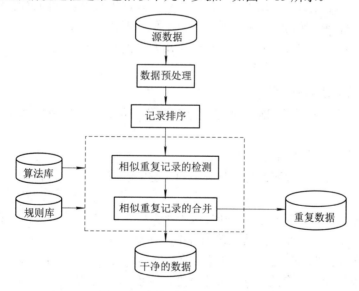

图 4-15　相似重复记录清洗流程

1) 数据预处理

数据预处理主要包括以下两步：

(1) 选择用于记录匹配的属性集。记录匹配过程是识别同一个现实实体的相似重复记录的过程，判定记录是否重复可以通过比较记录中对应字段之间的相似度，而后将各字段相似度加权平均，得到记录相似度，进而判断记录是否表示同一实体。每个字段之间的比较是字符串间的比较，通常采用基本字符串匹配方法、N-gramming 方法和编辑距离方法等进行字符串比较。

记录中的属性往往较多，因此需根据实际情况选择出恰当的属性用于记录相似度的计算。

(2) 赋予字段权重。记录的不同字段反映了实体的不同特征，在计算记录相似度时，各字段的决定作用也不同。因此，需根据每个字段的重要程度为其赋予不同的权重。重复记录检测过程中，为不同的字段赋予不同的权重，有助于提高重复记录检测的精度。

2) 记录排序

重复记录检测，一般只对某一范围内的记录进行比较，以减少比较的次数。对特定范围内的记录比较，关键是确定排序关键字，按关键字对记录排序，使相似重复记录在位置上更靠近。

3) 相似重复记录的检测

该步骤主要是判断两条记录是否为相似重复记录。基于排序、比较、合并的方法，首先计算记录的相似度，将记录相似度与预先设定的阈值进行比较，判断记录是否相似。

4) 相似重复记录的合并

根据预定义的规则，对检测出的相似重复记录进行合并或删除操作，得到"干净"的数据集。

2. 相似重复记录清洗方法

排序—合并是相似重复记录检测的基本思想，即首先选取合适的关键字，根据该关键字对数据集进行排序，使相似重复记录在位置上更临近，然后比较临近的记录，判断其是否为相似重复记录。目前很多方法都基于该思想发展而来。下面介绍几种常用的相似重复记录检测方法。

1) 基本邻近排序算法

基本邻近排序算法(简称 SNM 算法)是较早被提出的排序—合并方法，因其思想简单，效果明显，得到了广泛应用。

SNM 算法的基本流程如下：

步骤 1：选取排序关键字。选取记录中的关键字段或属性值字符串，作为记录排序的关键字。

步骤 2：记录排序。根据选定的排序关键字对整个数据集进行排序，使相似重复记录在位置上更临近，为下一步的重复检测做好准备。

步骤 3：相似重复记录检测。在排序后的数据集上滑动一个大小为 W 的固定窗口，将窗口内的第一条记录与其余的 $W-1$ 条记录进行比较。比较过程中，一般通过相似度比较算法，计算字段相似度，再利用字段权重加权平均得到记录相似度。将记录相似度与记录相似度阈值比较，判定两条记录是否为相似重复记录。比较结束后，第一条记录从窗口取出，第 $W+1$ 条记录进入窗口。此时窗口中的第一条记录与其他的 $W-1$ 条记录进行比较。如此反复进行，直到数据集中最后一条记录比较完毕。最后，得到数据集中所有的相似重复记录。SNM 算法的示意图如图 4-16 所示。

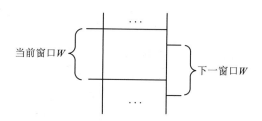

图 4-16　SNM 算法示意图

SNM 算法采用滑动窗口技术，可以减少记录比较次数，大大提高了检测效率。但其存在两个主要缺点：

(1) 比较窗口大小难以确定。窗口过大将导致没有必要的记录比较，增大时间消耗；窗口过小就会出现漏配现象，降低检测精度。

(2) 字段权重固定不变，难以保证准确性。字段的权重多是人为给定的，并且字段权重在检测过程中固定不变，存在一定的主观性。

针对 SNM 算法的不足，很多 SNM 算法的改进方法也被提出，如多趟排序算法等，或采用变步长伸缩窗口，根据记录相似度值确定窗口是扩大还是缩小，以及扩大或缩小的比例，并根据记录相似度动态合理地调整字段的权重。

2) 多趟临近排序算法

SNM 算法对排序关键字的依赖性较大，难以找到一个完全合适的关键字，排序后使所有相似重复记录在位置上临近。针对这一缺陷，Hernández 等人提出了 MPN 算法。该算法的思想为：独立地多次执行 SNM 算法，每次选取不同的关键字对数据集进行排序，然后采用基于规则的知识库生成等价原理，根据这一原理将每次检测出的相似重复记录合并为一组，在合并过程中采用传递闭包的思想。所谓传递闭包，是指如果记录 R1 与 R2 互为相似重复记录，记录 R2 与 R3 互为相似重复记录，无需进行 R1 与 R3 的匹配，即可认为其为相似重复记录。通过传递闭包可以减少记录比较次数，提高了检测效率，同时可以得到较完整的相似重复记录集合，一定程度上解决了漏配问题。

3) 优先权队列算法

为有效检测相似重复记录，Monge 等人提出了基于 Union-Find 数据结构的优先权队列算法，该队列中的元素具有不同的优先权，每个元素是一类相似重复记录的集合。优先权队列的大小固定，数据集中的记录只与队列中的特征记录比较，减少了比较次数，提高了检测效率。

(1) Union-Find 数据结构。

Union-Find 数据结构主要用于不相交集合的合并操作，在优先权队列算法中用于连通分量的合并操作。其主要有两个原子操作：

Union(r1，r2)：将 r1 和 r2 两个集合合并为一个新的集合，并将其中节点较少的集合作为节点较多集合的子集，然后返回新生成的节点。

Find(x)：查找节点 x 所在的集合。

在优先权队列算法中，该结构保存检测操作得到的相似重复记录聚类，并将每个聚类视为一个集合。初始情况下，将每条记录看作一个集合，在进行记录比较过程中，对相似重复记录进行 Union 操作，合并到一个集合中。

(2) 优先权队列定义。

优先权队列是一种队列元素具有不同优先权、长度固定的队列。队列中的每个元素代表一个集合，每个集合是一个相似重复记录的聚类。在相似重复记录检测过程中，将数据集中的每条记录与优先权队列每个元素中的记录进行匹配。对于每个重复聚类，单条记录不足以代表整个聚类的特征，因此用若干条记录来代表它的聚类特征。

(3) 优先权队列算法基本思想。

首先根据选取的关键字对数据集进行排序，然后顺序扫描排序后数据集中的每条记录。初始，数据集中的每条记录看作一个聚类。假定当前检测的记录为 Ri，如果 Ri 已在优先权队列的某个聚类中，则将该聚类的优先权设为最高，继续检测数据集中的下一条记录。否则，按聚类优先权的高低，将 Ri 与各聚类中的特征记录进行比较。假设 Rj 是当前某一聚类中与 Ri 进行比较的记录，如果两条记录的相似度大于某一阈值 match_threshold，则判定两条记录为相似重复记录，并通过 Union 操作将两条记录所属的聚类合并。如果两条记录的相似度大于 match_threshold，但小于阈值 high_threshold(该值大于 match_threshold，小于 1)，说明 Ri 具有一定的代表性，将 Ri 作为合并后聚类的一个特征记录加入优先权队列。如果 Ri 和 Rj 的相似度低于某一阈值 low_threshold(该值小于 match_threshold)，说明 Ri 属于 Rj 所属聚类的可能性较小，因此无需和该聚类中的其他特征记录进行比较。而后，Ri 和下一优先级聚类中的特征记录进行同样的比较。如果整个优先权队列扫描完成后，发现 Ri 不属于其中任何一个聚类，则将 Ri 所属聚类加入优先权队列，并设为最高的优先权。如果此时优先权队列中的集合超过了优先权队列的大小，则删除优先权最低的集合。按照同样的方式继续检测数据集中的记录，直至结束。最终 Union-Find 结果的各个聚类就是数据集中各相似重复记录的集合。

优先权队列算法通过设定优先权队列的大小，使数据集中的记录只与优先权队列中的元素进行比较，类似 SNM 算法中的固定窗口，能够大大提高检测效率。同时，通过设置 match_threshold 和 low_threshold 两个阈值，可以减少不必要的记录比较。而且算法能够适应数据规模的变化，对多条记录同为相似重复记录的问题也能够解决。

4) DBSCAN 聚类算法

Ester Martin 等人于 1996 年提出了 DBSCAN 算法,该算法是基于密度的空间聚类算法,它将具有足够密度的区域划分为一个簇，同一簇内的点有很高的相似性，它可以在带有"噪声"的数据库中发现任意形状的聚类，该方法被很好地用于数据库中的相似重复记录检测。

在数据库中，每条记录看作空间中的一个点，记录的不同字段作为点的相应维度。算法的描述基于如下概念：

密度。空间内任意一点的密度为以该点为圆心、距离 e 为半径的圆形区域内包含的点的数量。

邻域。空间内任意一点的邻域为以该点为圆心、距离 e 为半径的圆形区域内包含的点所组成的集合。

核心对象。空间内某一点的密度大于等于某一给定值 Mptn，则该点为核心对象。其中，Mptn 为某点邻域内其他点的最少数量。

直接密度可达。对于一个数据集 D，如果对象 p 在对象 q 的 e 邻域内，同时 q 是一个核心对象，则 p 从 q 出发是直接密度可达的。

密度可达。如果存在一个对象集 $\{p_1, p_2, \ldots, p_n\}$，n 为自然数，$p_1 = q$，$p_n = p$，$\forall p_i \in D$，$p_{i+1}$ 是从 p_i 关于 e 和 Mptn 直接密度可达的，则 p 是从 q 关于 e 和 Mptn 密度可达的。

算法基本思想：检测数据库中的某一点，若该点为核心点，则通过区域查询得到该点的邻域，邻域中的所有点同属于一个类。这些点将作为下一轮检测对象，通过不断对下一轮对象进行检测来寻找更多的同类对象，直至找到完整的类。DBSCAN 算法在 N 维空间反复计算各点的密度，并按照密度将各点聚集成类。

在图 4-17 中，设 Mptn = 3，根据上述定义，B、C 两点为核心点，B 从 C 是直接密度可达的。C 不是从 A 密度可达的，因为 A 不是核心点。

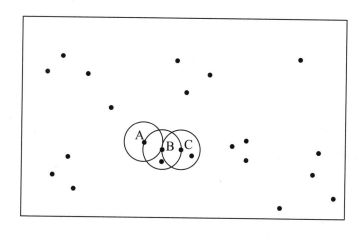

图 4-17　基于密度聚类中的密度可达和密度相连

相似重复记录的检测过程，主要是寻找数据集中的各个类，为了找到一个类，通过算法从数据集 D 中选取任一对象 p，并寻找有关 e 和 Mptn 的从 p 密度可达的所有对象，如果 p 为核心对象，则找到了关于参数 e 和 Mptn 的相似重复记录类。如果 p 是边界点，即 p 邻域内的对象数少于 Mptn，则没有对象从 p 密度可达，p 被认为是噪声点，而后继续处理数据集中的下一对象。

4.5.3　异常数据处理

异常数据是指在数据源中含有的一定数量的异常值，比如数据库或数据仓库中不符合一般规律的数据对象，又叫孤立点(Outlier)。例如，如果一个整型字段 99%的值在某一范围内，则剩下的 1%的不在此范围内的记录可以认为是异常的。如在表 4-3 中，9.0 冲锋枪和 M11 式 9.0 冲锋枪的"点射战斗射速"属性值均为异常数据。

异常数据可能由录入失误造成，也可能由于数据量纲不一致导致结果异常。一方面异常数据可能是应该去掉的噪声，另一方面也可能是含有重要信息的数据单元。因此，在数据清洗中，异常数据的检测也是十分重要的，通过检测并去除数据源中的孤立点可以达到数据清洗的目的，从而提高数据源的质量。由于孤立点并非就是错误数据，因此，在检测出孤立点后还应该结合领域知识或所存储的元数据加以分析，发现其中的错误。

表 4-3　异常数据实例

装 备 名 称	初速/(m/s)	点射战斗射速/(m/s)
56 式 7.62 冲锋枪	710	1200
56-1 式 7.62 冲锋枪	710	1200
56-2 式 7.62 冲锋枪	710	1200
64 式 7.62 微声冲锋枪	290	2000
79 式 7.62 轻型冲锋枪	515	2000
85 式 7.62 轻型冲锋枪	500	1600
85 式 7.62 微声冲锋枪	300	1600
9.0 冲锋枪	325	60
82 式 9.0 微型冲锋枪	325	1400
T77 式冲锋枪	1100	1600
M11 式 9.0 冲锋枪	293	96
AK/AKC-74 式 5.45 冲锋枪	900	1200

异常数据检测的数据清洗步骤如图 4-18 所示。

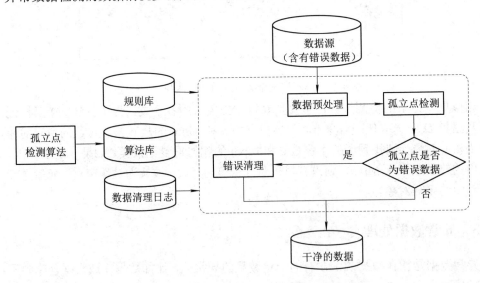

图 4-18　基于孤立点检测的异常数据清洗流程

异常数据的检测主要有基于统计学的方法、基于距离的方法和基于偏离的方法三类。比如采用数据审计的方法实现异常数据的自动化检测，其主要由两步构成，首先采用数理统计的方法对数据分布进行概化描述，自动地获得数据的总体分布特征。在前一步的基础上，针对特定的数据质量问题进行挖掘以发现数据的异常。或采用将数据按距离划分为不同的层，在每一层统计数据特征，再根据定义的距离计算各数据点和中心距离的远近来判断异常是否存在。但是，并非所有的异常数据都是错误的数据，在检测出异常数据后，还应结合领域知识和元数据作进一步的分析，发现其中的错误。

4.5.4　逻辑错误数据处理

数据逻辑错误是指数据集中的属性值与实际值不符，或违背了业务规则或逻辑。如果数据源中包含错误数据，则相似重复记录清洗和缺失数据清洗将更加复杂。在实际的信息系统中，对于一个具体的应用采用一定的方法解决数据逻辑错误问题，将是一个具有重大实际意义的课题。

不合法的属性值是一种常见的数据逻辑错误，如某人的出生日期为 1986/13/25，超出了月份的最大值；违反属性依赖也是常见的错误数据，如年龄和出生日期不一致；另外，错误数据还有违反业务事实的情况，如装备维修日期早于装备生产日期等。

逻辑错误检测的数据清洗步骤如图 4-19 所示。

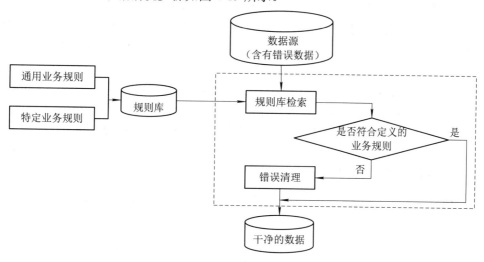

图 4-19　基于业务规则的逻辑错误数据清洗流程

对于错误数据的清洗，一般有两种相联系的方法：

(1) 通过检测数据表中单个字段的值来发现错误数据。这种方法主要是根据数据表中单个字段值的数据类型、长度、取值范围等，来发现数据表中的错误数据。

(2) 通过检测字段之间以及记录之间的关系来发现错误数据。这种方法主要是通过在大量数据中发现特定的数据格式，从而得到字段之间的完整性约束，如采用函数依赖或特定应用的业务规则来检测并改正数据源中的错误数据。

使用业务规则是逻辑错误检测的有效方法，如数值越界问题，可以通过给定数值的范围，即上下界，通过检测字段中各属性值是否在该字段数值范围内，可以判断该值是否正确；如果是属性依赖冲突，则可以通过给出一个属性之间的对照检查表来解决。基于业务规则的错误数据清洗方法，通过规则制定，检测数据集中的逻辑错误。

Fellegi 于 1976 年提出了一个严格的形式化模型——Fellegi-Hot 模型。其主要思路是：在具体的应用领域，根据相应领域知识制定约束规则，利用数学方法获得规则闭集，并自动判断字段值是否违反规则约束。这种方法数学基础严密，自动生成规则，在审计、统计领域得到了广泛应用。

4.6　数据处理工具

4.6.1　Kettle 工具

Kettle 是国外一个开源的 ETL 工具，纯 Java 编写，可以在 Window、Linux、Unix 上运行，数据抽取高效稳定。其主要功能就是对源数据进行抽取、转换、装入和加载，也就是将源数据整合为目标数据。Kettle 中有两种脚本文件：transformation 和 job。transformation 完成针对数据的基础转换，job 则完成整个工作流的控制。

Kettle 主要包括 Spoon、Pan、Kitchen 三部分。Spoon 是一个图形用户界面，它允许运行转换或任务，其中转换是用 Pan 工具来运行的，任务是用 Kitchen 来运行的。Pan 是一个数据转换引擎，它可以执行很多功能，例如从不同的数据源读取、操作和写入数据。Kitchen 可以运行利用 xml 或数据资源库描述的任务，通常任务是在规定的时间间隔内用批处理的模式自动运行的。

Kettle 的优点首先是它有可视化界面，使用起来更方便，也成为用户选择 Kettle 的首要原因，如图 4-20 所示。其次，它有元数据库，元数据库用来保存 Kettle 任务的元信息，方便管理任务，通常也叫作资源库。最后，其自带工作流并且支持增量抽取，可以配置成一套逻辑。例如抽取数据时，目标表不存在则插入，存在则更新，而目标表中存在并且数据源中不存在的，可以删除。

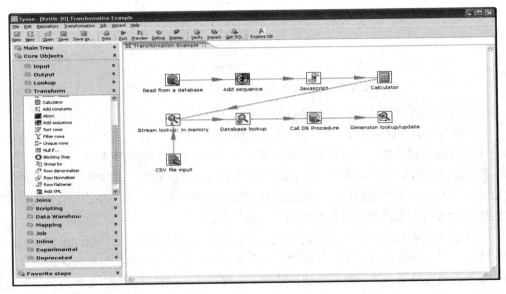

图 4-20　Kettle 软件的界面

4.6.2　DataX 工具

DataX 是阿里开源的一个异构数据源离线同步工具，可实现包括关系型数据库(MySQL、

Oracle 等)、HDFS、Hive、ODPS、HBase、FTP 等各种异构数据源之间稳定高效的数据同步功能。DataX 可以在很短的时间窗口内，将一份数据从一个数据库同时导出到多个不同类型的数据库。

DataX 在异构的数据库/文件系统之间高速交换数据，采用 Framework + plugin 架构构建。Framework 处理了缓冲、流控、并发、上下文加载等高速数据交换的大部分技术问题，提供了简单的接口与插件交互，插件仅需实现对数据处理系统的访问。数据传输过程在单进程内完成，全内存操作，不读写磁盘，开发者可以在极短的时间内开发一个新插件以快速支持新的数据库/文件系统。

DataX 本身作为数据同步框架，将不同数据源的同步抽象为从源头数据源读取数据，以及向目标端写入数据。理论上 DataX 框架可以支持任意数据源类型的数据同步工作。同时 DataX 插件体系作为一套生态系统，每接入一套新数据源，该新加入的数据源即可实现和现有的数据源互通。

DataX 框架内部通过双缓冲队列、线程池封装等技术，集中处理了高速数据交换遇到的问题，提供简单的接口与插件交互，插件分为读取插件(ReadPlugin)和写入插件(WritePlugin)两类，基于框架提供的插件接口，可以十分便捷地开发出需要的插件。比如想要从 Oracle 导出数据到 MySQL，那么需要做的就是开发出 OracleReader 和 MySQLWriter 插件，装配到框架上即可，如图 4-21 所示。其中 OracleReader 是数据读取插件，负责采集数据源 Oracle 数据库中的数据，将数据发送给 Framework；Framework 用于连接读取插件和写入插件，作为两者的数据传输通道，同时负责处理数据缓冲、流控、并发、转换；MySQLWriter 是数据写入插件，负责不断从 Framework 获取数据，并将数据写入目的端的 MySQL 中。此外，上述插件一般情况下在其他数据交换场合是可以通用的。

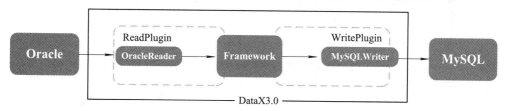

图 4-21 DataX 框架

4.6.3 PowerCenter 工具

Informatica PowerCenter 用于访问和集成几乎所有的业务系统和所有格式的数据，它可以按任意速度在企业内交付数据，具有高性能、高可扩展性、高可用性的特点。Informatica PowerCenter 包括 4 个不同版本，即标准版、实时版、高级版、云计算版。同时，它还提供了多个可选的组件，以扩展 Informatica PowerCenter 的核心数据集成功能，这些组件包括：数据清洗和匹配、数据屏蔽、数据验证、Teradata 双负载、企业网格、元数据交换、下推优化(Pushdown Optimization)、团队开发和非结构化数据等。

Informatica PowerCenter 主要包括四个部分：Client、Repository Server、Repository Database Server 和 Informatic Server。

Informatic Client 客户端应用程序包含多个工具，用于管理存储库以及设计映射、

Mapplet 和会话来加载数据。PowerCenter 客户端应用程序包括以下工具：Designer、Mapping
Architect for Visio、Repository Manager、Workflow Manager、Workflow Monitor、iReports
Designer。使用 Designer 可创建包含集成服务转换指令的映射；使用 Mapping Architect for
Visio 可创建能生成多个映射的映射模板；使用 Repository Manager 可向用户和组分配权限
并管理文件夹；使用 Workflow Manager 可创建、计划和运行工作流(工作流是一组指令，
用于描述如何以及何时运行与提取、转换和加载数据相关的任务)；使用 Workflow Monitor
可监视每个集成服务计划运行和正在运行的工作流；使用 iReports Designer 可设计能够在
JasperReports Server 中查看的报告。部分工具界面如图 4-22～图 4-25 所示。

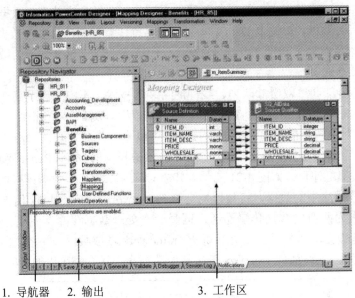

1. 导航器　　2. 输出　　　　　　　　　3. 工作区

图 4-22　Designer 界面

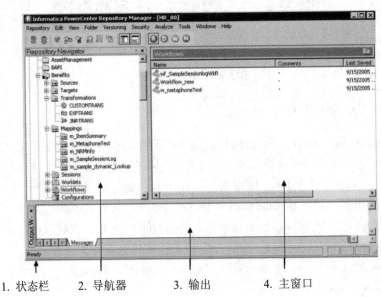

1. 状态栏　　　2. 导航器　　　3. 输出　　　4. 主窗口

图 4-23　Repository Manager 界面

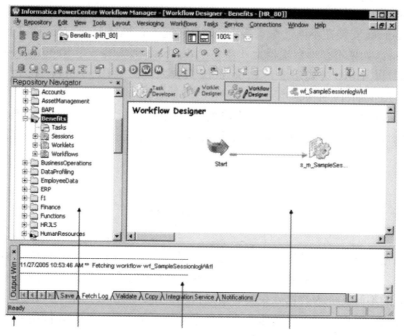

1. 状态栏　　2. 导航器　　　　3. 输出　　　　　4. 主窗口

图 4-24　Workflow Manager 界面

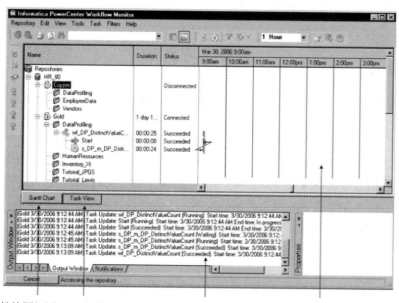

1. 甘特图视图　2. 任务视图　　3. 输出窗口　　　4. 时间窗口

图 4-25　Workflow Monitor 界面

Repository Server 是为客户端服务的，客户端和各种 Client 可以不在一台服务器上。关于数据抽取的设计成果转换成为 XML 格式的源数据，都是通过 Repository Server 存放到 Repository Database Server 上的。

Repository Database Server 存放的是进行ETL设计的元数据,可以支持各类的数据库,实现方式为获取数据库中用户的一个表目录和用户关系即可。Repository Database 可以和 Repository Server 安装在不同的服务器上。如果在同一台机器上，Server 通过 native 方式连接到 database；如果不在一台机器上，需要在 database 上安装一个 Repository Agent，用户通过 Agent，以 native 方式连接到 Repository 数据库，然后 Repository Agent 再以 TCP/IP 方式连接到 Repository Server。

Informatic Server 是实际执行数据抽取任务的运行环境，即 workflows、task、sessions 等。它是根据定义的 workflow 元数据库，在自己的实际环境中，执行数据抽取操作的。

本 章 小 结

本章首先介绍了数据采集的基本概念、原理和分类，帮助读者对数据采集有一个比较清晰的认识。数据采集根据途径、方法、技术和计划的不同可以采用不同的采集策略，根据面向对象的不同又分为数据库采集、系统日志采集、网络数据采集、感知设备采集等不同的采集方法，用户可以根据具体需要采用适合的采集方式。同时，围绕系统日志采集和网络数据采集方法详细介绍了对应的采集工具。数据采集是数据处理的基础，接下来介绍了数据处理的概念，其中重点介绍了数据清洗的方法，包括缺失数据的处理、重复数据的处理、异常数据的处理以及逻辑错误数据的处理。最后介绍了三款数据处理工具。

本章参考文献

[1] 王曰芬，章成志，张蓓蓓，等. 数据清洗研究综述[J]. 现代图书情报技术，2007(12)：50-55.

[2] 张宏军. 作战仿真数据工程[M]. 北京：国防工业出版社，2014 .

[3] DOAN A，HALEVY A，IVES Z. 数据集成原理[M]. 北京：机械工业出版社，2014.

[4] 陈刚. 数据工程资源规划与管理实践[M]. 北京：北京交通大学出版社，2021.

[5] REEVE A. 大数据管理：数据集成的技术、方法与最佳实践[M]. 余水清，潘黎萍，译. 北京：机械工业出版社，2014.

[6] 曹建军，刁兴春，陈爽，等. 数据清洗及一般性系统框架[J]. 计算机科学，2012，39(11A)：207-211.

[7] 曹建军，刁兴春，吴建明，等. 基于位运算的不完整记录分类检测方法[J]. 系统工程与电子技术，2010，32(11)：2489-2492.

[8] 陈爽. 缺失数据与相似重复记录的清洗方法研究及应用[D]. 南京：解放军理工大学，2013.

[9] 陈伟，陈耿，朱文明，等. 基于业务规则的错误数据清理方法[J]. 计算机工程与应用，2005，14：172-174.

[10] 刘飞. 中国企业数据集成与数据质量市场白皮书[R]. 北京：IDC 中国，2008.

[11] 邓苏，张维明，黄宏斌. 信息系统集成技术[M]. 北京：电子工业出版社，2004.

[12] 肖万贤，刘江宁. 企业数据集成模型的研究[J]. 计算机工程与科学，2004，26(5): 49-55.

[13] 黄陵. 网络环境下的大数据采集和处理[J]. 网络安全技术与应用，2021(07).

[14] 京东大数据技术揭秘：数据采集与数据处理[EB/OL].(2018-11-05).[2022-2-17]. https://www.imooc.com/article/259272.

[15] 通过网络爬虫采集大数据[EB/OL]. (2019-06-13). [2022-2-18]. https://blog.csdn.net/ chengxvsyu/ article/details/91896708.

[16] 通过系统日志采集大数据[EB/OL]. (2019-06-13). [2022-2-18]. https://blog.csdn.net/ chengxvsyu/article/details/91896808.

[17] 大数据采集方法[EB/OL]. (2020-07-18). [2022-2-17]. https://blog.csdn.net/qq_7335220/ article/details/107431209.

第5章　数据存储与数据管理

　　随着计算机的普及和网络技术的发展，人们更倾向于利用计算机处理日常业务，产生的数据量也在不断膨胀，如何存储数据成为信息处理的重要环节之一。数据存储技术不仅要解决长期存储的数据以某种格式记录在计算机内部或外部存储介质上的问题，也包括在数据处理过程中产生的临时文件数据或处理过程中需要查找使用的数据的存储问题。

5.1　数据存储介质

　　存储介质是数据存储的载体，是数据存储的基础。存储介质不是越贵越好、越先进越好，而要根据不同的应用环境，合理选择存储介质。不同的存储介质，其数据存储的组织方式也有所差异。常用的存储介质主要包括磁带、光盘和磁盘。

　　磁带是存储成本最低、容量较大的存储介质，主要包括磁带机、自动加载磁带机和磁带库。尽管新技术、新产品不断出现，磁带也存在速度慢的显著缺点，但在对时间不敏感、需要长期存储或低成本时，磁带也是值得考虑的一种存储介质。

　　光盘是一种不同于完全磁性载体的光学存储介质，常见的格式有 CD(Compact Disk) 和 DVD(Digital Video Disk)两种，CD 一般能提供 700 MB 左右的空间。DVD 的容量要大得多，单面单层容量为 4.7 GB，单面双层容量为 8.5 GB，双面双层容量为 17 GB。根据不同的层面规格，一张蓝光 DVD 可提供约 25～100 GB 的存储空间。光盘因其不受电磁影响、容易大量复制等特点，特别适用于对数据进行永久性归档备份。如果数据量大，可用到光盘库，光盘库一般要配备数百张光盘。

　　磁盘一般采用独立冗余磁盘阵列 RAID(Redundant Array of Independent Disks)存储数据。RAID 将数个单独的磁盘以不同的组合方式形成一个逻辑磁盘，不仅提高了磁盘读取的性能，也增强了数据的安全性。RAID 上的磁盘可以同时读取和写入，提高了磁盘的带宽；所有磁盘可以并行地执行寻道工作，从而减少寻道时间，提高了整体性能；RAID 的组合方式具有容错机制，可以保证在不丢失数据的前提下允许个别磁盘的失效。RAID 不同的组合方式用 RAID 级别来标识，使用最多的 RAID 级别是 RAID0、RAID1、RAID5、RAID6、RAID10。RAID0 的存取速度最快但是没有容错机制，适用于追求读取性能的场合；RAID1 中每一个磁盘都有另外一个磁盘作为备份，因此拥有完全的容错机制，适用于备份重要数据的场合；RAID5 虽然读取数据性能高，但是写入数据性能一般，适用于备份数据库中的数据文件；RAID6 能提供两个校验磁盘，其可靠性高于 RAID5，适用于一些对可靠性要求高的场合；RAID10 是 RAID0 和 RAID1 的组合，备份速度快，完全容错，但是成本高。

5.2　数据存储类型

5.2.1　传统存储技术

在目前的磁盘存储市场上，根据服务器类型，存储可分为封闭系统的存储和开放系统的存储，封闭系统主要指大型机，如 IBM AS400 等服务器，开放系统指基于 Windows、UNIX、Linux 等操作系统的服务器。开放系统的存储分为内置存储和外挂存储；开放系统的外挂存储根据连接的方式分为直连式存储(Direct-Attached Storage，DAS)和网络化存储(Fabric-Attached Storage，FAS)；开放系统的网络化存储根据传输协议分为网络接入存储(Network-Attached Storage，NAS)和存储区域网络(Storage Area Network，SAN)。磁盘存储的分类体系如图 5-1 所示。

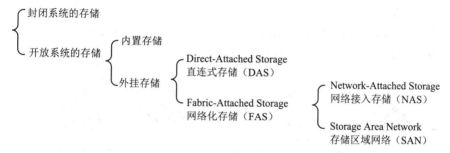

图 5-1　传统存储技术分类

1. DAS 存储技术

DAS 也可称为服务器附加存储(Server Attached Storage，SAS)，是指将外置存储设备通过连接电缆，直接连接到一台主机上，其典型拓扑结构如图 5-2 所示。

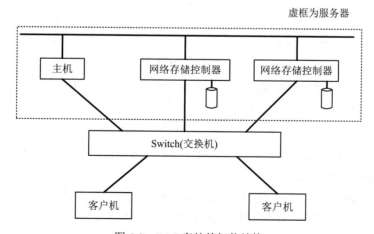

图 5-2　DAS 存储的拓扑结构

主机与存储设备的连接有多种方式，如 ATA、SATA、SCSI、FC(Fibre Channel)，在实际应用中大多采用 SCSI 方式。传统 SCSI 所提供的存储服务有诸多限制，首先是与服务器连接距离有限，不到 10 m；其次是可连接的服务器数量有限，一般只有两台，无法服务更大规模和更复杂的应用环境；第三是 SCSI 盘阵受固化的控制器限制，无法进行在线扩容。在直连式存储中，数据存储是整个主机结构的一部分，文件和数据的管理依赖于本机操作系统。操作系统对磁盘数据的读写与维护管理，要占用主机资源(包括 CPU、系统 I/O 等)。优点在于中间环节少，磁盘读写带宽的利用率高，购置成本也比较经济；缺点是其扩展能力非常有限，数据存储占用主机资源，使得主机的性能受到相当大的影响，同时主机系统的软硬件故障会直接影响对存储数据的访问。

DAS 最大的优点是简单，容易实现，而且无需专业人员维护，成本低。它能够解决单台服务器存储空间扩展的需求，单台外置存储设备的容量已经从不到一吉兆字节(GB)发展到了太兆字节(TB)级，很多中小型网络只需要一两台服务器，数据量不是很大，在这种情况下，DAS 完全可以满足需求。DAS 的不足是资源利用率低，可扩展性、可管理性差，以及容灾能力较差。

2. NAS 存储技术

NAS 是一种在以太网上实现数据存储的技术，是一个嵌有网络通信及文件管理功能的专用存储服务器，其拓扑结构如图 5-3 所示。

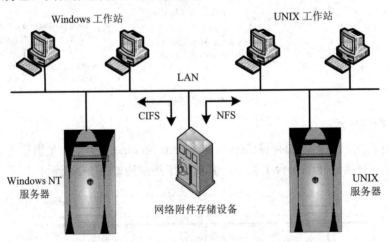

图 5-3　NAS 存储的拓扑结构

NAS 开始作为一种开放系统技术是由 Sun 公司于 20 世纪 80 年代中期推出的 NFS 开始的。NAS 是一种向用户提供文件级服务的专用数据存储设备，可直接连到网络上，不再挂接服务器后端，能避免给服务器增加 I/O 负载。在 NAS 存储结构中，存储系统不再通过 I/O 总线附属于某个特定的服务器或客户机，而是直接通过网络接口与网络直接相连，由用户通过网络来访问。

NAS 可以理解为一个带有瘦服务器的存储设备，其作用类似于一个专用的文件服务器，不过把显示器、键盘、鼠标等设备通通省去。NAS 用于存储服务，可以大大降低存储设备的成本。另外，NAS 中的存储信息都是采用 RAID 方式进行管理的，从而有效地保护了数据。

NAS 系统常用于处理非结构化的数据(比如文档和图像),不适合用于满足事物型数据的存储需求。由于 NAS 采用的是较高端应用层面的 NFS(网络文件系统)协议和 CIFS(通用网络文件共享)协议,无形中延长了系统响应的时间,所以,它的数据传输速度比 SAN 要慢一些。NAS 设备与客户机通过企业网进行连接,因此数据备份或存储过程中会占用网络的带宽,这必然会影响企业内部网络上的其他网络应用,因而共用网络带宽成为了限制 NAS 性能的主要问题。NAS 的可扩展性受到设备大小的限制。增加另一台 NAS 设备非常容易,但是要想将两个 NAS 设备的存储空间无缝合并并不容易,因为 NAS 设备通常具有独特的网络标识符,其存储空间的扩大范围有限。

3. SAN 存储技术

SAN 主要通过高速网络和信道 I/O 接口方案将主机和存储系统联系起来,其本质是一个高性能网络。SAN 解决方案主要有两种:一种是基于光纤通道(Fiber Channel)的 FC SAN,另一种是基于互联网小型计算机系统接口 ISCSI (Internet Small Computer System Interface)协议的 IP SAN。

SAN 的核心技术就是 Fibre Channel(FC,光纤信道)协议,这是 ANSI 为网络和信道 I/O 接口建立的一个标准集成,支持 HIPPI、IPI、SCSI、IP、ATM 等多种高级协议。与传统技术相比,SAN 技术的最大特点是将存储设备从传统的以太网中隔离出来,成为独立的存储局域网络。SAN 使得存储与服务器分开成为现实。SAN 技术的另一大特点是完全采用光纤连接,从而保证了巨大的数据传输带宽,目前其数据传输速度已达 4 Gb/s,传输距离可达 100 km。一条单一的 FC 环路最大可以承载 126 个设备。SAN 具有以下优点:专为传输而设计的光纤信道协议,使其传输速率和传输效率都非常高,特别适合于大数据量高带宽的传输要求;采用了网络结构,具有无限的扩展能力。SAN 的缺点是成本高,管理难度大。SAN 的拓扑结构如图 5-4 所示。

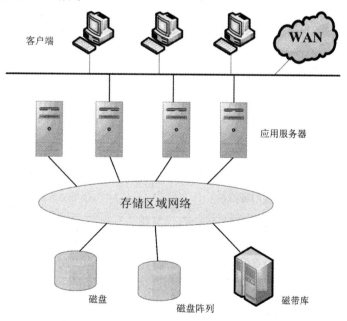

图 5-4 SAN 存储的拓扑结构

NAS 和 SAN 最本质的不同就是文件管理系统(FS)的位置不同，如图 5-5 所示。

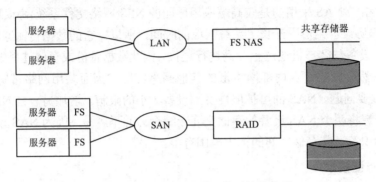

图 5-5　NAS 和 SAN 中文件系统的位置

常见传统存储技术的主要特点对比如表 5-1 所示。

表 5-1　常见传统存储技术的比较

比较项目	DAS	NAS	光纤信道 SAN	ISCSI SAN
安装与维护	单机安装维护简单，多系统时工作量大	安装简单，即插即用	安装维护复杂	安装维护简单
异构网络环境下文件共享	不支持	支持	不支持	不支持
接口技术	SCSI(一般)	IP	FC	IP
存取方式	数据块	文件	数据块	数据块
传输介质	多芯电缆	双绞线	光纤	双绞线
操作系统	依赖于主机操作系统	自带优化的存储操作系统	依赖于服务器操作系统	依赖于服务器操作系统
传输带宽	较高	低	高	中
传输效率	高	低	高	低
数据管理	需第三方存储管理软件	自带	需第三方存储管理软件	需第三方存储管理软件
扩充性	差	好	好	好
容错性	一定程度的容错性	一定程度的容错性	很好	很好
数据库存储	支持	不支持	支持	支持
传输距离	短，只有几米	无限制	10 km(无中继)	无限制
总拥有成本 (TCO)	单台成本低，但系统扩容时成本增加快	低	高	中

5.2.2　云存储技术

1. 云存储技术概览

云存储是在云计算概念上延伸和发展出来的一个新的概念。云计算的技术特点主要体现在两点：一是云端的超级计算能力，这其实是分布式处理、并行处理和网格计算等技术的发展，是通过网络将庞大的计算处理程序自动分拆成无数个较小的子程序，再交由大量计算机所组成的庞大系统经计算分析之后将处理结果汇总得到的；二是获取云端超强计算能力的便捷性，这主要得益于网络技术，特别是移动互联技术的发展。

云存储的概念与云计算类似，它是指通过集群应用、网格技术或分布式文件系统等功能，将网络中大量各种不同类型的存储设备通过应用软件集合起来协同工作，共同对外提供数据存储和业务访问功能的一个系统。在传统模式下，使用某一个独立的存储设备时，必须非常清楚这个存储设备的型号、接口和传输协议，必须知道存储系统中有多少块磁盘，分别是什么型号、多大容量，必须清楚存储设备和服务器之间采用什么样的连接线缆。为了保证数据安全和业务的连续性，还需要建立相应的数据备份系统和容灾系统。除此之外，对存储设备进行定期的状态监控、维护、软硬件更新和升级也是必需的。如果采用云存储，那么上面所提到的一切对使用者来讲都不需要了。云状存储系统中的所有设备对使用者来讲都是完全透明的，任何地方的任何一个经过授权的使用者都可以通过一根接入线缆与云存储连接，对云存储进行数据访问。

云存储是突破传统存储模式在技术与成本局限，适应节约化、协作化工业模式需要，满足海量数据存储飞速发展需求的一种技术。云存储与云计算追求的都是将超级计算和海量存储能力如何有效地在"云端"实现，以及如何方便、快捷地被客户端透明访问的能力。在更广义的概念上，存储也是计算能力的一种，只是两者的应用模式和用户市场不同。云存储系统的结构模型如图 5-6 所示。

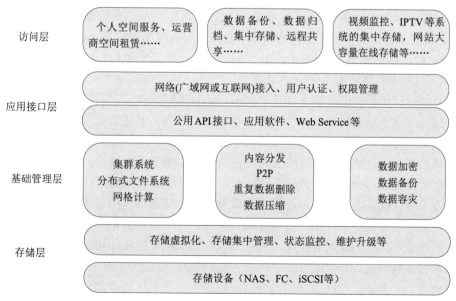

图 5-6　云存储系统的结构模型

2. 存储虚拟化技术

1) 虚拟化概念

虚拟化概念最早由牛津大学的 Strachey 在 1959 年提出，其核心目标是提高机器的使用效率。虚拟化是一个广泛且不断变化的概念，目前没有统一的定义。这里的"广泛"和"不断变化"，根源在于虚拟对象、虚拟方法的不断扩展，及虚拟技术应用市场的不断扩大。IBM 公司对"虚拟化"的定义是：虚拟化是资源的逻辑表示，它不受物理限制的约束。这种资源的抽象方法不受现有架设方式、地理位置或底层资源的物理配置的限制。简言之，虚拟化技术的对象是各类资源，功能是对用户屏蔽虚拟对象不必要的细节并建立其逻辑表示，目的是使用户在虚拟环境中透明使用虚拟对象在真实环境中的主要功能。所以，虚拟化概念的本质并不神秘，它实际上提供了一种通用的、可实现的解决问题的方法或者思路，即降低资源使用者和资源实现之间的耦合度，让使用者不再依赖资源的某种特定实现。

可被虚拟的资源范围非常广，可以是各种硬件资源，如 CPU、内存、存储介质、网络；也可以是软件环境，如操作系统、文件系统、数据库或其他应用程序。最常见的虚拟化技术是操作系统中的虚拟内存技术，即将硬盘中的若干区域划分出来，虚拟成价格更高的内存进行使用。从虚拟化视角看，云计算模式即是多层虚拟化的过程，最终建立弹性化的计算、存储和网络三者的整合资源池。云计算标准就是要建立一个虚拟化的逻辑协议栈。

2) 存储虚拟化

简单地讲，虚拟存储(Storage Virtualization)就是把多个存储介质模块通过一定的手段集中管理起来，所有的存储模块在一个存储池中得到统一管理。这种可以将多种、多个存储设备统一管理起来，为使用者提供大容量、高数据传输性能的存储系统，就称为虚拟存储。

存储虚拟化的基本思想是将实际的物理存储实体与存储的逻辑表示分离开来，应用服务器只与分配给它们的逻辑卷(或称虚卷)打交道，而不用关心其数据是在哪个物理存储实体上。逻辑卷与物理实体之间的映射关系，是由安装在应用服务器上的卷管理软件(称为主机级虚拟化)，或存储子系统的控制器(称为存储子系统级虚拟化)，或加入存储网络 SAN 的专用装置(称为网络级虚拟化)来管理的。

主机级存储子系统的虚拟化都是早期的、比较低级的虚拟化，因为它们不能将多个甚至是异构的存储子系统整合成一个或多个存储池，并在其上建立逻辑虚卷，以达到充分利用存储容量、集中管理存储、降低存储成本的目的。只有网络级的虚拟化，才是真正意义上的存储虚拟化。它能将存储网络上的各种品牌的存储子系统整合成一个或多个可以集中管理的存储池(存储池可跨多个存储子系统)，并在存储池中按需要建立一个或多个不同大小的虚卷，并将这些虚卷按一定的读写授权分配给存储网络上的各种应用服务器。这样就达到了充分利用存储容量、集中管理存储、降低存储成本的目的。

目前存储虚拟化的发展尚无统一标准，从存储虚拟化的拓扑结构来讲主要有两种方式，即对称式与非对称式。对称式存储虚拟技术是指虚拟存储控制设备与存储软件系统、交换设备集成为一个整体，内嵌在网络数据传输路径中；非对称式存储虚拟技术是指虚拟存储控制设备独立于数据传输路径之外。

存储虚拟化的主要特点如下：

(1) 屏蔽不同种类构架。不同厂牌、不同等级的异构存储设备整合，是存储虚拟化产品的首要特性。用户可通过虚拟层介接不同厂牌的磁盘阵列，将这些异构存储设备所含的磁盘视为一整个存储池，再分配给需要容量的前端服务器，所有存储资源都能在虚拟层介接下统一运用。而前端服务器与后端存储设备间的连接，也从传统 SAN 环境中的固定地址连接与空间映像，转变为通过虚拟层的动态介接，使得管理上更有弹性、空间利用率更高，不再有之前存储孤岛的问题。

(2) 支持多种存储协议。要整合用户的存储环境，除了要考虑不同厂牌设备的整合，还要考虑不同存储协议的支持问题。出于成本的考虑，当前企业除了在关键应用系统上使用高阶的光纤通道(FC)外，也大量应用以太网络作为存储传输信道，在 SAN 的区块型传输外，也还有文件共享或传输的需要。因此存储虚拟化产品要统合整个企业的存储环境，除 FC 外，iSCSI 以及文件传输所需的 CIFS、NFS 等协议也是不可或缺的。

(3) 弹性的资源调配机制。由于存储虚拟化产品必须管理异构存储设备，为前端各式各样的应用程序提供服务，因此如何依前端应用程序的不同需要，适当调配后端存储资源也就成为一大重点。存储资源调节可分为容量与性能分配两大部分，依执行任务的不同，前端服务器对容量与存储性能的需要也不同。因此，虚拟化产品必须具备弹性的容量与性能调整机制，以便适当地分配容量，为前端特定服务保证足够的性能。

(4) 高可用性机制。存储虚拟化所有的存储服务器都经由虚拟层的中介，其显而易见的副作用便是虚拟层自身成为整个存储系统中的瓶颈，一旦虚拟层失效，整个存储服务也就中断。为避免前述情况发生，几乎所有存储虚拟化产品都附有高可用性机制。如以两台提供虚拟服务的服务器互为备援，确保虚拟服务的持续性。

(5) 架构在虚拟层上的进阶应用。存储虚拟化的目的是提供一种易于管理、富有弹性的整合存储环境，以便架构出各种存储应用。为便于用户建置这些存储应用，厂商也多半会在虚拟化产品上内建镜像、快照、多路径传输、远程复制等进阶功能。由于虚拟层已经在底层完成了异构存储设备的容量整合，因此要提供这些应用均十分方便，像镜像、复制这些应用，都只要通过虚拟层在底层转换存储路径到不同实际空间就能完成，不用考虑两套存储设备物理规格上的差异。更新设备时的数据迁移亦可交由虚拟层执行，虚拟化产品可轻易地在异构设备间转移存储路径，将数据迁移所需的停机时间降到最低。此外，通过存储虚拟层也可很容易地架构出分层存储或数据归档应用。

3. 大规模分布式文件系统

1) Google 分布式文件系统 GFS

GFS(Google File System)是 Google 公司设计实现的一个可伸缩和可靠的大规模分布式文件系统，用于大型的、分布式的、对海量数据进行访问的应用，能运行于廉价的普通硬件上，可以提供容错和总体性能较高的服务。GFS 来源于 Larry Page 和 SergeyBrin 早期开发的一个文件系统 BigFiles，是 Google 专属产品，为 Google 所有服务系统提供了存储支撑。Google 之所以能用大量廉价服务器来出色完成各种大规模数据处理任务，提供丰富多样的服务，GFS 起到了关键作用。

作为一个大规模的分布式文件系统，GFS 通常在一个大规模的服务器集群上实现，可能跨越几千个服务器，而这些服务器又是廉价的、非定制的服务器，所以 GFS 假定集群系统中包括服务器、机架、联结各服务器的交换机和通信线路等在内的任何组件都可能失效，单点故障更是常态。GFS 的设计目标是做成一个健壮的系统来应对这种失效，从而保证高可靠性。在性能方面，针对特定的应用目标，GFS 主要追求高的批处理吞吐率而不是低的交互式响应延迟。

传统的文件系统难以操纵超大规模文件，而 GFS 设计和实现的很多考虑都是针对超大文件的优化处理。GFS 文件巨大，通常在太兆字节(TB)量级以上，分布在多个服务器上，错误检测与恢复难度大，访问和处理需要占用大量的网络通信带宽。针对这些问题，GFS 采用了一种简化的设计原则，其指导思想是系统越大、越复杂，越容易出问题，而简单的方法更容易控制。GFS 将文件划分成长度固定(64 MB)的一系列数据块，作为文件管理和操作的基本单位，而不允许采用似乎更为灵活的可变块长度。固定块长度使 GFS 更容易确定 GFS 集群里哪些服务器负载重，哪些服务器负载轻，也容易将数据块在服务器中迁移，从而有利于在集群里平衡负载，优化性能。

针对其面向的应用，GFS 里的文件访问主要是批量数据的顺序读操作，相对于读操作，写操作占比很少。而在写操作中多数都是所谓的追加操作，即在一个现存文件的尾部顺序添加数据，而不是在任意文件位置随机写。因此，GFS 设计优化的重点放在常用操作顺序读和追加操作上，以此简化系统设计并保证访问的性能。另外，作为云环境下的文件系统，GFS 设计提供标准的操作接口，并隐藏了文件系统下层的负载平衡、冗余复制等技术细节。

GFS 是云计算环境里大规模分布式文件系统的标杆，也称得上是所有文件系统的典范。GFS 的主要特性如下：

(1) 一致性。GFS 允许并发访问，为了简化系统和提高性能而采用了乐观的或松弛的一致性协议。更强的一致性由 GFS 之上的应用自己来实现。

(2) 数据完整性。GFS 中的每个块都有自己特有的校验和信息。这种校验和信息在同一块数据的不同副本之间也不相同。块服务器负责其上的所有块的校验，如果发现有一块数据损坏，立即从另外的服务器上复制一个副本过来。

(3) 操作日志与元数据。操作日志和元数据是 GFS 管理整个文件系统的核心数据，都保存在主服务器磁盘和别的若干服务器(即影子主服务器)上。操作日志包括关键数据变化的历史记录。元数据包括所有块的元数据，包括块副本的位置、块副本的版本号、块副本校验数据以及块副本的放置格局等。这些数据由主服务器根据周期性从每个块服务器传回的信息进行更新。

(4) 性能与可用性。主服务器监控整个 GFS 集群，周期性地调整各块服务器负载，必要时将数据块在块服务器之间移动以谋求负载均衡。所有的块服务器都能重载运行但绝不满载运行。通过块冗余存放的方式保证出现硬件故障时数据仍然可用。实际上，GFS 将块的不同副本放置在不同机架的不同服务器上，即使出现机架故障也依然有数据可用。

(5) 可靠性。GFS 通过冗余备份等技术来保证可靠性。对于硬件故障，GFS 做了最坏打算。主服务器周期性地与块服务器联络，如果主服务器没有及时接收到块服务器的回应，就立刻假定该块服务器已经"死亡"，并会立刻着手将该块服务器上的数据转移到其他块服务器上，以维持正常的副本数量。如果后来该块服务器恢复正常，它立即与主服务器联系，报告自己已经回归，此时主服务器就要在相应的块服务器上删除文件块数据以维持既定的副本数和避免浪费空间。主服务器失效由外部处理系统检测，一旦主服务器失效，某个影子主服务器立刻替上。

(6) 虚拟化。GFS 采取虚拟化技术。例如，只要物理资源够用，在同一个物理服务器上可以同时运行一个用户程序和一个块服务器。实际上，用户应用、主服务器、块服务器都是运行一个用户级的服务器进程。

(7) 数据压缩。为了提高可靠性，GFS 里有大量的冗余数据，进一步增加了数据量。为此，GFS 使用了数据压缩技术。因为处理的数据主要是文本数据，在最好的情况下，可将数据压缩至原始数据的十分之一。

(8) 安全性。GFS 假定系统运行于可信的计算环境，并不采取特殊的安全措施。如果是有人攻击某个块服务器，修改其上的块的版本号，GFS 的性能会大受影响，甚至会趋向于停止服务状态。因为它认为该块服务器上有最新版本的块，于是开始删除别的服务器上的旧块并复制这些新块，导致网络流量激增。理论上来说，这种情况可能使 GFS 之上的所有服务停止。

(9) 可伸缩性。GFS 文件系统用来保证性能、可用性和可靠性的系统结构和管理方式也保证了可伸缩性。GFS 集群是虚拟的，可以按需灵活动态配置，并且不影响正常的服务。

2) Hadoop 分布式文件系统(HDFS)

2004 年，著名的 Apache 开发者社区在参考了 Google 公司所发表的 MapReduce 和 BigTable 等相关论文的基础上，实现了开源的 MapReduce 和 BigTable 的实现版本 Hadoop。目前，Hadoop 已经成为对分布式海量数据计算和存储技术应用最为广泛的实现。HDFS 是 Google GFS 的开源实现，由 Yahoo 公司的 Doug Cutting 等人通过逆向工程破解 GFS 而得，是 Hadoop 系统框架的重要基础构件。

HDFS 是一个能容纳 PB 级文件的分布式文件系统，一个 HDFS 实例可容纳上千万个文件，并能对文件数据进行高吞吐率的访问。与 GFS 一样，HDFS 也主要支持批处理，而不太适合交互式应用。HDFS 与 GFS 一样具有主从式结构，也一样支持传统的树状层次结构文件组织。HDFS 的体系结构如图 5-7 所示。

图 5-7 中的 NameNode(名称节点)和 DataNode(数据节点)相当于 GFS 里的主服务器和块服务器。名称节点表示出了两个文件的部分元数据，包括文件路径、副本数、块标号等。其中两个文件的副本数是不一样的。与 GFS 只有固定的 64 MB 分块不同，HDFS 里分块长度可变，比如可选 64 MB(默认)或 128 MB。较大的块长有利于减少系统管理开销，也有利于优化顺序读大量数据的速度，因为可以将这些数据存放在磁盘的一个连续区域内。较大的块长会造成更多的块内碎片，导致更大的空间浪费。

HDFS 假定数据可能被污染，磁盘、通信网和软件都可能是污染源。为保证数据完整性，HDFS 也采用了校验和的方式。但与 GFS 不同，校验主要由用户管理。用户创建一个文件时，HDFS 会计算每一个块的校验和并将其保存在同一个 HDFS 名称空间的一个隐藏文件里，当用户检索一个文件内容时会检查从某个数据节点读取的数据块的校验和是否符合事先保存的校验和，如果不符，用户将从另一个数据节点读取该块的另一个副本。

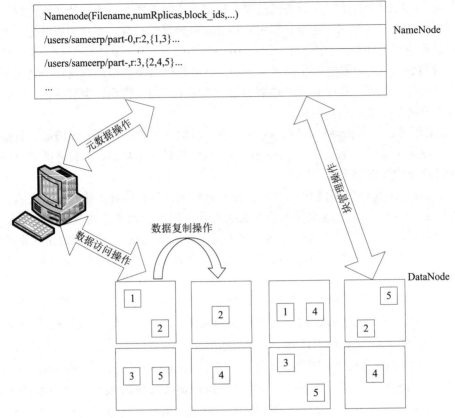

图 5-7　HDFS 的体系结构

　　HDFS 由 Java 实现，容易在异构的平台间移植，这极大地促进了其在云计算中的广泛应用。HDFS 系统内的通俗协议建立在 TCP/IP 之上，并包装抽象成远程过程调用 RPC。用户通过 Java API 访问 HDFS，也可以使用 HTTP 浏览器浏览文件内容。为了提高性能，HDFS 特别注重块副本在集群中的分布格局或放置方式。在默认方式下，HDFS 将一个文件块的三个副本中的两个放在同一个机架的两个不同服务器上，第三个副本则放在另一个不同机架的某个服务器上。HDFS 对数据块的访问采取就近原则，尽量安排数据通信在机架内进行，只在十分必要时才跨越机架进行。这种安排兼顾了云存储的可靠性和高性能要求。

　　3) Amazon 简单存储系统 S3

　　Amazon Simple Storage Service(S3)是一个分布式文件系统，是云计算平台 AWS 的一部分，向用户提供可靠的在线存储服务。作为一个商用分布式文件系统，S3 的设计和实现细节是保密的。其设计目标是可伸缩性、可用性、低延迟和低价格。S3 可作为各种云服务的基础，例如 Amazon 的简单数据库服务(Amazon Simple DB)就建立在 S3 之上。

　　S3 由对象和存储桶(Bucket)两部分构成。对象是最基本的存储实体，包括对象数据本身、键值、描述对象的元数据和访问控制信息等。每个对象最大可达 5 TB，其元数据最多可达 2 KB。对象存放在存储桶中，每个桶中可存放无限制数量的对象。每个存储桶由用户指定一个唯一的关键字来标识。存储桶的名称和关键字的命名原则是可以使用 HTTP

URL 来定位对象，比如 http://S3.amazonaws.com/bucket/key。

S3 中的对象和存储桶可以使用 REST 类型的 HTTP 接口或 SOAP 接口来创建或检索。此外，对象可以使用 HTTP GET 接口或 Bit Torrent 协议来下载。S3 中的授权访问根据元数据中的访问控制信息来完成。Amazon AWS 的授权机制允许存储桶的拥有者创建一个有时限的 URL 提供给第三方访问。由于对象可直接由 HTTP 客户端访问，S3 的使用极为方便，用途也极广泛，除了可作为数据备份系统外，S3 还可用来取代现在的 Web 托管基础设施，甚至由 S3 来托管所有的网站。

作为云平台上的存储服务，S3 具有与本地存储显著不同的特点。S3 的按需付费方式节省了用户使用数据存储服务的成本。S3 可以单独使用，也可以与 AWS 中的其他服务一起使用。云平台上的应用程序可以通过 REST 或 SOAP 接口访问 S3 中的数据。S3 也有与 GFS 和 HDFS 等云上的分布式文件系统类似的适用领域，即更适合存储较大的 WORM 访问模式的数据文件，例如声频、视频、图像等多媒体文件。在安全性和可靠性方面，S3 采用账户认证、访问控制列表以及查询字符串认证三种机制来保障数据的安全性。当用户创建 AWS 账户的时候，系统自动分配一对存取键 ID 和密钥，在客户端利用存取密钥对请求签名，在服务器端进行验证。访问控制策略利用元数据中的访问控制列表来设定不同用户对数据(即对象和存储桶)的访问权限，相同的数据对不同的用户可能具有不同的视图。

与 GFS 和 HDFS 一样，为了保证数据服务的可用性和可靠性，S3 也采用了冗余备份的存储机制。存放在 S3 中的所有数据都会在服务器集群中的其他位置存有若干备份，以保证部分故障不会导致整个数据服务失效。在后台，S3 采用了一致性协议保证不同备份之间的一致性，特别是数据更新同步。S3 保证每月有 99.9%的时间是可用的，换言之，每月有约 40 min 是不可用的。

5.3　数据存储设计

虽然各种数据存储技术不断涌现，但是其性能、价格、适用环境等差异较大。本节给部分类型的应用场景提出了代表性的设计方案，以帮助读者更好地理解数据存储技术的应用。本节划分出四类典型应用场景：数据规模小且计算性能要求低的场景、数据规模小但计算性能要求高的场景、数据规模大但计算性能要求低的场景、数据规模大且计算性能要求高的场景等。

5.3.1　数据规模小且计算性能要求低的场景

数据规模小且计算性能要求低的场景，主要存储的是一些相对简单的业务系统数据，这类系统对数据读取速度等要求的敏感度不高，数据量一般不超过 30T，存储类型经常是 IP SAN，比如学校教务系统、办公软件等业务系统的数据存储。传统习惯上考虑到成本等问题，这些业务系统一般会采用磁盘阵列的方式存储数据。下面结合学校教学系统的改造介绍此类场景的数据存储架构的设计。

传统的学校教务系统的数据存储基本上都是一台数据库服务器，利用服务器自带的机械硬盘作为存储介质。这种系统的存储性能较低，存储的数据没有自动备份机制，缺乏冗余性考虑。一旦硬盘出现故障遭到损坏，数据极有可能完全丢失，造成巨大损失；一旦数据库服务器出现宕机等不正常情况，教务系统将可能无法被访问，影响学校教务工作的正常进行。此外，在这种传统存储架构下，当教务系统发生高频并发访问，如学生在线选课时，极有可能造成教务系统不堪重负，无法实现负载均衡等现象，即使部署了多台物理服务器运行教务系统，也不能实现教务系统的智能调度，导致学生选课操作缓慢，甚至无法完成选课，出现系统崩溃等，从而出现对于简单的学生选课操作，全校却需要一周时间才能完成这项工作。

学校教务系统的数据量相对较少，且计算性能要求较低，单独购买传统存储器可能会存在数据可靠性、设备兼容性等问题，而购买分布式存储设备会因为数据量相对较小而存在资源浪费的现象，因此可在结合学校已有的设备环境基础上，构建计算、存储统一的超融合资源池，降低管理难度。超融合架构物理拓扑如图 5-8 所示，以 X86 服务器等已有的低单价服务器为基础，对服务器的内置硬盘资源进行虚拟化，提供 RAID 后的存储空间供服务器使用，形成分布式存储系统；服务器采用集群的方式部署在学校数据中心的多个机架内，通过机架间及机架内的高速二层交换网络提供极高的连接可靠性；统一的管理平台提供硬盘或 SSD 硬件的抽象层，还能起到提供工作负载邻接、冗余、故障迁移、管理和容器化作用。在搭建完成的超融合架构上，教学系统等多个业务系统需要的计算、存储、网络、安全资源都通过虚拟化提供服务，在物理架构上极大地简化了物理拓扑和运维工作量。实现学校差融合结构需要的基本设备有超融合一体机、超融合软件系统、服务器汇聚交换机、存储私网交换机等设备，设备的具体指标、数量等要求如表 5-2 所示。

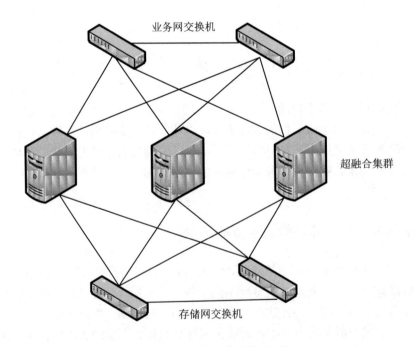

图 5-8　超融合架构物理拓扑

表 5-2 超融合架构的设备清单

序号	设备	配 置 指 标	数量	单位
1	超融合一体机	配置 2 颗 Intel CPU Gold-6226R CPU(2.9 GHz)，内存 128 GB，缓存盘 2 × 960 G-SSD，数据盘 4 × 4 TB-HDD，6 千兆电口 + 2 万兆光口	3	台
2	超融合软件系统	配置 6 颗物理 CPU 超融合软件授权；超融合平台服务器虚拟化，具有 HA 高可用，虚拟机备份，应用故障检测，安全补丁更新，虚拟机优先级控制，产品特性功能更新模块；超融合平台存储虚拟化，存储多副本，高性能读写缓存，存储弹性扩展，数据故障切换，磁盘故障告警，软件平台升级更新	1	套
3	服务器汇聚交换机	交换性能：336 Gb/s；包转发率：108 Mp/s；类型：二层交换机(弱三层)；电源：单电源；尺寸：1U；标配网口：24 个 1G 电口，4 个 10G SFP + 光口；支持虚拟化(M-LAG)	2	台
4	存储私网交换机	交换性能：1.28 Tb/s；包转发率：480 Mp/s；类型：三层交换机；电源：冗余电源；尺寸：1U；标配网口：12 个千兆电口，12 个 10G SFP + 光口；支持虚拟化(M-LAG)	2	台

在传统架构下，学校完成选课等高频访问的操作时间可能需要一周以上，但在部署超融合架构之后，全校在一天之内即可完成所有的选课工作。存储采用存储虚拟化实现，SSD 硬盘做热点数据缓存提高了存储 IOPS；数据存储采用双副本模式，即使硬盘损坏也不会造成数据丢失；整个超融合系统自带备份功能，可以按照时间备份，提高整个系统的稳定性。

5.3.2 数据规模小但计算性能要求高的场景

数据规模小但计算性能要求高的场景，其数据量一般不超过 30T，存储类型会根据业务有所不同。以高性能计算实验室场景来看，训练任务类的业务需要的主要是文件存储，而归档备份类的业务主要是对象存储。从网络情况来看，大部分的高性能计算实验室仍然沿用的是 IP 网络，部分高性能实验室会由于时延的极致要求而采用 IB 网络。考虑到通用性，下面结合实验室课题组模型训练平台的设计介绍此类场景的数据存储结构的设计。

随着业务快速发展，某实验室的研究人员和研究项目的数量增多，项目研究流程主要包含 ETL、特征提取、机器训练、模型评估、备份归档，还涉及 NFS、CIFS、S3 等多种存储协议，日常模型训练的训练过程常常标注大量数据，使得数据量快速增加。因此需要一套专用的存储支持训练平台，为每个研究人员快速提供高效的训练环境，搭建一套为深度学习量身定做的人工智能集群管理平台，支持容器与微服务化、支持 GPU 多租，统筹集群资源与丰富的监控调试和运维能力。

基于用户的实际需求，该方案通过 3 台分布式存储一体机，结合 4 台交换机(2 台用作业务交换机、2 台用作存储交换机)，构建统一的分布式存储资源池。通过多种类型硬盘的配置，在分布式存储资源池中，构建两种类型的存储池，分别对外提供高性能的文件存储和大容量的对象存储。其中高性能文件存储主要面向训练样本存储、预处理特征工程池、训练存储池、结果存储池提供服务，由于天然的分布式存储架构，众多训练任务可以并发访问存储节点，提高了训练的效率。对象存储面向归档和备份场景提供存储，利用纠删码技术保障了归档和备份数据的可靠性。设计方案的拓扑图如图 5-9 所示，实现该方案需要的基本设备有分布式存储介质、分布式存储软件、存储私网交换机、服务器汇聚交换机等，设备的具体指标、数量等要求如表 5-3 所示。

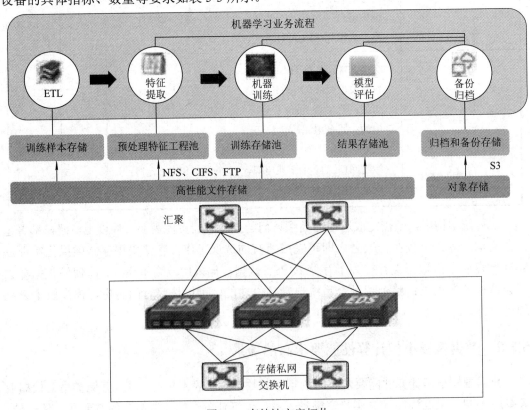

图 5-9　存储池方案拓扑

表 5-3　存储池方案的设备清单

序号	设备	配 置 指 标	数量	单位
1	分布式存储	CPU：Silver 4210R 2.4 GHz，2×32 GB 内存，4 千兆电口＋4 万兆光口。 文件存储：缓存盘为 2×960 G SSD；数据盘为 4×4 T。 对象存储：缓存盘为 2×480 G SSD；数据盘为 4×4 T	3	台
2	分布式存储软件	海量数据存储系统软件 96 T；支持快照、配额、拓扑管理、智能缓存、智能分层、桶管理、用户管理	1	套
3	存储私网交换机	交换性能：1.28 Tb/s； 包转发率：480 Mp/s。 类型：三层交换机； 电源：冗余电源； 尺寸：1 U； 标配网口：12 个千兆电口，12 个 10 G SFP＋光口； 支持虚拟化(M-LAG)	2	台
4	服务器汇聚交换机	交换性能：336 Gb/s； 包转发率：108 Mp/s。 类型：二层交换机； 电源：单电源； 尺寸：1U； 标配网口：24 个 1 G 电口，4 个 10 G SFP＋光口； 支持虚拟化(M-LAG)	2	台

这套存储环境架构可充分支持多个课题组共享训练大量数据的存储与管理使用，同时通过一套平台统一管理，简单易维护，研究员可以释放更多精力参与到科研中；基于分布式架构优势，众多的训练任务并发访问存储群集节点，可以加速缩短训练周期，快速输出科研结果。

5.3.3　数据规模大但计算性能要求低的场景

数据规模大但计算性能要求低的场景，其数据量普遍在 100T 以上，主要包含视频存储、业务备份等需要长期保存数据的场景。这类场景主要面临的挑战有：

(1) 业务热数据需要高频访问，业务冷数据需要安全、长期的归档保存，存储设施如何才能满足数据不同阶段的存储要求？

(2) 大量有价值数据需要长期保存，而磁盘阵列每 3～5 年就要整机替换、数据迁移一次，如何降低数据长期保存的成本？

(3) 数据爆发式增长之后，动辄上拍字节(PB)的数据如何保存？扩展能力有限的磁盘阵列能否应对？

考虑到以上因素，目前数据规模大但计算性能要求低的场景基本都选择了分布式存储方案。分布式存储支持一个集群同时支持块、文件、对象、大数据等多种存储类型和十几种存储协议接口,广泛兼容业务应用。分布式存储采用互联网式敏捷开发模式,快速迭代,通过软件热升级快速支持新场景、新应用。分布式存储硬件供应解绑,支持利旧,扩容、替换成本更低;容量分钟级扩展,快速响应业务需求;新硬件快速适配,享受科技发展红利。下面结合学校图书馆的业务系统存储空间改造说明此类场景的典型存储方案设计。

某学校图书馆现有信息化业务系统平台、门禁人脸识别系统、电子文献数据资源,数据量不断剧增,存储空间及性能已经不能满足现有需求,目前需求主要包括以下几点:

(1) 容量扩容性能不减。因为图书馆保存的大量图书借阅信息、科研文献等数据,可能利用率不高,但需长期保存,做数据储备,并保证未来需使用时,可以快速调阅。而传统存储只支持纵向扩展容量,性能受限于存储控制器数量,随着数据量增长,存储性能会越来越差,调阅速度无法满足要求,更换存储也面临海量数据搬迁的工作量和风险。

(2) 必须兼容多种硬件。硬件设备的更新换代,导致不同时期的硬件采购会带来后续硬件服务器的品牌多而杂,以及互相不兼容等情况。因此,整个存储需支持软硬解耦,以确保兼容不同硬件。

(3) 存储类型丰富。图书馆的存储平台需要承载多种应用,包括非结构化电子文献、视频存储、人脸识别业务、办公数据等;需要提供文件级、块、对象存储服务等。

考虑到后期的拓展性问题,结合实际需求,针对图书馆的存储改造采用了可灵活扩展的分布式存储架构,只需增加服务器,即可让集群容量轻松横向拓展至艾字节(EB)级别,同时性能可随容量同步线性增长,从而满足学校图书馆数据长期保存的大容量需求,以及未来快速调阅对高性能的需求。该方案的拓扑图如图 5-10 所示。总体来看,该方案配置了6 台 4U 服务器,满足了业务使用的大容量需求,且后续支持通过横向添加硬件服务器及交换机满足扩容要求,需要的具体设备清单如表 5-4 所示。

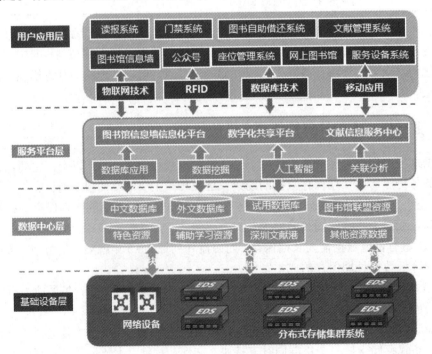

图 5-10　存储扩展方案拓扑

表 5-4　存储扩展方案的设备清单

序号	设备	配 置 指 标	数量	单位
1	分布式存储	CPU：2 颗 Silver 4210R 2.4 GHz，128 GB 内存 缓存盘：4 × 固态硬盘-1.92T-SSD 数据盘：30 × 8T-HDD 2 个千兆电口，4 个万兆光口	6	台
2	分布式存储软件	海量数据存储系统软件 1.5 PB。支持快照、配额、拓扑管理、智能缓存、智能分层，桶管理、用户管理	1	套
3	存储私网交换机	交换性能：1.28 Tb/s； 包转发率：480 Mp/s； 类型：三层交换机； 电源：冗余电源； 尺寸：1U； 标配网口：12 个千兆电口，12 个 10 G SFP + 光口； 支持虚拟化(M-LAG)	4	台

针对数据规模大但计算性能要求低的场景，此种方案的改造可以实现简单扩容，而且可使性能和容量得到线性扩展。分布式存储采用灵活扩展的存储架构，只需增加服务器，即可让集群容量轻松横向拓展至艾字节(EB)级别，同时性能可随容量同步线性增长。其次，此种方案统一了存储形态，能够满足多种存储需求。分布式存储可为图书馆构建统一的存储资源池，不但支持多种存储协议，广泛承载结构化数据和非结构化数据，而且能够构建不同性能级别的存储池以满足不同性能需求的上层业务，从而解决传统架构存储设备资源利用效率低下的问题。最后，此种方案实现了软硬件解耦，贴合硬件采购要求。分布式存储一般均支持纯软件交付，可实现服务器和存储完全解耦，解决了多种不同品牌服务器共存所带来的兼容性问题，包括国产化 X86 架构服务器。

5.3.4　数据规模大且计算性能要求高的场景

数据规模大且时限要求高的场景，其主要特征为数据量一般大于 100T，多为在线使用的数据，比如气象实验室、大数据等场景。考虑到数据的扩展性、可靠性和业务诉求，一般采用性能更高的全闪分布式存储。下面结合实验室对气象数据研究环境的存储环境改造介绍此类场景的存储架构设计。

某实验室瞄准国内外气象信息共享与数据挖掘研究的前沿和热点，开展理论基础研究、关键技术和共性研究，解决信息共享与数据挖掘在气象行业中的关键问题。实验室的主要研究内容包括海量信息分布式处理与服务的概念模式、服务框架、网络系统体系结构，以及知识表示与建模、知识分析与表达、数据融合等方面的理论研究，重点进行气象信息存储、气象数据加工、气象数据挖掘、气象信息共享及可视化方面的研究。随着业务发展，出现了以下三个亟待满足的存储需求：

(1) 数据量从太字节(TB)级向拍字节(PB)级的演进，使得存储成本日益增高，如何借助有效冗余等技术降低存储成本成为刚需；

（2）计算量的持续增加，对海量数据的存储能力提出了更高要求，传统存储已经难以满足需求；

（3）应用的多样化已经给数据分析提出了新要求，存储必须能够更高效地支持数据的频繁迁移和转换。

实验室不仅要能够为数据读取提供快速稳定的性能以及为多应用提供元数据操作，还要能够有效应对数据、存储快速增长，高效处理海量数据、应用的需求，从而使数据价值最大化。基于实验室的这些实际使用需要，以及数据量持续增加的诉求，可采用分布式的存储架构；针对数据的安全性，分布式存储可采用 4＋2 的纠删码技术保障数据安全性；为保证业务的高效运行，可采用全闪的存储架构。此方案的拓扑方案如图 5-11 所示。满足该方案需要的设备主要有分布式存储设备、分布式存储软件、存储私网交换机等设备，设备清单如表 5-5 所示。

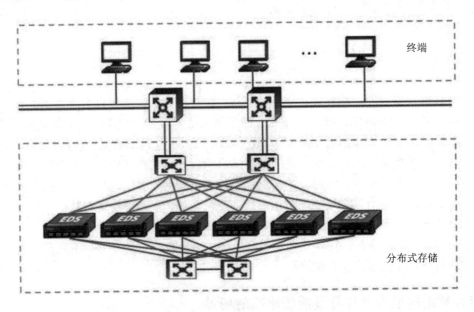

图 5-11   全闪分布式存储方案拓扑

表 5-5   全闪分布式存储方案的设备清单

序号	设备	配 置 指 标	数量	单位
1	分布式存储	CPU：Silver 4210R 2.4 GHz，2×32 GB 内存，4 千兆电口＋4 万兆光口 硬盘：12×固态硬盘-1.92T-SSD	5	台
2	分布式存储软件	海量数据存储系统软件 120 TB；支持快照、配额、拓扑管理、智能缓存、智能分层，桶管理、用户管理	1	套
3	存储私网交换机	交换性能：1.28 Tb/s；包转发率：480 Mp/s；类型：三层交换机；电源：冗余电源；尺寸：1U；标配网口：12 个千兆电口，12 个 10 G SFP＋光口；支持虚拟化（M-LAG）	4	台

此类场景通过部署分布式存储，可将数据承载的可靠性大幅度提高，支持节点级故障冗余，业务不受影响，数据不丢失，稳定支持实时访问。分布式架构存储对接多台业务服务器，能够并发处理应用的输入输出，同时加上 SSD 加持，对于原集中式存储有质的提升，未来扩展节点越多，性能和容量越好。随着硬件老化，传统存储更换时需要不停地迁移数据，采用分布式存储后数据会在节点中自由流动，实现终身免数据迁移。

5.4　数据管理策略

5.4.1　数据存储的安全

数据的价值越来越受到企业单位重视，也是企业单位最宝贵的财富之一。数据的丢失对于企业单位来讲，其损失是无法估量的，甚至是毁灭性的，这就要求数据存储系统具有卓越的安全性。

网络存储的安全性研究之所以逐步受到关注，与近年来数据价值受到重视，以及网络存储成为存储趋势是分不开的。存储的网络化程度越高，获取信息的机会也越大，存放这些数据的存储媒介也越容易成为恶意攻击者的主要目标。如果攻击者能成功侵入一个数据存储设备，就能获得机密数据，甚至能阻碍合法用户的访问，造成难以估量的负面影响。

数据存储的安全性可以从以下方面考虑。

1. 日志操作审计

存储平台一般要内置日志操作审计功能，实现所有操作日志的留存和分析，对操作人员的追踪追溯。根据 GPRS(General Packet Radio Service，通用分组无线业务)相关法律法规要求，当共享文件服务被恶意攻击时能够有效地追溯攻击源和提供电子取证凭据，提供全面监控文件改动和目录变更的审计功能。

2. 文件操作动作全面审计

共享目录针对当前任意客户端所接入的用户均将其对文件目录的操作以日志的形式进行完整记录并保存到持久化介质上，方便用户随时查阅。

以 NAS 为例，其服务的审计日志格式如图 5-12 所示。其中前缀字符串包含时间、接入客户端的 IP 地址、接入用户的 UID 和 GID 及服务端的 PID 等信息；操作标识包含当前需要进行审计的文件和目录的操作动作(如创建、删除、连接、用户组变更、ACL 变更等)；操作结果包含成功和失败；操作对象是当前用户正在操作的目标文件或者目录名称。

前缀字符串	操作标识	操作结果	操作对象

图 5-12　审计日志格式

存储文件操作审计日志时可以配置独立的审计服务器，也可以直接存储在本地，或者存储在后端文件系统中，可以根据用户的资源规划和使用习惯灵活配置。

3. 审计数据的智能分析

存储平台要提供对当前审计日志的下载和特定日志检索、审计日志分析等功能，针对异常操作和高危操作序列做自动化的分析，形成分析报表并支持以指定的告警通知方式告知相关运维人员，处理流程如图 5-13 所示。

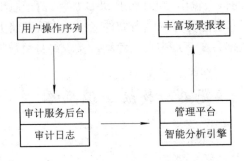

图 5-13　智能分析处理流程

4. 访问权限管理

数据存储的安全性还可通过设置用户访问权限得以保证。例如，NAS 服务需要经过三层权限控制，每一层必须合规才能继续执行下一步。第一层在用户接入时执行链接鉴权，不合规的用户会被拦截；第二层在挂载共享目录时执行用户读共享目录的访问权限校验，没有权限的用户会被拒绝访问；第三层在用户执行文件或目录操作的时候执行访问对象的 ACL 权限校验，不具备对应操作权限的请求会被拒绝。NAS 服务从一开始的链接接入到最后的文件或目录的访问需要经历三道防护"门禁"，依此形成 NAS 服务的安全访问的护城河。

5.4.2　存储数据的备份

数据备份的主要目的是保证数据的安全，确保数据使用者能够正常使用数据。企事业单位存在多种类型的结构化和非结构化数据，不同行业的数据类型也可能千差万别，但从数据备份的角度来看，需要备份的数据不外乎文件类(Windows、Linux、Unix 平台的文件或目录)、操作系统类(Windows、Linux 等操作系统)、数据库类(Oracle、DB2、MS-SQL、MySQL 等)、邮件类、虚拟化类等。面对多种类型的复杂数据，规划数据备份的首要工作就是备份需求调研，确认备份对象。调研一般可以通过访谈或会议的方式，由备份负责人向业务系统负责人发放备份需求表，应用负责人根据调研问卷提供自己所负责的业务系统的基本情况和备份需求。通过调研可以梳理出的内容包括：需要进行备份的业务系统的数量，涉及备份的业务系统的主机数量，备份主机的需要备份的数据类型、数据量以及重要程度，备份主机的系统类型、系统版本、应用类型和应用版本，备份主机所能给定的备份窗口、备份数据需要保留的周期，备份主机的网络和存储接入情况等。从经过汇总分析后的业务系统需求表中，可以获取备份存储的空间要求、备份主机的备份速度的相关性要求、备份软件所需要的备份模块要求、业务系统数据备份的等级划分、业务主机的备份调度等信息。

备份的调度规划指的是业务系统备份作业的发起窗口。不同的业务系统有自己的特性，在调度设计时要充分考虑备份作业对业务系统的影响。比如某些支撑系统工作日白天需要不间断运行，这时备份作业需要在晚上执行；而某些跑批的系统需要晚上执行，备份作业则需要在白天执行。不同业务系统的基本情况和备份需求，一般会在需求调研阶段收集完毕。在调度规划时要从多方面综合考虑，确保在不影响业务正常运行的情况下，在给定的备份窗口内完成数据备份。在一般情况下进行规划调度时，需要考虑包括业务主机备份的数据量和给定的备份窗口、备份服务器的资源负载程度、备份网络环境的负载程度、业务方面的其他特殊要求等。

备份存储的规划可从备份网络和备份存储方式两方面考虑。备份网络是影响整个备份系统性能的关键因素，备份网络设计上的不足会导致一系列的性能问题。备份网络优先使用独立的备份专网，包括前端 IP 网络和后端 SAN 网络；在兼容的前提下，优先使用高速网络，如万兆网、16 G 的 FC 网等；为性能做好并发设计预留，通过多通道的方式可以大幅度提升备份性能；无法使用备份专网的情况下，在调度设计阶段重点考虑网络因素，避免备份流量影响生成业务的流量。备份存储方式目前主要有磁盘存储、磁带存储、云存储等。磁盘存储包括供备份服务器使用的独立磁盘存储、部分厂商的备份一体机、备份服务器的大容量本地磁盘等。目前磁盘存储是主流的备份介质，随机读取性能好，结合重删等特性可以达到较好的性价比。磁带库是历史比较悠久的备份存储，通过不断地更新换代，在性能和稳定性上有了巨大的进步。在离线保存、数据量巨大的情况下，磁带存储还有很大的优势，缺点是多通道并发需要增加磁带驱动器，成本较高。虽然虚拟磁带库弥补了部分物理磁带库的优点，但本质上还是磁盘存储。云存储是备份存储的趋势，逐渐被广泛使用，如基于 S3、swift 等接口协议的公有云、私有云存储。

通常情况下，备份指的是本地的备份系统。但是对于很多单位来说，存在多个数据中心，并且这些数据中心间可能还做了同步、异步等。因此，备份系统的规划设计还要考虑到企事业单位的容灾规划。备份容灾规划主要有三种设计模式：

(1) 主中心备份到磁带库，定期做磁带出库，将磁带运输到备中心保存，备中心可设计一套备份系统用来做恢复验证。严格意义上来讲，这只能算是备份介质的异地存放，不能算容灾。

(2) 主备中心独立部署备份系统。在主备中心已经基于业务或数据层面做了数据同步的情况下，这种方式实际上是部署了两套独立的备份系统，两套备份软件在数据和架构上都是独立的。

(3) 主备中心采用相同备份存储，并且基于备份存储层面做了数据同步。备份软件直接使用同步后的数据。这种方式下，备份软件独立部署，但是备份数据存在复制关联。具体使用哪种容灾备份模式，需要结合单位自身的实际情况，选择最合适单位实际情况的模式。另外，备份容灾的规划可以放长远一些，分阶段逐步完成，没有必要一蹴而就。

本 章 小 结

数据存储是信息处理的重要环节之一，本章首先介绍了数据存储的介质，然后介绍了数据存储类型，包括传统存储技术和云存储技术，传统存储技术包括 DAS、NAS 和 SAN 三种，并从不同方面对三者进行了比较。接着从数据存储规模和计算性能需求两个方面，介绍了四种数据存储设计方案，帮助读者根据不同的应用场景选择不同的存储设计。最后从数据存储安全和备份管理方面介绍了数据管理的策略。

本章参考文献

[1]　李念强，魏长智，潘建军，等. 数据采集技术与系统设计[M]. 北京：机械工业出版社，2009.

[2]　戴剑伟. 数据工程理论与技术[M]. 北京：国防工业出版社，2010.

[3]　熊家军，李强. 云计算及其军事应用[M]. 北京：科学出版社，2011.

[4]　HILBERT M，LÓPEZ P. The world's technological capacity to store，communicate，and compute information[J]. Science，2011(6025).

[5]　全国信息安全标准化技术委员会. 信息安全技术　信息系统灾难恢复规范：GB/T 20988—2007[S]. 北京：中国标准出版社，2007.

第 6 章 数据分析与数据挖掘

当前，随着各类数据资源的体量不断增加，仅靠经验、直觉或一些简单的分析手段来证实或证伪特定问题是极不科学的。尤其是在复杂问题研究方面，以海量领域数据为研究对象，引入数据分析与数据挖掘技术，挖掘海量数据中蕴藏的各种规则、规律、趋势等信息和知识，丰富和完善现有各类研究方案和专家经验，成为一个必然的发展趋势。只有通过定量和定性相结合的数据分析和数据挖掘方法，学会用数据说话，才能为研究对象总结出客观、全面、准确的结论，才能从大量事实中总结规律，并将之上升到可以指导实践的理论。

6.1 数据分析与数据挖掘概述

6.1.1 数据分析与数据挖掘的相关概念

数据分析和数据挖掘作为基于数据的问题定量研究中的两种主要方法和工具，主要用于揭示所研究问题的数量关系、事物特征、现象规律等。数据分析以数理统计为基础，研究探索各类事物的描述性统计和各种变量之间的关系。数据挖掘，则是指从大量的、不完全的、有噪声的、模糊的实际应用数据中发现、提取或"挖掘"知识，这些知识通常是未知的、潜在的和有趣的概念、规则、模式、规律、约束等。数据挖掘通常以统计学、人工智能和机器学习等理论为基础，研究如何通过特定的映射关系，实现事物的关联分析、分类、预测、聚类等。与数据分析相比，数据挖掘研究的问题更加复杂、更具不确定性，采用的方法和工具也更多样化，两者在研究目标与研究方法等方面的差异如表 6-1 所示。

表 6-1 数据分析与数据挖掘的比较

	数 据 分 析	数 据 挖 掘
研究对象	一组或多组事物的变量	多组事物
研究内容	事先已确定的、已知的变量之间的关系(差异、相关)	事先不确定的、未知的事物特征、规则、演变规律等知识
研究目的	通过数据分析揭示变量之间明确的数量关系	通过数据挖掘揭示事物之间潜在的关联、分类、趋势和数量关系
研究方法	首先假设变量之间的关系，然后通过统计检验来证实或证伪	首先确定挖掘分类、预测等任务，然后通过统计学、人工智能、机器学习等方法从数据中获取知识

续表

	数 据 分 析	数 据 挖 掘
数据特征	数据模型简单(关系型)、格式单一(格式化数据)，数据量小，通常为第一手资料，数据质量较高，仅需要经过审核、排序、分组等简单的预处理	数据模型复杂(关系型、对象型、对象—关系型、数据仓库)，格式多样(数据流、时间序列、图、多媒体、文本、Web 等)，数据量大，通常为第二手资料，来自其他系统，需要清洗、转换、集成、归约等复杂的预处理
约束条件	许多数据分析方法对于变量的独立性、分布特征、总体方差等有着严格要求，例如组间方差分析要求观测是独立的，因变量的总体要服从正态分布，每组的方差相等，等等	不同的数据挖掘方法对于数据的连续型和离散型有着不同的要求，例如，类/概念描述要求每个属性值为离散型，分类要求数据的类标签为离散型，预测要求数据的类标签为连续性，等等
软件工具	MS EXCEL、SPSS PASW STATISTICS、SAS 等	Orange、RapidMiner、Weka、SPSS CLEMENTINE 等

1. 数据分析的相关概念

数据分析主要以数理统计学为主，围绕统计描述、统计推断、相关及回归分析展开，相关概念如表 6-2 所示。

表 6-2　数据分析的相关概念

数据分析	统计描述	连续概率	集中趋势：平均数(平方、算术、几何、调和、算术-几何、希罗平均数不等式)、中位数、众数
			离散程度：全距、标准差、变异系数、百分位数、四分差、四分位数、方差、标准分数、切比雪夫不等式
			分布形态：偏态、峰态
		离散概率	次数、列联表
	统计推断	统计推断	置信区间、参数估计、假设检验、显著性差异、原假设、对立假设、第一类和第二类误差、统计检验力
		实验设计	总体、样本、抽样、重复、阻碍、特敏度、区集
		样本量	统计功效、效应值、标准误差
		常规估计	贝叶斯估计算法、区间估计、最大似然估计、最小距离估计、矩量法、最大间距
		特效检验	Z 检验、t 检验、F 检验、卡方检验、Wald 检验、曼-惠特尼检验、秩和检验
		生存分析	生存函数、乘积极限估计量、对数秩和检定、失效率、危险比例模式
	相关及回归分析	相关性	混淆变项、皮尔森积差相关系数、等级相关 (史匹曼等级相关系数、肯德等级相关系数)
		线性回归	线性模式、一般线性模式、广义线性模式、方差分析、协方差分析
		非线性回归	非参数回归模型、半参数回归模型、Logit 模型
		统计图形	饼图、条形图、双标图、箱形图、管制图、森林图、直方图、QQ 图、趋势图、散布图、茎叶图

2. 数据挖掘的相关概念

表 6-3 所示为数据挖掘的相关概念，从表中可以看出，数据挖掘属于一个交叉学科领域，涉及数据库系统、统计学、机器学习、人工智能、信息科学等多个相关领域的知识，采用的方法和技术非常复杂，许多概念因挖掘的数据对象、知识类型、技术类型、应用领域和场景的不同存在不同的定义，很难通过一组基本概念将数据挖掘贯穿起来。

表 6-3 数据挖掘的相关概念

数据挖掘	理论基础		统计学、概率论、粗糙集、模糊集、最优化方法等数学理论，信息论、机器学习理论、数据库理论、可视化理论
	知识类型		概念/类描述(特征化、区分)、关联分析(频繁模式、关联、相关)、分类和预测、聚类分析、离群点检测和分析、演变分析、偏差分析
	挖掘对象	数据模型	关系型、对象型、对象—关系型、数据仓库
		数据内容	针对数据流、时间序列、图、多媒体、文本、Web 等
	方法技术	预处理	数据清理、集成、转换、归约、离散化、概念分层
		挖掘	统计方法(马尔可夫模型、朴素贝叶斯、贝叶斯信念网络等)、判别方法(广义判别模型、支持向量机等)、非度量方法(归纳学习、决策树等)、惰性学习方法(k 近邻、基于案例推理等)等分类；线性、非线性、广义线性、对数线性等回归预测方法；基于层次、划分、密度、网格、模型等聚类分析方法；基于信息熵、信息增益、互信息等属性选择方法；神经网络、随机搜索(模拟退火)和进化算法(遗传算法)等智能计算方法，等等
		效果评估	分类方法误差度量(混淆矩阵、误差率、灵敏度、特效度、精度)、预测方法误差度量(绝对误差、平均误差、均值绝对误差、均方误差、相对绝对误差、相对平方误差)；随机重采样技术(保持、交叉验证、自助法)
		效果提升	提高分类和预测准确率方法(装袋、提升)；模型选择方法(估计置信区间、ROC 曲线)

依据挖掘的知识类型，数据挖掘包括特征化(Characterization)、区分(Discrimination)、关联分析(Association)、分类和预测(Classification and Prediction)、聚类(Clustering)、离群点分析/异常数据(Outlier Analysis)和演变分析(Evolution Analysis)等挖掘任务。

1) 概念/类描述

数据特征化和数据区分统称为概念/类描述，是指对大量的样本数据通过汇总，以简洁和精确的方式，描述特定概念或类的一般特征或特性。其中，数据特征化是对特定概念/类的一般特征或特性的汇总描述，例如，希望得到某院校优秀学员特征，结果可能是学员的基本轮廓信息，如入学年龄小于 17 岁、人文类课程选课率高、参与第二课堂活动频繁等，通常，与优秀学员评选标准相关的指标不纳入特征描述，例如课程平均成绩、政治面貌等。数据区分是对多个概念/类的一般特征或特性进行比较分析，例如，比较某团轻武器射击平均成绩提高了 10% 与成绩下降 15% 的士兵，发现成绩提高的士兵平均每季度请假不足 3 次，成绩下降的士兵则超过 6 次。

2) 关联分析

关联分析是指通过研究样本数据中多个事件同时发生的频繁程度，发现关联规则，并用其表达一组事物之间的关联关系和相关关系。例如，在伊拉克战争中，美国新闻机构发现五角大楼的外卖数量与前线战场的态势是相关的，外卖数量越多，前线作战形势越紧张；另外，著名的"啤酒与尿片"也是一个典型的商业关联分析案例。需要说明的是，挖掘结果表明两件事物相关并不意味着其间存在着必然的关联或因果关系，例如，通过数据挖掘，可能会发现儿童的身高与树苗的高度是正相关关系，但二者之间并不存在因果关系。

3) 分类和预测

分类和预测是指通过研究训练样本数据(已知分类标签)中多个事物的分类或区分标准，形成分类或预测模型，并用其"预测"未知分类事物的分类标签。其中，分类挖掘"预测"事物的类型，其分类标签是离散型的，例如，通过分类挖掘，预测某舟桥连在特定条件下能否完成某项渡河保障任务，其结果是"能完成"或"不能完成"；与分类相比，预测挖掘"预测"事物的属性值，其分类标签是连续的，例如，通过预测挖掘，预测某舟桥连在特定条件下完成某项渡河保障任务的时间(以小时计)，其结果是一个数值，比如 2.5；在天气预报中，气象预测结果"晴天""多云"等属于分类挖掘。天气温度、湿度预测则属于预测挖掘。在实际应用中，在不致混淆情况下，可灵活使用这两个术语。

4) 聚类

聚类是指通过研究样本数据中各个事物之间的相似程度，根据"同类事物之间相似性越高越好，异类事物之间相似性越低越好"的概念聚类原则，对多个事物进行分类。与上述的有监督(已知事物的分类标签)分类挖掘不同的是，聚类研究的事物的分类标签事先是未知的，属于无监督分类。

5) 离群点分析

离群点分析是指通过研究样本数据中偏离总体特征和行为的异常现象，利用统计分析、距离度量、密度估计和偏差分析等方法，发现与其他大多数样本特征有着显著相异或不一致的个别样本，这些样本称为离群点(或称异常点、噪声等)。离群点分析的目的主要有两个，一是找到并排除离群点，提高数据质量，例如，某型定位设备的某时刻定位数据明显发生漂移的样本值，必须进行删除或进行平滑处理等。二是找到并应用离群点，提供决策信息，例如，在设备状态运行监控中，离群点有助于查找故障；在网络运行监控中，离群点可用于入侵检测等。

6) 演变分析

演变分析是指通过研究具有时序特征的样本数据随时间的变化规律或趋势，利用关联分析、分类和预测、聚类等数据挖掘技术，发现样本数据的周期性规律、发展趋势等。例如，通过对大量的训练演习数据的研究，可能发现弹药消耗、战斗力损失等规律，也可能发现各种战场事件的序列模式，分析或预测战场态势的演变趋势等。另外，演变分析在股票市场分析、经济和销售预测、预算分析、效用研究、收益预测、工作负荷预测、过程和质量控制、医疗数据分析、DNA 研究等方面均有重要的应用。

6.1.2 数据分析与数据挖掘的一般过程

数据分析与数据挖掘的一般过程包括五个阶段：选题、方案设计、数据收集、数据分析和挖掘、结果评估与表示，如图 6-1 所示。其中，选题阶段要侧重确定研究的内容、文献考察，并提出研究假设；方案设计阶段要选择研究类型、明确研究对象；数据收集阶段的数据来源通常有第一手数据和第二手数据；数据分析和挖掘阶段侧重于数据预处理、方法选择、模型建立等工作；结果评估与表示阶段对分析和挖掘结果进行科学评估，给出有意义的结论。

图 6-1 数据分析与数据挖掘的一般过程

6.2 数据分析方法和技术

数据分析围绕统计描述、统计推断、相关及回归分析展开。描述性统计方法包括集中趋势、离散趋势、数据分布等。探索变量之间关系的方法包括差异性分析、相关性分析、回归分析等。

6.2.1 数据的描述性统计分析

所谓描述性统计，是指对所收集的大量研究数据用恰当的统计方法进行整理、综合，计算出这些数据的有代表性的统计量，以描述出事物的性质及相互关系，揭示事物的内部规律。描述数据特征的统计量大致分为两类：一类表示数据的中心趋势，或称集中趋势，例如均值、中位数、众数等，用来衡量个体趋向总体中心的程度；另一类表示数据的离散趋势，或称差异程度，例如方差、标准差、极差等，用来衡量个体偏离总体中心的程度。两类指标相互补充，共同反映数据的特征。

1. 中心趋势的描述

中心趋势的描述也可称作数据的"位置"分布，它表示的是数据中某变量观测值的"中心位置"或者数据分布的中心，这种与"位置"有关的统计量又称为位置统计量。描述中心趋势的统计量有均值、中位数、众数等。

1) 均值

描述一组观察值集中位置或平均水平的指标称为平均数，通常也称为平均值。根据均值计算方式，平均数又分为算术平均数、几何平均数、调和平均数等，其计算公式与适应范围如表 6-4 所示。

表 6-4　常用的平均数统计量

平均数		计算公式	适用范围
算术平均数[①] (样本均值)		$\bar{x} = \dfrac{1}{n}\sum_{i=1}^{n} x_i = \dfrac{x_1 + x_2 + \cdots + x_n}{n}$	适用于对称分布，特别是正态分布，不适于描述偏态分布的中心位置
几何平均数	简单几何平均数	$G = \sqrt[n]{X_1 \times X_2 \times \cdots \times X_n} = \sqrt[n]{\prod_{i=1}^{N} X_i}$	受极端值影响小，适用于具有等比或近似等比关系的数据，如平均发展速度、平均合格率等
	加权几何平均数	$G = \sum \sqrt[f]{X_1^{f_1} \times X_2^{f_2} \times \cdots \times X_n^{f_n}} = \sum_{i=1}^{n} \sqrt[f]{\prod_{i=1}^{N} X_i^{f_i}}$	
调和平均数		$H = \dfrac{n}{\dfrac{1}{x_1} + \dfrac{1}{x_2} + \cdots + \dfrac{1}{x_n}}$ 　或　 $H = \dfrac{n}{\sum\limits_{i=1}^{n} \dfrac{1}{x_i}}$	通常用于在相同距离但速度不同时计算平均速度

其中，算术平均数是最常用的位置统计量，又称为样本均值；几何平均数包括简单几何平均数和加权几何平均数，多用于计算平均比率，如平均利率、平均发展速度、平均合格率等。算术平均数、调和平均数和几何平均数三者间存在如下数量关系：调和平均数≤几何平均数≤算数平均数，并且只有当所有变量值都相等时，这三种平均数才相等。

2) 中位数

中位数是将数据按从小到大次序排列后，位于中间的那个数。中位数用于描述偏态分布数据的集中位置，它不受极端值的影响，当分布末端无确切数据时也可计算。观测值为奇数且无重复数值时，当中的一个数值即为中位数；如观测值的个数为偶数，那么中间两个数值的均值就是中位数。

3) 众数

在一组数值中出现次数最多的那个数值就是众数，通常众数只用于对一组数据的分布情况做粗略的了解。在用频数分布表示测定值时，频数最多的值即为众数。若测定值按区间做频数分布时，频数最多的区间代表值(一般取区间中值)也称众数。例如，53，64，53，64，80，64，81 这一组数值中，64 出现了三次，那么它就是众数。

2. 离散趋势的描述

离散趋势指标是用来度量、描述数据分布差异情况或离散程度的统计量。在实际应用中，仅仅根据数据的中心趋势进行决策是不够的。例如某个连队的个人射击科目成绩相差不大，而另一个连队中，一部分人的成绩非常好，一部分的成绩比较差，即使这两个连队

---

① n 为样本个数；x_i 为第 i 个样本的观测值；$\sum$ 表示相加求和。

的平均成绩一样，但其总体上仍然存在着较大的差异。假设有三组观测值，各组均值都为15.5，其差异如表 6-5 所示。由表 6-5 可知，几组数据的均值相同，只能说明其中心趋势相同，其内部观察值参差不齐的程度可能不同。差异量越大，表示数据分布的范围越广，越分散，中心趋势指标的代表性越小；差异量越小，表示数据分布得越集中，变动范围越小，中心趋势指标的代表性越大。

表 6-5　数据差异示意

组别	观测值	图例	说明
A 组	11，12，13，16，16，17，18，21		比较均匀散布
B 组	14，15，15，15，16，16，16，17		趋向中心
C 组	11，11，11，12，19，20，20，20		偏离中心

最常用的离散趋势指标是标准差，其他还有极差与分位数、方差与标准差、均值的标准误差、变异系数等。

1) 极差与分位数

给定一组样本观测值 x_1，x_2，…，x_n，令 x_{max}、x_{min} 分别为样本观测值的最大值与最小值，则极差 R 为

$$R = x_{max} - x_{min} \tag{6-1}$$

即最大值 x_{max} 与最小值 x_{min} 之间的间距。

用极差描述观测值的离散程度简单明了，但它不能反映观察值的整个变异度，样本的例数越多，极差越大，不够稳定。

分位数又称百分位数，是一种位置指标。首先将数据按照从小到大的次序排列，第 k 个百分位数是指至少有 k% 的数据小于或者等于这个值。中位数是第 50 个百分位数。除中位数外，最常用的百分位数是四分位数。在排序后的数据集合中，第一个四分位数分别是第 25 个百分位数，第三个四分位数是第 75 个百分位数，分别记作 $Q1$ 和 $Q3$，四分位数(包括中位数)可以度量数据的分布中心、形状和离散程度等。$Q1$ 和 $Q3$ 之间的距离能够覆盖一半的数据，这段距离称为中间四分位数极差(IQR = $Q3 - Q1$)。

为了更完整地概括数据的中心趋势和离散程度，可以采用概括五数或称总结五数。概括五数由中位数、四分位数中的 $Q1$ 和 $Q3$、数据集中的最小值和最大值五个观测值组成，通常使用箱(盒)图对概括五数进行可视化。

2) 方差与标准差

给定一组样本观测值 x_1, x_2, …, x_n, 令 $\bar{x}$ 为样本均值, 则样本方差为

$$S^2 = \frac{1}{n-1}\sum_{i=1}^{n}(x_i - \bar{x})^2 = \frac{(x_1 - \bar{x})^2 + \cdots + (x_n - \bar{x})^2}{n-1} \tag{6-2}$$

方差不受观察值个数的影响, 可以用来描述数据的离散程度。因方差的单位是原单位的平方, 使用不方便, 通常采用方差的算术平方根, 即标准差(Standard Deviation), 计算公式如下。标准差与平均数一起使用, 可以比较确切地描述数据分布的整体状况。

$$S = \sqrt{S^2} = \sqrt{\frac{1}{n-1}\sum_{i=1}^{n}(x_i - \bar{x})^2} \tag{6-3}$$

3) 均值的标准误差

由于样本抽取的随机性, 取自同一总体的不同样本的均值有所区别。均值的标准误差用来衡量不同样本之间的差别, 它是单样本 t 检验统计量 $\dfrac{\bar{x} - \mu_0}{S/\sqrt{n}}$ 的分母, 记作 $\text{s.e.}(\bar{x}) = \dfrac{S}{\sqrt{n}}$, 其中 S 为样本标准差, n 为样本容量。

均值差的标准误差用来估计两个总体均值的差别, 设来自两个总体的样本的标准差和样本容量分别为 S_1 和 n_1, S_2 和 n_2, 其均值差的标准误差的计算公式为

$$\text{s.e.}(\bar{x}_1, \bar{x}_2) = \sqrt{\frac{(n_1-1)S_1^2 + (n_2-1)S_2^2}{n_1 + n_2 - 2}\left(\frac{1}{n_1} + \frac{1}{n_2}\right)} \tag{6-4}$$

同样, $\text{s.e.}(\bar{x}_1, \bar{x}_2)$ 是独立样本 T 检验统计量 $\dfrac{\bar{X}_1 - \bar{X}_2}{\text{s.e.}(\bar{x}_1, \bar{x}_2)}$ 的分母。如果两个样本均值的差值与均值差的标准误差的比值小于 −2 或大于 2, 则认定两个均值有显著差别, 进而判定两个样本来自不同的总体。在实际应用中, 标准误差(Standard Error)通常指的是均值标准误差(Standard Error of Mean)。

需要说明的是, 标准差是表示个体间变异大小的指标, 反映了整个样本数据相对于其中心(平均值)的离散程度; 而标准误差反映的是样本平均数对总体平均数的变异程度, 从而反映抽样误差的大小, 是度量结果精密度的指标。

4) 变异系数

在比较两组数据的离散程度时, 如果数据的测量尺度相差较大, 或者数据量纲存在不同, 此时, 直接采用标准差来进行比较是不科学的, 必须首先消除测量尺度和量纲的影响。变异系数就是用来消除上述影响的一个重要指标。设样本均值为 $\bar{x}$, 标准差为 S, 则变异系数的计算公式为

$$V_\sigma = \frac{\bar{x}}{S} \tag{6-5}$$

3. 分布形状的描述

要全面了解数据概要的特点，还要掌握数据的分布图形是否对称，以及偏斜程度和扁平程度等特征，这些分布特征影响着其他的数据统计指标。例如，若数据倾斜程度高，则算术平均值无法准确表达数据集中趋势，许多依赖数据正态分布的统计检验手段也会失效等。反映这些分布特征的统计指标就是偏度和峰度。

1) 偏度

偏度用于描述变量取值分布的偏斜方向，可以衡量分布是否对称，以及偏斜方向和程度。给定一组样本观测值 x_1，x_2，$\cdots$，x_n，令 $\bar{x}$ 为样本均值，S 为标准差，偏度系数的计算公式为

$$\alpha = \frac{1}{nS^3} \sum_{i=1}^{n} (x_i - \bar{x})^3 \tag{6-6}$$

式中：当 $\alpha > 0$ 时，分布为正偏或右偏，即分布图形在右端有较长拖尾，峰尖偏左，如图 6-2(a)所示；当 $\alpha < 0$ 时，分布为负偏或左偏，如图 6-2(b)所示；当 $\alpha = 0$ 时，分布对称。无论正负偏态，偏度的绝对值越大表示偏斜程度越大，反之，偏斜程度越小，分布形状接近对称。

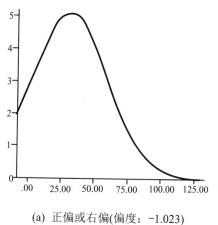

(a) 正偏或右偏(偏度：-1.023)　　　　(b) 负偏或左偏(偏度：1.681)

图 6-2　数据偏斜情况

2) 峰度

峰度是用于描述变量取值分布形态陡缓程度的统计量，用于反映分布图形的尖峭程度或峰凸程度。样本的峰度系数计算公式为

$$\beta = \frac{1}{ns^4} \sum_{i=1}^{n} (x_i - \bar{x})^4 \tag{6-7}$$

式中：当 $\beta > 3$ 时，分布为高峰度，即比正态分布的峰要陡峭；当 $\beta < 3$ 时，分布为低峰度，即比正态分布的峰要平坦；当 $\beta = 0$ 时，为正态峰。

4. 可视化分析

统计图形是数据最直观的表示。通过图形，用户可以对数据的基本特征有一个感性的认识，为进一步选取适当的统计方法和模型打下基础。统计图形简介如表 6-6 所示。

数据工程探索与实践

表 6-6　统计图形简介

图形类型	示意图	适 用 问 题
条形图		描述定类或定序变量的分布，用条形框的高度来表示变量在不同类别中的频数
线图		描述连续性变量的变化趋势
面积图		描述连续性变量的分布，用面积表示变量在不同取值下的各类统计量
饼图	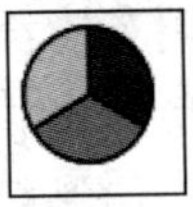	描述定类变量的分布，用扇形面积表示不同类别变量的频数、百分比等
高低图	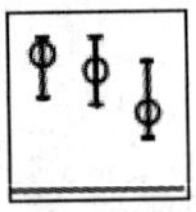	用于同时描述股票、商品价格等市场数据长期和短期的变化趋势
帕累托图		描述生成控制过程中各类指标对生产的影响大小
质量控制图	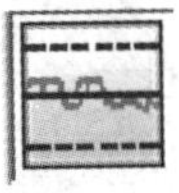	质量控制的常用工具，主要用于提示生产过程中发生的变化和趋势
箱(盒)图		显示变量的中位数、四分位数、极值，表达数据的实际分布
误差条图		显示数据的均值、标准差、置信区间等信息
散点图	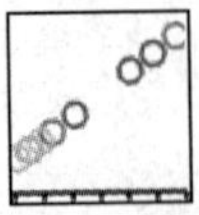	直观反映两个或两个以上变量的取值大小及相互关系
直方图	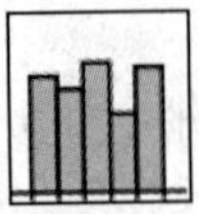	描述定距变量的分布。与条形图的不同之处在于，直方图使用长条的面积来表示变量的频数
P-P 图		用来直观表示数据是否服从特定分布

续表

图形类型	示意图	适 用 问 题
Q-Q 图		用来直观表示数据是否服从特定分布
普通序列图		描述一组或几组数据随另一序列数据变化的趋势
时间序列图		描述与时间相隔的变量随着时间变换的趋势

　　基于图形的统计描述方法通常使用特定的软件工具完成，常用的有 Excel、SPSS 等。其中 SPSS 的统计图形工具的功能非常强大，无需任何编程，可直接由界面操作完成，如图 6-3 所示。

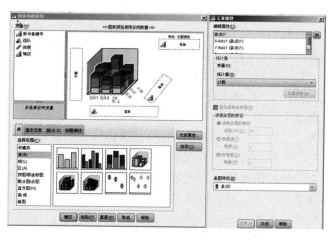

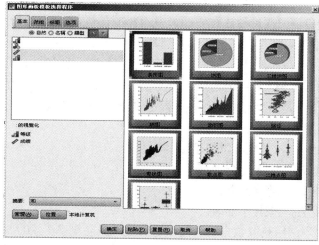

图 6-3　SPSS 的图形构建程序与图形画板模板选择程序

以上是在日常工作中遇到的最简单的数据统计和分析方法。而在实际应用中,可能更关注如何从数据中得到两个或多个变量间(比如考核成绩与训练方法、训练时间、训练强度、考核环境)是否存在关系。如果有,它们的关系是否显著?这些关系是什么关系?能否用数学模型来描述?这个关系是否带有普遍性?这个关系是不是因果关系?只要有关系,即使不是因果关系也不妨碍人们利用这种关系来进一步解决训练方法的改进问题。回答上述问题需要更多的工具和手段来进行数值分析进而得到更加严格和精确解答,这也是后续章节所介绍的主要内容。

6.2.2　显著性差异分析

在问题研究中所获得的数据(考试分数或其他)总是有波动的,即使条件相同,如考生的学习能力、任课教员的水平、考试的内容等,所获得的数据也是有差异的;如果条件不同则更是如此。而这种差异是偶然因素(称随机误差)还是条件的不同(称条件误差)所造成的呢?这就是数据分析要解决的一项重要内容。比如,两个学员队分别采取两种不同的教学方法,所得到的考核成绩明显存在差异。那么,这种差异如果是因为学员自身学习能力的上下波动所造成的,则属于非本质性的差异;而如果确实是由改进教学方法造成的差异,则属于本质性的差异。我们要研究的,就是到底考核成绩的提高是不是训练方法引起的,如果是,则可推广这种改进后的教学方法。但是这两种误差往往是混杂在一起的,而且如果差距不是很大,一般不容易被直观地辨别出来。为了正确区分这两种误差,统计学提出了一种差异性显著检验(也称假设检验)的方法来解决这类问题,推断出数据的差异或者说客观事物的差异是否出于偶然。

差异显著性检验,又称"假设检验"。假设检验的理论依据是概率论中的"小概率事件实际上不可能发生"原理。所谓"小概率事件",就是假如某个事件在实验中出现的概率很小,则在一次实验中,该事件实际上是不会出现的。比如,我们把小于 0.05 或 0.01 的概率,视为"小概率",这也是我们常把置信度定为95%和99%的原因。

显著性差异检验的思路是用反证法来检验所要获得的结论,这是推断统计中最重要、应用最普遍的统计方法。其基本做法如下:

首先建立原假设,即假设被比较的样本平均数没有显著差异,如"假设两个总体平均数没有差别",可记为:H_0: $\mu_1 = \mu_2$,这种对总体所作的"无差别"的假设,称为"零假设"或称虚无假设,用 H_0 表示。与此同时,实际上存在与第一种假设对应的第二种假设,即"两个总体平均数有差别",可记为:H_1: $\mu_1 \neq \mu_2$,称为备择假设,用 H_1 表示。显然,"零假设"与"备择假设"是两个对立的假设,肯定此,必否定彼。接着,分析推断"零假设"成立的可能性,用 P 表示。共有以下四种水平:

$P \leqslant 0.001$,拒绝 H_0,差异非常显著;

$P \leqslant 0.01$,拒绝 H_0,差异十分显著;

$P \leqslant 0.05$,拒绝 H_0,差异显著;

$P > 0.05$,接受 H_0,差异不显著。

一般情况下,当利用获取数据得到的"零假设"成立概率 $P \leqslant 0.05$ 时,所比较的数据存在一定水平的显著差异,可视为差异明显;当 $P > 0.05$ 时,所比较的数据无显著差异,可视为基本相同。

差异性分析通常包括基于 t 检验的两组以下样本的数据均值差异性比较、基于方差分析的两组以上样本的均值差异性比较、基于非参数检验的分布特征的差异性比较等。其中，数据均值差异性比较是关注的重点，这是因为能够最好地代表一组数据的数值就是平均值，如果使用算术平均值，要求数据大致服从正态分布，这在第 1 章的相关概念部分已经详细说明了。这也是为什么在下面的各类均值差异性分析比较中，要求数据服从正态分布的原因。

1. 均值差异性比较——t 检验

在统计分析中，均值的差异性比较主要有两种方法：Z 检验和 t 检验。其中，Z 检验通常用于大样本容量的均值比较，并且要求总体方差是已知的；当总体方差未知，或者样本容量不确定时，就要采用 t 检验。两种检验都是基于统计学中的假设检验方法，不同之处在于采用的检验统计量不一样。通常情况下，采用 t 检验来进行均值比较分析。

常用的 t 检验有三种：单样本 t 检验、独立样本 t 检验和配对样本 t 检验。其中，单样本 t 检验用来比较样本均值和总体均值之间是否存在显著的差异；独立样本 t 检验用于比较分别来自相互独立的两个总体中的样本的均值之间是否存在显著的统计差异；而配对(又称相依)样本 t 检验用来检验两个配对总体的均值在统计上是否有显著的差异。常见的配对设计方法有 4 种：

(1) 同一对象不同时刻测试的数据。例如，某部队进行训练方法改革前后的成绩统计，用于分析训练方法的有效性。

(2) 同一对象不同时刻，不同指标的数据。例如，某部队进行体能训练方法改革前后，每个参与人员的 400 米障碍和 5 千米越野两项成绩统计，用于分析体能训练方法改革的有效性。

(3) 同一样本用两种方法测量的数据。例如，使用两种定位设备，对多个固定目标分别进行定位测试获得的数据，用于分析两种设备定位效果是否一样。

(4) 配对(有联系)的两个对象分别在不同时刻测试的数据。例如，双胞胎的 IQ 测试数据，用于分析双胞胎的 IQ 是否有关。

t 检验适用于两个总体以下的均值比较分析，多于两个的总体之间的均值比较分析则要用到后面的方差分析方法。

2. 多组样本的均值差异性比较——方差分析

通过前面的研究内容可知，为了比较单样本或两个样本均值之间的关系，可以使用 t 检验。在问题研究中，除了要对两个总体的均值进行比较，还常常需要对多个(两个以上)总体的均值进行比较。例如，一个系的多个学员队训练成绩与所在的学员队是否有关系，不同的学员队之间是否存在显著的成绩差异？在两个连队中，分别采用三种不同的射击训练教学方法，通过抽测射击成绩，评估不同的连队、不同的训练方法的射击成绩是否存在显著差异等。这两个例子所涉及的问题分别为单因素和两因素的方差分析。

方差分析又称变异数分析或 F 检验，是用来比较多组均值的一种方法。其目的是推断两组或多组数据的总体均值是否相同，检验两个或多个样本均值的差异是否有统计学意义。这里要特别强调的是，不要将方差分析和正态总体方差的假设检验混淆起来，方差的假设检验的目的是检验总体方差的差异是否显著，对于服从正态分布单总体(均值、方差未知)

来说，采用 χ^2(卡方)检验法，其检验统计量为 $F = (n-1)S^2/\sigma_0^2$；对于服从正态分布的双总体(均值、方差未知)来说，采用 F 检验法，其检验统计量为 $F = S_1^2/S_2^2$。

方差分析由 R.A.Fisher 创立，其基本思想是利用方差的分解来实现对总体均值的比较，进一步来说，就是设法将条件误差(由研究因素引起的差异)与随机误差(由随机抽样引起的个体之间的差异)分开，然后比较两者的大小(两部分差异在总体方差中所占的比重)。如果条件误差比随机误差大得多，则说明条件误差不容忽视，条件的改变(或者不同的研究因素及研究因素的不同水平)对结果产生了显著的影响；如果条件误差相对随机误差来说很小，则说明结果的差异主要来自各种随机因素的影响，而条件的改变(或者研究因素及因素水平)对结果的影响是不显著的。

在方差分析中，待分析的试验指标称为因变量(或称响应变量)，因变量必须是连续型的数据；影响因变量且可控的因素，称为控制因素，其不同的取值称为控制因素的不同水平。因此，方差分析就是研究不同的控制因素以及控制因素不同水平(水平数量＞2)对因变量的影响有无差异的一种统计方式。在此意义上，t 检验可以看作是一种特殊的方差分析方法，即单因素双水平的方差分析问题。

根据因变量(待分析的试验指标)和控制因素的个数，常见的方差分析主要有表 6-7 中所示的四种。

表 6-7　方差分析的类型

名　称	因变量个数	控制因素个数
单因素方差分析(一维组间方差分析)	1	1
多因素方差分析(多维组间方差分析)	1	≥2
多元方差分析	≥2	≥1
重复度量方差分析(多维或一维组内方差分析)	1	≥2

根据上表可知，因变量的个数决定方差分析是一元还是多元，控制因素的个数决定方差分析是一维还是多维，研究不同控制因素及其不同水平对因变量的影响叫组间方差分析，研究因变量自身不同水平(多次重复度量同一指标)的差异叫组内方差分析。除了上表列出的一般方差分析方法外，还有一类特殊的方差分析方法，叫作协方差分析，它是一种将方差分析和回归分析结合起来的统计方法。

6.2.3　相关性分析与回归分析

世界是普遍联系的，如身高和体重的关系、刻苦程度与训练成绩的关系等，各变量之间既存在着密切的关系，但又不能由一个简单的数学公式精确地求出另一个变量的值，这类变量间的关系都是相关关系或回归关系。在问题研究中，经常需要分析、揭示诸多现象之间的关系，以便为指挥决策、训练管理等提供有意义的信息。所谓相关分析，就是用一个指标来表明现象间相互依存关系的密切程度。而回归分析，则是根据相关关系的具体形态，选择一个合适的数学模型，来近似地推导出变量间的基本变化关系。两者相辅相成，相关关系只确定变量间的关系，即以某一指标描述自变量与因变量之间关系密切的程度；而回归分析则是在相关分析基础上建立一种数学模型，可根据自变量的数值准确地推算因变量。

1. 相关分析

相关分析的方法主要包括可视化法、相关系数、卡方独立性检验等。可视化法主要是通过绘制相关性散点图，找出变量之间相关关系模式，是一种探索性分析方法，需要和相关系数等结合来进行分析和判断。这里主要介绍相关系数和卡方独立性检验方法。

1) 相关系数

假设有两个变量 X 和 Y，通常使用协方差和线性相关系数度量这两个变量之间的线性相关关系。协方差的计算公式为

$$\mathrm{Cov}(X,Y) = \sum_{i=1}^{n}(x_i - \bar{x})(y_i - \bar{y}) / (n-1) \tag{6-8}$$

协方差为 0 时，表明两个变量之间没有线性关系，大于 0 时表明正相关，小于 0 时表明负相关，但是，协方差的大小不能表明变量之间关系的强弱。两个变量之间的总体相关系数通常用 ρ_{XY} 来表示，由于 ρ_{XY} 通常是未知的，因而常使用样本相关系数 r 来代替 ρ_{XY}。依据问题中变量类型和变量值分布等特点，相关系数通常包括积差相关系数和等级相关系数。

积差相关系数用来度量两个变量之间相关强度和方向的统计量，由英国统计学家皮尔逊(Pearson)提出，也称皮尔逊相关系数，计算公式为

$$r = \frac{\sum_{i=1}^{n}(x_i - \bar{x})(y_i - \bar{y})}{\sqrt{\sum_{i=1}^{n}(x_i - \bar{x})^2}\sqrt{\sum_{i=1}^{n}(y_i - \bar{y})^2}} \tag{6-9}$$

式中：n 表示数据总数；x 为自变量；y 为因变量；r 为相关系数。由计算公式可知，r 系数是协方差与两个随机变量的标准差乘积的比率。由于抽样误差的存在，从相关系数 $\rho_{XY} = 0$ 的总体中抽样出的样本相关系数 r 不一定为 0，因此有必要进行假设检验，以确定依据当前样本得出的总体相关系数 $\rho_{XY} = 0$ 的显著程度。假设 H_0：$\rho_{XY} = 0$，H_1：$\rho_{XY} \neq 0$，采用 t 检验的方法，在原假设为真时，则有

$$t = \frac{r}{\sqrt{\dfrac{1-r^2}{n-2}}} \sim t(n-2) \tag{6-10}$$

给定显著性水平 α，若进行单侧检验，则当 $|t| > t_{\alpha,\, n-2}$ 时拒绝 H_0；若进行双侧检验，则当 $|t| > t_{\alpha/2,\, n-2}$ 时拒绝 H_0，并认为 X、Y 是相关的。

积差相关系数适用于两个变量都服从正态分布，或两个变量服从的分布接近于正态分布的对称单峰分布的情形。但当研究的变量不是等距或等比数据，或者变量所服从的分布不是正态分布时，若要考察它们的相关程度就不能使用积差相关系数，而必须采用等级相关系数。

英国心理学家斯皮尔曼(Spearman)根据积差相关的概念推导出了样本的等级相关系数 r_S，其简化后的计算公式为

$$r_S = 1 - \frac{6\sum_{i}^{n}(R_{x_i} - R_{y_i})^2}{n(n^2 - 1)} \tag{6-11}$$

式中：R_x、R_y 分别为 x_i 与 y_i 的秩。所谓秩，是指 X 变量值经排序后，x_i 在序列中的位置数，n 为对偶数据的个数。因此等级相关系数又称 Spearman 秩相关系数。同样，r_S 系数只是代表了样本的相关系数，仍然要通过 t 检验来确定依据当前样本得出的总体相关系数 $\rho_{XY} = 0$ 的显著程度。假设 H_0：$\rho_{XY} = 0$，H_1：$\rho_{XY} \neq 0$，采用 t 检验的方法，在原假设为真时，则有

$$t = \frac{r_S}{\sqrt{\dfrac{1 - r_S^2}{n-2}}} \sim t(n-2) \tag{6-12}$$

给定显著性水平 α，若进行单侧检验，则当 $|t| > t_{\alpha,\,n-2}$ 时拒绝 H_0；若进行双侧检验，则当 $|t| > t_{\alpha/2,\,n-2}$ 时拒绝 H_0，并认为 X，Y 是相关的。

研究表明，在正态分布假定下，等级相关系数和积差相关系数在效率上是等价的。对于分布不明的数据，等级相关系数更合适。实际问题中，两变量之间的关系往往还受其他因素的影响，这些因素有时候会导致相关分析的结果变得不可靠。比如，研究某基地绿化树木的生长量与降水量的关系问题，由于树木的生长量除了受降雨量影响外，还受气温、日照时间等因素的影响，如果不考虑气温、日照等影响雨水蒸发的因素，那么结果可能与实际情况不符，这时需要引入偏相关分析的方法。由于偏相关系数及其检验统计量的计算公式比较复杂，在此不做详细介绍，有兴趣的话可参考有关的数理统计参考书或 SPSS 帮助文档。

2) 卡方独立性检验

卡方检验是专用于解决分类变量统计分析的假设检验方法，通常基于列联表(或称交叉表、相依表)进行计算。卡方检验的两个应用为拟合性检验和独立性检验。拟合性检验用于分析实际次数与理论次数是否相同，适用于单个因素分类的计数数据，属于非参数检验，在此主要介绍卡方(χ^2)独立性检验。卡方独立性检验用于分析两个或两个以上的分类变量之间是否有关联或是否独立的问题。

独立性检验是统计学的一种检验方式，它是根据随机事件发生的次数判断两类因子彼此相关或相互独立的假设检验。卡方独立性检验基于小概率不可能发生原理，首先提出一个假设，通过假设检验，在抽样验证的过程中，若不断地发生了在这个假设下不应该发生的事，则应认为这个假设是不对的，应该拒绝这个假设。

卡方独立性检验的关键是要通过观测值和期望值来计算卡方值，算出来的卡方值就是一个针对抽样样本的统计指标。卡方值越大，就说明两个属性的相关性越大。

假设有两个分类变量 X 和 Y，它们的值域分别为 $\{x_1, x_2\}$ 和 $\{y_1, y_2\}$，其样本频数列联表如表 6-8 所示。

表 6-8　样本频数列联表

	y_1	y_2	总计
x_1	a	b	$a+b$
x_2	c	d	$c+d$
总计	$a+c$	$b+d$	$a+b+c+d$

提出一个原假设 H_0: "X 与 Y 没有关系"(目标结论 H_1: "X 与 Y 有关系"的反面),利用独立性检验来考察两个变量是否有关系,并且能较精确地给出这种判断的可靠程度。具体的做法是,由表中的数据算出随机变量 χ^2(卡方统计量)值: $\chi^2 = \dfrac{n(ad-bc)^2}{(a+b)(c+d)(a+c)(b+d)}$,其中 $n = a+b+c+d$ 为样本容量。χ^2 的值越大,说明"X 与 Y 有关系"成立的可能性越大。

当表中数据 a、b、c、d 都不小于 5 时,可以用独立性检验的临界值表来确定结论"X 与 Y 有关系"的可信程度。例如,当"X 与 Y 有关系"的 χ^2 变量的值为 6.109 时,根据表格,因为 $P(\chi^2 \geqslant 0.025) = 5.024 \leqslant 6.109 < 6.635 = P(\chi^2 \geqslant 0.010)$,所以"$X$ 与 Y 有关系"成立的概率约为 $1 - 0.025 = 0.975$,即 97.5%。

2. 回归分析

回归分析是对具有相关关系的变量之间数量变化的一般关系进行测定,确定一个相关的数学表达式,以便进行估计或预测的统计方法。设有两个变量 x 和 y,前者为自变量,后者为因变量,并均为随机变量。当自变量 x 变化时,会产生相应的变化,如果具有大量或较多的统计数据 (x_i, y_i),则可以用数学方法找出两者之间的统计关系 $y = f(x)$,这种数学方法称为回归分析。回归分析按照经验公式的函数类型可以分为线性回归(函数类型为线性的)和非线性回归(函数类型为非线性的);按照自变量的个数可以将回归分析分为一元回归和多元回归;按照自变量和因变量的类型可以将回归分析分为一般的回归分析、含哑变元的回归分析和 Logistic 回归分析等等。这里主要讨论线性回归分析方法。

设一元线性回归方程的表达式为

$$\hat{y} = \hat{\beta}_0 + \hat{\beta}_1 x \tag{6-13}$$

现给出 n 对数据 (x_i, y_i),可看作平面上的点集。对于一元线性回归,其几何意义上就是找一条直线,使其尽量接近这些点,也就是说,根据这些数据去估计常数项 $\hat{\beta}_0$ 与回归系数项 $\hat{\beta}_1$ 的值,使得 $Q = (y_i - \hat{\beta}_0 + \hat{\beta}_1 x_i)^2$ 达到最小。通过简单计算,可以得到以下结果:

$$\begin{cases} \hat{\beta}_0 = \overline{y} - \hat{\beta}_1 \overline{x} \\ \hat{\beta}_1 = \dfrac{L_{xy}}{L_{xx}} \end{cases} \tag{6-14}$$

式中: $L_{xx} = \sum\limits_{i=1}^{n}(x_i - \overline{x})^2$ 为 x 的离差平方和; $L_{xy} = \sum\limits_{i=1}^{n}(x_i - \overline{x})(y_i - \overline{y})$ 为 x、y 的离差乘积之和。一般情况下,对于任意一组观测值 $(x_i, y_i)(i = 1, 2, \cdots, n)$,当 L_{xx} 不等于 0 时,总可以求出回归方程。但是,建立的回归方程是否有意义,x 与 y 是否存在线性关系,还必须进行假设检验。

线性回归的检验也就是验证两个变量之间的线性关系在统计上的显著性。一般采用 t 检验、F 检验、相关性检验等假设检验。其中,线性回归模型显著性的 t 检验如表 6-9 所示;变量 x 和变量 y 的相关系数的显著性检验采用前面介绍过的 Pearson 相关系数。下面主要介绍回归模型显著性的 F 检验。

表 6-9　线性回归模型显著性的 t 检验

t 检验类别	原假设 H_0	t 统计量
常数项的 t 检验[①]	$H_0 : \hat{\beta}_0 = 0$	$t = \dfrac{\hat{\beta}_0}{\text{s.e.}(\hat{\beta}_0)}$
回归系数的 t 检验[②]	$H_0 : \hat{\beta}_1 = 0$	$t = \dfrac{\hat{\beta}_1}{\text{s.e.}(\hat{\beta}_1)}$

令 $\text{SSE} = Q = \sum (y_i - \hat{y}_i)^2$ 为残差平方和,即每个观测值 y 距离所拟合的回归直线的差异

程度(SSE 为 0 表示每个点位于拟合的回归直线上);$\text{SST} = \sum (y_i - \bar{y})^2$ 为离差平方和,即观

测值 y 自身的差异程度(当观测值给定时,SST 就确定了,是一个常量);$\text{SSR} = \sum (\hat{y}_i - \bar{y})^2$

为回归平方和,即预测值(拟合值)和因变量均值的差值的平方和,表示预测值的差异程度
(该差异是由于回归直线中各 x_i 的变动所引起的,并且通过 x 对 y 的线性影响表现出来)。
其中,离差平方和 SST 反映因变量 y 的波动程度或者不确定性,在建立了 y 对 x 的回归方
程后,离差平方和 SST 可以分解成回归平方和 SSR 与残差平方和 SSE 两部分,即有

$$\text{SST} = \text{SSR} + \text{SSE} \tag{6-15}$$

这里,SSR 是由回归方程确定的,SSE 是因变量 y 中不能由自变量 x 解释的波动,是
由 x 之外的未知控制因素引起的。由此可以将 SST 分解为能够由自变量解释的部分 SSR
和不能由变量解释的部分 SSE。回归平方和越大,回归的效果越好,据此可以构造 F 检验
统计量:

$$F = \frac{\text{SSR} / 1}{\text{SST} / (n-2)} \tag{6-16}$$

需要说明的是,对于一元线性回归,回归系数显著性的 t 检验,回归模型的显著性的
F 检验,相关系数显著性的 t 检验的检验结果是完全等价的。其实,可以证明,回归系数
显著性的 t 检验与相关系数显著性的 t 检验是完全相等的,而 F 统计量则为这两个 t 统计
量的平方。因此,一元线性回归实际上只需要做其中的一种检验即可。然而对于多元线性
回归,上述几种检验所考虑的问题有所不同,因而并不等价。

在一定范围内,对任意给定的预测变量取值 x_0,可以利用求得的拟合回归方程进行预
测。其预测值为

$$\hat{u}_0 = \hat{\beta}_0 + \hat{\beta}_1 x_0 \tag{6-17}$$

该预测值的 $(1-\alpha)100\%$ 置信区间为 $\left(\hat{u}_0 - t_{n-2,\alpha/2} \times \text{s.e.}(\hat{u}_0), \hat{u}_0 + t_{n-2,\alpha/2} \times \text{s.e.}(\hat{u}_0) \right)$,其中

---

① 常数项的 t 检验统计量为常数项的估计值和其标准误差的比值,其中,s.e.$(\hat{\beta}_0)$ 为 $\hat{\beta}_0$(常数项的估计值)
的标准误差。

② 回归系数的 t 统计量,为回归系数估计值和其标准误差的比值,其中,s.e.$(\hat{\beta}_1)$ 为 $\hat{\beta}_1$ 的标准误差。

s.e.($\hat{u}_0$) 为预测值 $\hat{u}_0$ 的标准误差，其估计值为

$$s.e.(\hat{u}_0) = \hat{\sigma}\sqrt{\frac{1}{n} + \frac{(x_0 - \overline{x})^2}{\sum(x_i - \overline{x})^2}}$$

6.3 数据挖掘方法

数据挖掘是指从大量的、不完全的、有噪声的、模糊的实际应用数据中发现、提取或"挖掘"知识，这些知识通常是未知的、潜在的和有趣的概念、规则、模式、规律、约束等。数据挖掘通常以统计学、人工智能和机器学习等理论为基础，研究如何通过特定的映射关系，实现事物的关联分析、分类、预测、聚类、离群点分析/异常数据等挖掘任务。

6.3.1 关联规则挖掘

关联规则挖掘就是从大量数据中挖掘出有价值的、描述数据项之间相互联系的知识。随着收集和存储在数据库中的数据规模越来越大，人们对从这些数据中挖掘相应的关联知识越来越有兴趣。例如，从大量的商业交易记录中发现有价值的关联知识有助于进行商品目录的设计、交叉营销或其他商业决策。典型应用实例是超市购物篮分析，即根据被放到一个购物篮的(购物)记录数据而发现不同(被购买)商品之间所存在的关联知识无疑将会帮助商家分析顾客的购买习惯，制订有针对性的市场营销策略，如图 6-4 所示。

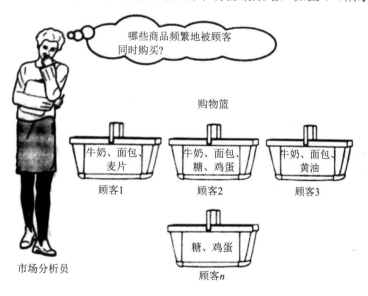

图 6-4　购物篮分析

如何从关系数据库的大量数据中挖掘出关联规则知识呢？什么样的关联规则才是最有意义的呢？下面将深入讨论这些问题及相应的解决方法。

1. 基本概念

设 $I = \{i_1, i_2, \cdots, i_m\}$ 是项的集合，D 是任务相关的数据库事务集合，其中每个事务 T 是项的集合，使得 $T \subseteq I$。每一个事务有一个标识符 T_{ID}。设 A 是一个项集，事务 T 包含 A 当且仅当 $A \subseteq T$。关联规则是形如 $A \Rightarrow B$ 的蕴涵式，其中 $A \subset I$，$B \subset I$ 且 $A \cap B = \varnothing$。规则 $A \Rightarrow B$ 的支持度 s 被定义为 D 中包含 $A \cup B$(即 A 和 B)的事务所占百分比或概率 $P(A \cup B)$，规则 $A \Rightarrow B$ 的置信度 c 被定义为 D 中包含 A 的事务同时也包含 B 的事务所占百分比或条件概率 $P(B|A)$，即有

$$\text{support}(A \Rightarrow B) = P(A \cup B) \tag{6-18}$$

$$\text{confidence}(A \Rightarrow B) = P(B \mid A) \tag{6-19}$$

同时满足最小支持度阈值(min_sup)和最小置信度阈值(min_conf)的规则称作强规则。一般用 0% 和 100% 之间的值，而不是用 0 到 1 之间的值表示支持度和置信度。项的集合称为项集。包含 k 个项的项集称为 k 项集。集合 {computer,financial_management_software} 是一个 2-项集。项集的出现频率是包含项集的事务数，简称为项集的频率、支持计数或计数。项集满足最小支持度 min_sup，如果项集的出现频率大于或等于 min_sup 与 D 中事务总数的乘积。如果项集满足最小支持度，则称它为频繁项集。频繁 k-项集的集合通常记作 L_k。

"如何由大型数据库挖掘关联规则?"关联规则的挖掘过程有两步:

(1) 找出所有频繁项集。根据定义，这些项集出现的频繁性至少和预定义的最小支持计数一样。

(2) 由频繁项集产生强关联规则。根据定义，这些规则必须满足最小支持度和最小置信度。

2. 单维布尔关联规则挖掘

Apriori 算法是一个很有影响的单维布尔关联规则挖掘算法，根据有关频繁项集特性的先验知识(Prior Knowledge)而命名。该算法利用了一个层次顺序搜索的循环方法来完成频繁项集的挖掘工作。这一循环方法就是利用 k-项集来产生 $(k+1)$-项集。具体做法就是:首先找出频繁 1-项集，记为 L_1；然后利用 L_1 来挖掘 L_2，即频繁 2-项集；不断如此循环下去直到无法发现更多的频繁 k-项集为止。每挖掘一层 L_k 就需要扫描整个数据库一遍。

为提高按层次搜索并产生相应频繁项集的处理效率，Apriori 算法利用了一个重要性质来帮助有效缩小频繁项集的搜索空间。

Apriori 性质:一个频繁项集中任一子集也应是频繁项集，即频繁项集的所有非空子集都必须也是频繁的。Apriori 性质基于如下观察:根据定义，如果项集 I 不满足最小支持度阈值 s，则 I 不是频繁的，即 $P(I) < s$。如果项 A 添加到 I，则结果项集(即 $I \cup A$)不可能比 I 更频繁出现。因此，$I \cup A$ 也不是频繁的，即 $P(I \cup A) < s$。

该性质属于一种特殊的分类，称作反单调，意指如果一个集合不能通过测试，则它的所有超集也都不能通过相同的测试。

为了解释清楚 Apriori 性质是如何应用到频繁项集的挖掘中的，这里就以用 L_{k-1} 来产生 L_k 为例来说明具体应用方法。利用 L_{k-1} 来获得 L_k 主要包含两个处理步骤，即连接和剪

枝操作步骤。

(1) 连接。为找 L_k，可通过 L_{k-1} 与自己连接产生候选 k-项集的集合来实现。该候选项集的集合记作 C_k。设 l_1 和 l_2 是 L_{k-1} 中的项集。记号 $l_i[j]$ 表示 l_i 的第 j 项(例如，$l_1[k-2]$ 表示 l_1 的倒数第 3 项)。为便于直观理解，假定事务或项集中的项按字典次序排序。执行自连接 $L_{k-1} \oplus L_{k-1}$。自连接表明，如果两个 L_{k-1} 的元素的前 $(k-2)$ 个项相同，则可以进行连接处理，例如 $\{2, 3, 4\} \oplus \{2, 3, 5\} = \{2, 3, 4, 5\}$，这是两个 2 项集通过自连接生成 3 项集的例子。

(2) 剪枝。C_k 是 L_k 的超集，即它的成员可以是也可以不是频繁的，但所有的频繁 k-项集都包含在 C_k 中。扫描数据库，确定 C_k 中每个候选的计数，从而确定 L_k(计数值不小于最小支持度计数的所有候选是频繁的，从而属于 L_k)。然而，C_k 可能很大，这样所涉及的计算量就很大。为压缩 C_k，可以使用 Apriori 性质：任何非频繁的 $(k-1)$-项集都不可能是频繁 k 项集的子集。因此，如果一个候选 k 项集的 $(k-1)$ 子集不在 L_{k-1} 中，则该候选也不可能是频繁的，从而可以安全地由 C_k 中删除。

算法 6.1：(Apriori)使用逐层迭代找出频繁项集。

输入：事务数据库 D；最小支持度阈值。

输出：D 中的频繁项集 L。

方法：

① L1 = find_frequent_1_itemsets(D);

② **for** (k = 2; Lk-1 ≠ ∅; k++) {

③ 　　Ck = aproiri_gen(Lk-1,min_sup);

④ 　　**for each** transaction t∈D{　　//扫描 D 用于计数

⑤ 　　　Ct = subset(Ck, t);　　　　//得到 t 的子集，它们是候选

⑥ 　　　**for each** 候选 c∈Ct

⑦ 　　　　c.count++;

⑧ 　　}

⑨ 　　Lk = {c∈Ck | c.count≥min_sup}

⑩ }

⑪ **return** L = ∪kLk;

Procedure apriori_gen(Lk-1: frequent (k-1)-itemset; min_sup: support)

① **for each** 项集 l1∈Lk-1

② **for each** 项集 l2∈Lk-1

③ **if** (l1[1] = l2[1])∧...∧(l1[k-2] = l2[k-2])∧(l1[k-1] < l2[k-2]) then {

④ 　c = l1 l2;　　//连接：产生候选

⑤ 　**if** has_infrequent_subset(c, Lk-1) then

⑥ 　　**delete** c;　　//剪枝：删除非频繁的候选

⑦ 　**else add** c to Ck;

⑧ }

⑨ **return** Ck;

Procedure has_infrequent_subset(c:candidate k-itemset; L k-1:frequent (k-1)-itemset)
//使用先验知识
① **for each** (k-1)-subset s of c
② **if** c∉Lk-1 **then**
③ return TRUE;
④ **return** FALSE;

如上所述，apriori_gen 做两个动作：连接和剪枝。在连接部分，L_{k-1} 与 L_{k-1} 连接产生可能的候选(步骤①～④)。剪枝部分(步骤⑤～⑦)使用 Apriori 性质删除具有非频繁子集的候选。非频繁子集的测试在过程 has_infrequent_subset 中。

一旦由数据库 D 中的事务找出频繁项集，由它们产生强关联规则是直截了当的(强关联规则满足最小支持度和最小置信度)。对于置信度，可以用下式，其中条件概率用项集支持度计数表示。

$$\text{confidence}(A \Rightarrow B) = P(A|B) = \frac{\text{support\_count}(A \cup B)}{\text{suppport\_count}(A)} \tag{6-20}$$

其中：support_count($A \cup B$)是包含项集 $A \cup B$ 的事务数；support_count(A)是包含项集 A 的事务数。根据该式，产生的关联规则如下：

(1) 对于每个频繁项集 l，产生 l 的所有非空子集。

(2) 对于 l 的每个非空子集 s，如果 $\dfrac{\text{support\_count}(1)}{\text{suppport\_count}(s)} \geqslant \text{min\_conf}$ ，则输出规则"$s \Rightarrow (l-s)$"。

其中，min_conf 是最小置信度阈值。

由于规则由频繁项集产生，因此每个规则都自动满足最小支持度。频繁项集连同它们的支持度预先存放在 hash 表中，使得它们可以快速被访问。

3. 多层关联规则挖掘

对于许多应用，由于多维数据空间数据的稀疏性，在低层或原始层的数据项之间很难找出强关联规则。在较高的概念层发现的强关联规则可能提供普遍意义的知识。然而，对一个用户代表普遍意义的知识，对另一个用户可能是新颖的。这样，数据挖掘系统应当提供一种能力，在多个抽象层挖掘关联规则，并容易在不同的抽象空间转换。

假定给定表 6-10 事务数据的任务相关数据集，它是某地面作战单位的装备使用信息，对每个事务 T_{ID} 给出了装备使用信息。地面作战平台的概念分层如图 6-5 所示。概念分层定义由低层概念到高层更一般的概念的映射序列。可以通过将数据内的低层概念用概念分层中的其高层概念(祖先)替换，对数据进行泛化。图 6-5 中的概念分层有 4 层，记作 0、1、2、3 层。为便于直观理解，概念分层中的层自顶向下编号，根节点"地面作战平台"(最一般的抽象概念)为第 0 层。因此，第 1 层包括装甲突击车辆、火力压制车辆、导弹发射车辆和工程后勤保障车辆；第 2 层包括步兵战车、坦克、榴弹炮、火箭炮、战略导弹发射车、战术导弹发射车、运输车辆、工程车辆……；而第 3 层包括 05 步战车、99 式坦克、PL89 式自行榴弹炮等。第 3 层是该分层结构的最特定的抽象层。概念分层可以由熟悉数据的用户指定，也可以在数据中蕴涵存在。

表 6-10　任务相关数据集

T_{ID}	数　据　项
T_1	05 步战车，　C-300 地空导弹发射车
T_2	PL89 式自行榴弹炮，70-1 式自行榴弹炮
T_3	T2-180 型推土机，CA1091 油罐车
T_4	05 步战车，70-1 式自行榴弹炮
T_5	05 步战车
...	...

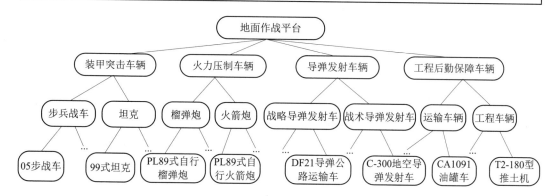

图 6-5　地面作战平台的概念分层

　　表 6-10 中的数据项在图 6-5 中任务相关数据集概念分层的最低层。在这种原始层很难找出有趣的装备关联模式。例如，如果"05 步战车"和"C-300 地空导弹发射车"每个都在很少一部分事务中出现，则可能很难找到涉及它们的强关联规则。部队很少同时调用它们，使得"{05 步战车，DF21 导弹公路运输车}"不太可能满足最小支持度。然而，考虑将"DF21 导弹公路运输车"泛化到"战术导弹发射车"，在"05 步战车"和"战术导弹发射车"之间比在"05 步战车"和"C-300 地空导弹发射车"可望更容易发现强关联。类似地，部队同时调用"装甲突击车辆"和"导弹发射车辆"，而不是同时调用特定的"05步战车"和"C-300 地空导弹发射车"。换句话说，包含更一般项的项集，如"{05 步战车，战术导弹发射车}"和"{装甲突击车辆，导弹发射车辆}"，比仅包含原始层数据的项集，如"{05 步战车，C-300 地空导弹发射车}"，更可能满足最小支持度。因此，在多个概念层的项之间找有趣的关联比仅在原始层数据之间更容易找。由具有概念分层的关联规则挖掘产生的规则称为多层关联规则，因为它们考虑多个概念层。

　　"如何使用概念分层有效地挖掘多层关联规则？"一般地，可以采用自顶向下的策略，由概念层 1 开始向下，到较低的更特定的概念层，在每个概念层累加计数计算频繁项集，直到不能再找到频繁项集。即一旦找出概念层 1 的所有频繁项集，就开始在第 2 层找频繁项集，以此类推。对于每一层，可以使用发现频繁项集的任何算法，如 Apriori 或它的变形。

　　(1) 对于所有层使用一致的支持度(称作一致支持度)。在每一层挖掘时，使用相同的最小支持度阈值。例如，在图 6-6 中，整个使用最小支持度阈值 5%(例如，对于由"装甲突击车辆"到"步兵战车")。"装甲突击车辆"和"步兵战车"都是频繁的，但"坦克"不是。使用一致的最小支持度阈值时，搜索过程是简单的，并且用户也只需要指定一个最小支持度阈值。根据祖先是其后代的超集的知识，可以采用优化策略：搜索时避免考察这样的项集，它包含其祖先不具有最小支持度的项。然而，一致支持度方法有一些困难。较低层次抽象的项不大可能像较高层次抽象的项出现得那么频繁。如果最小支持度阈值设置太高，可能丢掉出现在较低抽象层中有意义的关联规则；如果阈值设置太低，可能会产生出现在较高抽象层的无兴趣的关联规则。这导致了下面的方法。

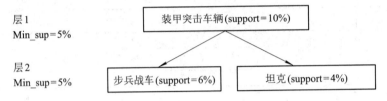

图 6-6　具有一致支持度的多层挖掘

(2) 在较低层使用递减的支持度(称作递减支持度)。每个抽象层有它自己的最小支持度阈值。抽象层越低，对应的阈值越小。例如，在图 6-7 具有递减支持度的多层挖掘中，层 1 和层 2 的最小支持度阈值分别为 5% 和 3%。用这种方法，"装甲突击车辆""步兵战车"和"坦克"都是频繁的。

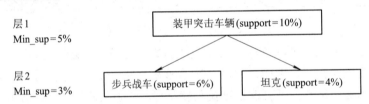

图 6-7　具有递减支持度的多层挖掘

(3) 逐层独立。这是完全的宽度搜索，没有频繁项集的背景知识用于剪枝。考察每一个节点，不管它的父节点是否是频繁的。

(4) 层交叉用单项过滤。一个第 i 层的项被考察，当且仅当它在第 $(i-1)$ 层的父节点是频繁的。即由较一般的关联考察更特定的关联。如果一个节点是频繁的，它的子女将被考察；否则，它的子孙将由搜索中剪枝，如图 6-8 所示。

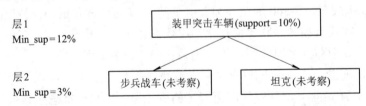

图 6-8　具有递减支持度的多层挖掘，使用层交叉用单项过滤

(5) 层交叉用 k-项集过滤：一个第 i 层的 k-项集被考察，当且仅当它在第 $(i-1)$ 层的对应父节点 k-项集是频繁的。例如，在图 6-9 具有递减支持度的多层挖掘中，2-项集"{装甲突击车辆，导弹发射车辆}"是频繁的，因而节点"{步兵战车，战术导弹发射车}""{步

兵战车，战略导弹发射车}”"{坦克，战术导弹发射车}”和“{坦克，战略导弹发射车}”
被考察。

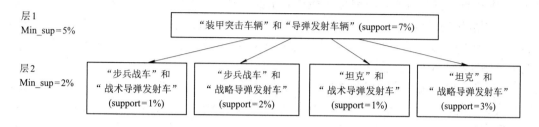

图 6-9　具有递减支持度的多层挖掘，使用层交叉用 k-项集过滤，其中 $k = 2$

4. 多维关联规则挖掘

前面介绍了蕴涵单个谓词，即谓词“调用”的关联规则。例如，在挖掘装备使用情况
数据库时，可能发现布尔关联规则“05 步战车 C-300 地空导弹发射车”也可以写成

$$调用(X，“05 步战车”) \Rightarrow 调用(X，“C-300 地空导弹发射车”) \qquad (6-21)$$

式中：X 是变量，代表在调用装备的某个作战单位。沿用多维数据库使用的术语，把每个
不同的谓词称作维。这样，称式(6-21)所指代的规则为单维或维内关联规则，因为它们包
含单个不同谓词(即“调用”)的多次出现(即谓词在规则中出现多次)。正如在本章的前几节
看到的，这种规则通常由事务数据挖掘。然而，假定不是使用事务数据库，装备信息和相
关数据存放在关系数据库或数据仓库中。根据定义，这种存储是多维的。例如，除记录调
用的装备信息之外，关系数据库可能记录与装备有关的其他属性，如装备数量，或装备使
用的战场环境。另外，关于作战单元的信息，如作战单元的级别、编制、人员数目、隶属
关系、驻地等也可能存储。将数据库的每个属性或数据仓库的每个维看作一个谓词，这样
就能挖掘多维关联规则，如：

$$级别(X，“连…师”) \wedge 所属军区(X，“军区 A”) \Rightarrow 调用(X，“坦克”) \qquad (6-22)$$

涉及两个或多个维或谓词的关联规则称为多维关联规则。式(6-22)所指代的规则包含
三个谓词(“级别”"所属军区”和“调用”)，每个谓词在规则中仅出现一次。因此，我
们称该关联规则具有不重复谓词。具有不重复谓词的关联规则称作维间关联规则。而具有
重复谓词的关联规则包含某些谓词的多次出现，称作混合维关联规则。这种规则的一个例
子是式(6-23)所指代的规则，其中谓词“调用”是重复的。

$$级别(X，“连…师”) \wedge 调用(X，“坦克”) \Rightarrow buys(X，“战术导弹发射车”) \qquad (6-23)$$

注意，数据库属性可能是分类的或量化的。分类属性具有有限个不同值，值之间无序
(例如所属军区)。分类属性也称标称属性，因为它们的值是“事物的名字”。量化属性是
数值的，并在值之间具有一个蕴涵的序(例如级别)。挖掘多维关联规则的技术可以根据量
化属性的处理分为三类。

(1) 使用预定义的概念分层对量化属性离散化。这种离散化在挖掘之前进行。例如，
“人员数目”的概念分层可以用于区间值，如“0～100”"100～200”…“≥500”等，
替换属性的原来的值。这里，离散化是静态的、预确定的。离散化的数值属性具有区间值，

可以像分类属性一样处理(每个区间看作一类)。这种方法被称为使用量化属性的静态离散化挖掘多维关联规则。

(2) 根据数据的分布，将量化属性离散化到"箱"。这些箱可能在挖掘过程中进一步组合。离散化的过程是动态的，以满足某种挖掘标准，如最大化所挖掘的规则的置信度。由于该策略将数值属性的值处理成量，而不是预定义的区间或分类，因此由这种方法挖掘的关联规则称为量化关联规则。

(3) 量化属性离散化，以紧扣区间数据的语义。这种动态离散化过程考虑数据点之间的距离。因此，这种量化关联规则称作基于距离的关联规则。为简明起见，将讨论限于维间关联规则。注意，不是搜索频繁项集(像单维关联规则挖掘那样)，在多维关联规则挖掘中，k-谓词集是包含 k 个合取谓词的集合。例如，式(6-22)中的谓词集{"级别""所属军区"和"调用"}是 3-谓词集。类似于项集使用的记号，用 L_k 表示频繁 k-谓词集的集合。

6.3.2　分类与预测

分类和预测是数据分析的两种形式，可以用于提取描述重要数据类的模型或预测未来的数据趋势。数据分类过程分为两步。第一步，建立一个模型，描述预定的数据类或概念集。通过分析由属性描述的数据库元组来构造模型。假定每个元组属于一个预定义的类，由一个称作类标号属性的属性确定。对于分类，数据元组也称作样本、实例或对象。为建立模型而被分析的数据元组形成训练数据集。训练数据集中的单个元组称作训练样本，并随机地由样本群选取。由于提供了每个训练样本的类标号，该步也称作有指导的学习，即模型的学习在被告知每个训练样本属于哪个类的"指导"下进行。它不同于无指导的学习(或聚类)，那里每个训练样本的类标号是未知的，要学习的类集合或数量也可能事先不知道。第二步，使用模型进行分类。首先评估模型(分类法)的预测准确率。保持(Holdout)方法是一种使用类标号样本测试集的简单方法。这些样本随机选取，并独立于训练样本。模型在给定测试集上的准确率是正确被模型分类的测试样本的百分比。对于每个测试样本，将已知的类标号与该样本的学习模型类预测比较。注意，如果模型的准确率根据训练数据集评估，则评估可能是乐观的，因为学习模型倾向于过分适合数据，即它可能并入训练数据中某些异常，这些异常不出现在总体样本群中。因此，需要使用不同于训练集的测试集来评估模型的准确率。

"预测和分类有何不同？"预测是构造和使用模型评估无标号样本，或评估给定样本可能具有的属性值或值区间。在这种观点下，分类和回归是两类主要预测问题；分类预测分类标号(类)，而预测建立连续值函数模型。下面将分别介绍判定树归纳、贝叶斯分类、后向传播分类、回归预测等常用分类预测方法以及如何评估分类模型的准确性等等。

1. 判定树归纳

"什么是判定树？"判定树是一个类似于流程图的树结构。其中，每个内部节点表示在一个属性上的测试，每个分枝代表一个测试输出，而每个树叶节点代表类或类分布。树的最顶层节点是根节点。在判定树构造时，许多分枝可能反映的是训练数据中的噪声或局外者，利用树剪枝试图检测和剪去这种分枝，可提高在未知数据上分类的准确性。判定树示例如图 6-10 所示。

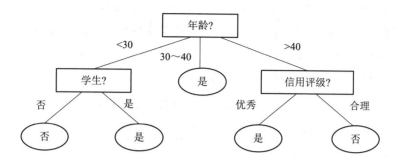

图 6-10　概念 buys_computer 的判定树

概念 buys_computer 的判定树，指出 AllElectronic 的顾客是否可能购买计算机。每个内部(非树叶)节点表示一个属性上的测试，每个树叶节点代表一个类(buys_computer = yes，或 buys_computer = no)。

下面介绍判定数归纳的算法及其应用。

1) 判定树归纳算法

判定树归纳的基本算法是贪心算法，它以自顶向下递归的划分-控制方式构造判定树。算法 6.2 是一种著名的判定树算法 ID3 版本。

算法 6.2：Generate_decision_tree.由给定的训练数据产生一棵判定树。

输入：训练样本 samples，由离散值属性表示：候选属性的集合 attribute_list。
输出：一棵判定树。
方法：
① 创建节点 N；
② if samples 都在同一个类 C then
③ 　　renturn N 作为叶节点，以类 C 标记；
④ if attribute_list 为空 then
⑤ 　renturn N 作为叶节点，标记为 samples 中最普通的类；　　　　　//majority voting
⑥ 选择 attribute_list 中具有最高信息增益的属性 test_attribute；
⑦ 标记节点 N 为 test_attribute；
⑧ for each test_attribute 中的未知值 a_i　　//partition the samples
⑨ 由节点 N 长出一个条件为 test_attribute=a_i 的分枝；
⑩ 设 S_i 是 samples 中 test_attribute=a_i 的样本的集合；//a partition
⑪ if S_i 为空 then
⑫ 加上一个树叶，标记为 samples 中最普通的类；
⑬ else 加上一个由 generate_decision_tree(S_i, attribute_list-test_attribute)返回的节点。

---

2) 属性选择度量

在树的每个节点上使用信息增益度量选择测试属性。这种度量称作属性选择度量或分裂的优劣度量。选择具有最高信息增益(或最大熵压缩)的属性作为当前节点的测试属性。该属性使得对结果划分中的样本分类所需的信息量最小，并反映划分的最小随机性或"不纯性"。这种信息理论方法使得对一个对象分类所需的期望测试数目最小，并确保找到一棵简单的(但不必是最简单的)树。设 S 是 s 个数据样本的集合。假定类标号属性具有 m 个不同值，定义 m 个不同类 C_i ($i = 1, 2, \cdots, m$)。设 S_i 是类 C_i 中的样本数。对一个给定的样本分类所需的期望信息由下式给出：

$$I(S_1, S_2, \cdots S_m) = -\sum_{i=1}^{m} p_i \, \text{lb}(p_i) \tag{6-24}$$

式中：p_i 是任意样本属于 C_i 的概率，并用 s_i/s 估计。注意，对数函数以 2 为底，因为信息用二进位编码。

设属性 A 具有 v 个不同值 $\{a_1, a_2, \cdots, a_v\}$。可以用属性 A 将 S 划分为 v 个子集 $\{S_1, S_2, \cdots, S_v\}$。其中，$S_j$ 包含 S 中这样一些样本：它们在 A 上具有值 a_j。如果 A 选作测试属性(即最好的划分属性)，则这些子集对应于由包含集合 S 的节点生长出来的分枝。设 S_{ij} 是子集 S_j 中类 C_i 的样本数，则根据 A 划分子集的熵或期望信息由下式给出：

$$E(A) = \sum_{j=1}^{v} \frac{S_{1j} + \cdots + S_{mj}}{S} I(S_{1j}, S_{2j}, \cdots, S_{mj}) \tag{6-25}$$

项 $S_{1j} + S_{2j} + \cdots + S_{mj}$ 充当第 j 个子集的权，并且等于子集(即 A 值为 a_j)中的样本个数除以 S 中的样本总数。熵值越小，子集划分的纯度越高。注意，对于给定的子集 S_j，有

$$I(S_{1j}, S_{2j}, \cdots S_{mj}) = -\sum_{i=1}^{m} p_{ij} \, \text{lb}(p_{ij}) \tag{6-26}$$

其中 $p_{ij} = \dfrac{S_{ij}}{|S_j|}$ 是 S_j 中的样本属于 C_i 的概率。在 A 上分枝将获得的编码信息是

$$\text{Gain}(A) = I(S_1, S_2, \cdots, S_m) - E(A) \tag{6-27}$$

换言之，$\text{Gain}(A)$ 是由于知道属性 A 的值而导致的熵的期望压缩。

算法计算每个属性的信息增益。具有最高信息增益的属性选作给定集合 S 的测试属性。创建一个节点，并以该属性标记，对属性的每个值创建分枝，并据此划分样本。

3) 树剪枝

当判定树创建时，由于数据中的噪声和局外者，存在许多分枝反映的是训练数据中的异常问题，剪枝方法适用于处理这种过分适应数据的问题。通常，这种方法使用统计度量，剪去最不可靠的分枝，这将使得分类较快，提高树独立于测试数据正确分类的可靠性。

"树剪枝如何做？"有两种常用的剪枝方法。在先剪枝方法中，通过提前停止树的构造(例如通过决定在给定的节点上不再分裂或划分训练样本的子集)而对树"剪枝"。一旦停止，节点成为树叶。该树叶可能持有子集样本中最频繁的类，或这些样本的概率分布。在构造树时，统计意义下的度量，如 χ^2、信息增益等，可以用于评估分裂的优劣。如果在一个节点划分样本将导致低于预定义阈值的分裂，则给定子集的进一步划分将停止。然而，选取一个适当的阈值是困难的。较高的阈值可能导致过分简化的树，而较低的阈值可能使得树的化简太少。第二种方法是后剪枝方法，它由"完全生长"的树剪去分枝。通过删除节点的分枝，剪掉树节点。代价复杂性剪枝算法是后剪枝方法的一个实例。最下面的未被

剪枝的节点成为树叶，并用它先前分枝中最频繁的类标记。对于树中每个非树叶节点，算法计算该节点上的子树被剪枝可能出现的期望错误率。然后，使用每个分枝的错误率，结合沿每个分枝观察的权重评估，计算不对该节点剪枝的期望错误率。如果剪去该节点导致较高的期望错误率，则保留该子树；否则剪去该子树。逐渐产生一组被剪枝的树之后，使用一个独立的测试集评估每棵树的准确率，就能得到具有最小期望错误率的判定树。对树进行剪枝可以根据编码所需的二进位位数，而不是根据期望错误率。"最佳剪枝树"使得编码所需的二进位位数最少。这种方法采用最小描述长度(MDL)原则。由该原则，最简单的解是最期望的。不像代价复杂性剪枝，它不需要独立的样本集。也可以交叉使用先剪枝和后剪枝，形成组合式方法。后剪枝所需的计算比先剪枝多，但通常会产生更可靠的树。

4) 由判定树提取分类规则

"我可以由我的判定树得到分类规则吗？如果能，怎么做？"可以提取判定树表示的知识，并以 IF-THEN 形式的分类规则表示。对从根到树叶的每条路径创建一个规则。沿着给定路径上的每个属性—值对形成规则前件（"IF"部分）的一个合取项。叶节点包含类预测，形成规则后件（"THEN"部分）。IF-THEN 规则易于理解，特别是当给定的树很大时。例如，IF-THEN 分类规则中的判定树可以转换成如图 6-11 所示的 IF-THEN 分类规则。

```
IF age = "<=30" AND student = "no"      THEN buys_computer = "no"
IF age = "<=30" AND student = "yes"     THEN buys_computer = "yes"
IF age = "31...40"                      THEN buys_computer = "yes"
IF age = ">40" AND credit_rating =      THEN buys_computer = "no"
"excellent"                             THEN buys_computer = "yes"
IF age = ">40" AND credit_rating = □
"fair"
```

图 6-11　IF-THEN 分类规则

2. 贝叶斯分类

"什么是贝叶斯分类？"贝叶斯分类基于贝叶斯定理，是统计学分类方法，该类方法可以预测类成员关系的可能性，如给定样本属于一个特定类的概率。分类算法的比较研究发现，一种称作朴素贝叶斯分类的简单贝叶斯分类算法可以与判定树和神经网络分类算法相媲美。用于大型数据库时，贝叶斯分类也已表现出高准确率与高速度。朴素贝叶斯分类假定一个属性值对给定类的影响独立于其他属性的值，该假定称作类条件独立。做此假定是为了简化所需计算，并在此意义下是"朴素的"。贝叶斯信念网络是图形模型。不像贝叶斯朴素分类，它能表示属性子集间的依赖。贝叶斯信念网络也可用于分类。

1) 贝叶斯定理

设 X 是类标号未知的数据样本。设 H 为某种假定，如数据样本 X 属于某特定的类 C。对于分类问题，希望能确定给定观测数据样本 X，假定 H 成立的概率 $P(H|X)$。$P(H|X)$ 是后验概率，或条件 X 下，H 的后验概率。例如，假定数据样本世界由水果组成，用它们的颜色和形状描述。假定 X 表示红色和圆的，H 表示假定 X 是苹果，则 $P(H|X)$ 反映当

看到 X 是红色并是圆的时，对 X 是苹果的确信程度。$P(H)$ 是先验概率，或 H 的先验概率。对于上面的例子，它是任意给定的数据样本为苹果的概率，而不管数据样本看上去如何。后验概率 $P(H|X)$ 比先验概率 $P(H)$ 基于更多的信息(如背景知识)。$P(H)$ 是独立于 X 的。类似地，$P(X|H)$ 是条件 H 下，X 的后验概率，即它是已知 X 是苹果，X 是红色并且是圆的的概率。$P(X)$ 是 X 的先验概率。使用上面的例子，它是由水果集取出一个数据样本是红的和圆的的概率。"如何计算这些概率？"正如下面将看到的，$P(X)$、$P(H)$ 和 $P(X|H)$ 可以由给定的数据计算。贝叶斯定理是有用的，它提供了一种由 $P(X)$、$P(H)$ 和 $P(X|H)$ 计算后验概率 $P(H|X)$ 的方法。贝叶斯定理如下：

$$P(H|X) = \frac{P(X|H)P(H)}{P(X)} \tag{6-28}$$

2) 朴素贝叶斯分类

朴素贝叶斯分类，或简单贝叶斯分类的工作过程如下：

(1) 假设每个样本用一个 n 维特征向量 $\boldsymbol{X} = \{x_1, x_2, \cdots, x_n\}$ 表示，属性 $A_1, A_2, \cdots, A_n$ 描述样本的 n 个度量。

(2) 假定有 m 个类 $C_1, C_2, \cdots, C_m$。给定一个未知的数据样本 X(即没有类标号)，分类法将预测 X 属于具有最高后验概率(条件 X 下)的类，即朴素贝叶斯分类将未知的样本分配给类 C_i，当且仅当 $P(C_i|X) > P(C_j|X)$，$1 \leqslant j \leqslant m$，$j \neq i$。这样，便可最大化 $P(C_i|X)$，其最大的类 C_i 称为最大后验假定。根据贝叶斯定理，有

$$P(C_i|X) = \frac{P(X|C_i)P(C_i)}{P(X)} \tag{6-29}$$

(3) 由于 $P(X)$ 对于所有类为常数，只需要 $P(X|C_i)P(C_i)$ 最大即可。如果类的先验概率未知，则通常假定这些类是等概率的，即 $P(C_1) = P(C_2) = \cdots = P(C_m)$。并据此只对 $P(C_i|X)$ 最大化，否则，最大化 $P(X|C_i)P(C_i)$。注意，类的先验概率可以用 $P(C_i) = s_i/s$ 计算，其中，s_i 是类 C 中的训练样本数，而 s 是训练样本总数。

(4) 给定具有许多属性的数据集，计算 $P(X|C_i)$ 的开销可能非常大。为降低计算 $P(X|C_i)$ 的开销，可以做类条件独立的朴素假定。给定样本的类标号，假定属性值条件地相互独立，即在属性间，不存在依赖关系，这样，则有

$$P(X|C_i) = \prod_{k=1}^{n} p(x_k|C_i) \tag{6-30}$$

概率 $P(x_1|C_i)$，$P(x_2|C_i)$，$\cdots$，$P(x_n|C_i)$ 可以由训练样本估值，如果 A_k 是分类属性，则 $P(x_k|C_i) = s_{ik}/s_i$；其中 s_{ik} 是在属性 A_k 上具有值 x_k 的类 C_i 的训练样本数，而 s_i 是 C_i 中的训练样本数；如果是连续值属性，则通常假定该属性服从高斯分布，则有

$$P(x_k|C_i) = g(x_k, \mu_{c_i}, \sigma_{c_i}) = \frac{1}{\sqrt{2\pi}\sigma_{c_i}} \mathrm{e}^{-\frac{(x-\mu_{c_i})^2}{2\sigma_{c_i}^2}} \tag{6-31}$$

(5) 为对未知样本 X 分类，对每个类 C_i，计算 $P(X|C_i)P(C_i)$。样本 X 被指派到类 C_i，当且仅当

$$P(X|C_i)P(C_i) > P(X|C_j)P(C_j) \quad (1 \leqslant j \leqslant m,\ j \neq i) \tag{6-32}$$

"贝叶斯分类的效率如何？"理论上讲，与其他所有分类算法相比，贝叶斯分类具有最小的出错率。然而，实践中并非总是如此。这是由于对其应用的假定(如类条件独立性)的不正确性，以及缺乏可用的概率数据造成的。然而，种种实验研究表明，与判定树和神经网络分类算法相比，在某些领域，该分类算法可以与之媲美。贝叶斯分类还可以用来为不直接使用贝叶斯定理的其他分类算法提供理论判定。例如，在某种假定下，可以证明正如朴素贝叶斯分类一样，许多神经网络和曲线拟合算法输出最大的后验假定。

3) 贝叶斯信念网络

朴素贝叶斯分类假定类条件独立，即给定样本的类标号，属性的值可以有条件地相互独立。这一假定简化了计算。当假定成立时，与其他所有分类算法相比，朴素贝叶斯分类是最精确的。然而，在实践中，变量之间的依赖可能存在。贝叶斯信念网络说明了联合概率分布，它允许在变量的子集间定义类条件独立性。它提供一种因果关系的图形，可以在其上进行学习。这种网络也被称作信念网络、贝叶斯网络和概率网络。

信念网络由两部分定义。第一部分是有向无环图，其每个节点代表一个随机变量，而每条弧代表一个概率依赖。如果一条弧由节点 Y 到 Z，则 Y 是 Z 的双亲或直接前驱，而 Z 是 Y 的后继。给定其双亲，每个变量条件独立于图中的非后继。变量可以是离散的或连续值的。它们可以对应于数据中给定的实际属性，或对应于一个相信形成联系的"隐藏变量"。网络节点可以选作"输出"节点，对应于类标号属性，可以有多个输出节点。学习推理算法可以用于网络。分类过程不是返回单个类标号，而是返回类标号属性的概率分布，即预测每个类的概率。一个简单的贝叶斯网络如图 6-12 所示。

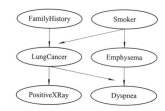

	FH,S	FH,~S	~FH,S	~FH,~S
LC	0.8	0.5	0.7	0.1
~LC	0.2	0.5	0.3	0.9

该模型用有向无环图表示。

(a) 一个提议的因果模型

该条件概率表给出了其双亲节点 FamilyHistory (FH)和 Smoker(S)的每个可能值组合的条件概率。

(b) 变量 LungCancer(LC)值的条件概率表

图 6-12　一个简单的贝叶斯网络

"贝叶斯信念网络如何学习？"在学习或训练信念网络时，许多情况都是可能的。网络结构可能预先给定，或由数据导出。网络变量可能是可见的，或隐藏在所有或某些训练样本中。隐藏数据的情况也称为遗漏值或不完全数据。如果网络结构已知并且变量是可见的，则训练网络是直截了当的。该过程由计算 CPT 项组成，与朴素贝叶斯分类涉及的计算概率类似，当网络结构给定，而某些变量是隐藏的时候，则可使用梯度下降方法训练信念网络，目标是学习 CPT 项的值。

设 S 是 s 个训练样本 $X_1, X_2, \cdots, X_s$ 的集合，w_{ijk} 是具有双亲 $U_i = u_{ik}$ 的变量 $Y = y_{ij}$ 的 CPT 项。例如，如果 w_{ijk} 是图 6-12(b)左上角的 CPT 表目，则 Y_i 是 LungCancer；y_{ij} 是其值 "yes"；U_i 列出 Y_i 的双亲节点{FamilyHistory, Smoker}；而 u_{ik} 列出双亲节点的值{ "yes"，"yes" }。

w_{ijk} 可以看作权,类似于神经网络中隐藏单元的权。权的集合记作 w。这些权被初始化为随机概率值。梯度下降策略采用贪心爬山法。在每次迭代中,修改这些权,并最终收敛到一个局部最优解。基于 w 的每个可能设置都等可能的假定,该方法搜索能最好地对数据建

模 w_{ijk} 值。其目标是最大化 $p_w(s) = \prod\limits_{d=1}^{s} p_w(x_d)$,这可通过按 $\ln P_w(S)$ 梯度来做,使得问题更

简单。给定网络结构和 w_{ijk} 的初值,该算法按以下步骤处理:

(1) 计算梯度。对每个 i、j、k,计算

$$\frac{\partial \ln P_w(S)}{\partial w_{ijk}} = \sum_{d=1}^{s} \frac{P(Y_i = y_{ij}, U_i = u_{ik} \mid X_d)}{w_{ijk}} \tag{6-33}$$

右端的概率要对 S 中的每个样本 X_d 计算,我们简单地称此概率为 p。当 Y_i 和 U_i 表示的变量对某个 X_d 是隐藏的时,则对应的概率 p 可以使用贝叶斯网络推理的标准算法,由样本的观察变量计算。

(2) 沿梯度方向前进一小步,用下式更新权值:

$$w_{ijk} \leftarrow w_{ijk} + (l)\frac{\partial \ln P_w(S)}{\partial w_{ijk}} \tag{6-34}$$

(3) 重新规格化权值。由于权值 w_{ijk} 是概率值,它必须在 0.0 和 1.0 之间,并且对于所有的 i、j、k,$\sum w_{ijk}$ 必须等于 1。在权值被式(6-34)更新后,可以对它们重新规格化来保证这一条件。

3. 后向传播分类

"什么是后向传播?"后向传播是一种神经网络学习算法。神经网络最早是由心理学家和神经学家提出的,旨在寻求开发和测试神经的计算模拟。粗略地说,神经网络是一组连接的输入/输出单元,其中每个连接都与一个权相连。在学习阶段,通过调整神经网络的权,使得能够预测输入样本的正确类标号来学习。由于单元之间的连接,神经网络学习又称连接者学习。

神经网络需要很长的训练时间,因而对于有足够长训练时间的应用更合适。它需要大量的参数,这些通常靠经验确定,如网络拓扑或"结构"。由于人们很难解释蕴涵在学习权之中的符号含义,神经网络常常因其可解释性差而受到批评。这些特点使得神经网络在数据挖掘的初期并不被看好。

然而,神经网络的优点包括其对噪声数据的高承受能力,以及它对未经训练的数据的分类能力。此外,最近已提出了一些由训练过的神经网络提取规则的算法。这些因素推动了神经网络在数据挖掘分类方面的应用。

1) 多路前馈神经网络

后向传播算法在多路前馈神经网络上学习。这种神经网络的一个例子如图 6-13 所示。输入对应于对每个训练样本度量的属性。输入同时提供给称作输入层的单元层。这些单元的加权输出再提供给称作隐藏层的"类神经元"的第二层。该隐藏层的加权输出可以输入到另

一个隐藏层，以此类推。隐藏层的数量是任意的，尽管实践中通常只用一层。最后一个隐藏层的加权输出作为构成输出层的单元的输入，输出层发布给定样本的网络预测。

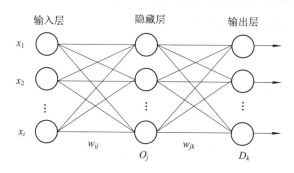

输入层　　　　　　隐藏层　　　　　　输出层

图 6-13　一个多层前馈神经网络

训练样本 $X = \{x_1, x_2, \cdots, x_i\}$，包含输入层、隐藏层和输出层，每层之间存在加权连接。w_{ij} 表示由某层的单元 j 到前一层的单元 i 的权。

隐藏层和输出层的单元，有时称作 Neurodes(源于符号生物学)或输出单元。图 6-13 所示的多层神经网络具有两层输出单元，称之为两层神经网络。类似地，包含两个隐藏层的网络称作三层神经网络等。如果其权都不回送到输入单元，或前一层的输出单元，则网络是前馈的。如果每个单元都向下一层的每个单元提供输入，则网络是全连接的。

给定足够多的隐藏单元，线性阈值函数的多层前馈神经网络可以逼近任何函数。

2) 定义网络拓扑

"如何设计神经网络拓扑？"在开始训练之前，用户必须说明输入层的单元数、隐藏层数(如果多于一层)、每一隐藏层的单元数和输出层的单元数，以确定网络拓扑。对训练样本中每个属性的值进行规格化将有助于加快学习过程。通常应对输入值规格化，使得它们落入 0.0 和 1.0 之间。离散值属性可以重新编码，使得每个域值一个输入单元。例如，如果属性 A 的定义域为 (a_0, a_1, a_2)，则可以分配三个输入单元表示 A。即，我们可以用 I_0, I_1, I_2 作为输入单元。每个单元初始化为 0。如果 $A = a_0$，则 I_0 置为 1；如果 $A = a_1$，则 I_1 置为 1；以此类推。一个输出单元可以用来表示两个类(值 1 代表一个类，而值 0 代表另一个类)。如果多于两个类，则每个类使用一个输出单元。

对于"最好的"隐藏层单元数，没有明确的规则。网络设计是一个实验过程，并可能影响结果训练网络的准确性。权的初值也可能影响结果的准确性。一旦网络经过训练，并且其准确率不能被接受，则通常用不同的网络拓扑或使用不同的初始权值，重复训练过程。

3) 后向传播

"后向传播如何工作？"后向传播是在迭代地处理一组训练样本进行模型学习时，将每个样本的通过人工神经网络预测的类标号与样本实际的类标号进行比较，对于每个预测值有误的训练样本，修改其网络连接对应的权重，使得网络预测和实际类之间的均方误差最小。由于这种修改"后向"进行，即从输出层开始，经由每个隐藏层，直到第一个隐藏层，因此称作后向传播。尽管后向传播不能保证网络预测的结果一定和实际类一致，但通常情况下通过后向传播调整权重的过程都会收敛到一个优化结果，此时学习过程即停止。

具体算法在算法 6.3 中给出。

算法 6.3：后向传播(使用后向传播算法的神经网络分类学习)。

输入：训练样本 samples，学习率 1，多层前馈网络 network。

输出：一个训练的、对样本分类的神经网络。

方法：

① 初始化 network 的权重和偏置。

② while 终止条件不满足 {

③ 　 for samples 中的每个训练样本 X {

④ 　　 //向前传播输入

⑤ 　　 for 隐藏或输出层每个单元 j {

⑥ 　　　 ; 相对于前一层 i，计算单元 j 的净输入

⑦ 　　　 $O_j = 1 / (1 + e^{-I_j})$; }　　　　　　　 //计算单元 j 的输出

⑧ 　　 //后向传播误差

⑨ 　　 for 输出层每个单元 j

⑩ 　　　 $\mathrm{Err}_j = O_j(1 - O_j)(T_j - O_j)$; //计算误差

⑪ 　　 for 由最后一个到第一个隐藏层，对于隐藏层每个单元 j

⑫ 　　　 $\mathrm{Err}_j = O_j(1 - O_j)\sum_k \mathrm{Err}_k w_{kj}$; //计算关于下一个较高层 k 的误差

⑬ 　　 for network 中每个权 w_{ij} {

⑭ 　　　 $\Delta w_{ij} = (l)\mathrm{Err}_j O_i$;　　　　　 //权增值

⑮ 　　　 $w_{ij} = w_{ij} + \Delta w_{ij}$; }　　　　　 //权更新

⑯ 　　 for network 中每个偏差 θ_j {

⑰ 　　　 $\Delta \theta_j = (l)\mathrm{Err}_j$;　　　　　　 //偏差增值

⑱ 　　　 $\theta_j = \theta_j + \Delta \theta_j$; }　　　　　　 //偏差更新

⑲ 　 } }

其中部分步骤的解释如下：

(1) 初始化权重和偏置：神经网络中每个连接的权重被初始化为很小的随机数(例如，由 −1.0 到 1.0，或由 −0.5 到 0.5)。每个单元有一个偏置(bias)，偏置也类似地初始化为小随机数。

(2) 向前传播输入：在这一步中要计算隐藏层和输出层的每个单元的净输入和输出。首先，训练样本提供给网络的输入层。注意，对于输入层的单元 j，它的输出等于它的输入，即对于单元 j，$O_j = I_j$。然后，隐藏层和输出层的每个单元的净输入用其输入的线性组合进行计算。为帮助解释这一点，O_j 给出了一个隐藏层或输出层单元。事实上，单元的输入是连接它的前一层的单元的输出。为计算它的净输入，连接该单元的每个输入乘以其对应的权重，然后求和。给定隐藏层或输出层的单元 j，到单元 j 的净输入 I_j 如下：

$$I_j = \sum_i w_{ij} O_i + \theta_j \tag{6-35}$$

式中：w_{ij} 是由上一层的单元 i 到单元 j 的连接的权；O_i 是上一层的单元 i 的输出；而 θ_j 是

单元 j 的偏置。偏置充当阈值，用来改变单元的活性。

隐藏层和输出层的每个单元取其净输入，然后将赋活函数作用于它，如图 6-14 所示。该函数用符号表现单元代表的神经元活性。使用 Logistic 或 Simoid 函数。给定单元 j 的净输入 I_j，则单元 j 的输出 O_j 用下式计算：

$$O_j = \frac{1}{1 + e^{-I_j}} \tag{6-36}$$

该函数又称挤压函数，因为它将一个较大的输入值域映射到较小的区间 0 到 1。Logistic 函数是非线性的和可微的，使得后向传播算法可以对线性不可分的问题建模。

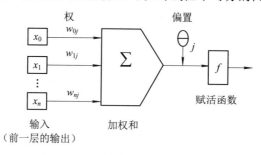

图 6-14　向前传播输入原理图

(3) 隐藏或输出层每个单元 j：j 的输入是来自前一层的输出，这些输入与对应的权相乘，以形成加权和，加权和加到与单元 j 相连的偏置上，一个非线性的赋活函数用于净输入。

(4) 后向传播误差：通过更新权和反映网络预测误差的偏置，向后传播误差。对于输出层单元 j，误差 Err_j 用下式计算

$$Err_j = O_j(1 - O_j)(T_j - O_j) \tag{6-37}$$

式中：O_j 是单元 j 的实际输出；T_j 是 j 基于给定训练样本的已知类标号的真正输出。注意，$O_j(1 - O_j)$ 是 Logistic 函数的导数。为计算隐藏层单元 j 的误差，考虑下一层中连接 j 的单元的误差加权和。隐藏层单元 j 的误差为

$$Err_j = O_j(1 - O_j)\sum_k Err_k w_{kj} \tag{6-38}$$

式中：w_{kj} 是由下一较高层中单元 k 到单元 j 的连接权，而 Err_k 是单元 k 的误差。

(5) 更新权和偏差：以反映传播的误差。权由下式更新，其中，Δw_{ij} 是权 w_{ij} 的改变。

$$\Delta w_{ij} = (l)Err_j O_i \tag{6-39}$$

$$w_{ij} = w_{ij} + \Delta w_{ij} \tag{6-40}$$

除权和偏差外，通常还要进行周期更新，扫描训练集的一次迭代是一个周期。理论上，后向传播的数学推导使用周期更新，而实践中实例更新更常见，因为它通常产生更准确的结果。

如果出现以下情况，终止条件，训练停止。

① 前一周期所有的 Δw_{ij} 都太小，小于某个指定的阈值；

② 前一周期未正确分类的样本百分比小于某个阈值；

③ 超过预先指定的周期数。

4. 回归预测

"如果想预测一个连续的值，而不是一个分类标号，怎么办？"连续值的预测可以用回归统计技术建模。例如，希望开发一个模型，预测具有 10 年工作经验的大学毕业生的工资，或一种给定价格的新产品的可能销售量。这类问题可以用回归分析统计技术建模。许多问题可以用线性回归解决，并且可以对变量进行变换，使得非线性问题可以转换为线性的来加以处理。本节将直观地介绍线性回归、多元回归和非线性回归的思想，以及广义线性模型。

1) 线性和多元回归

"什么是线性回归？"在线性回归中，数据用直线建模。线性回归是最简单的回归形式。双变量回归将一个随机变量 Y(称作响应变量)视为另一个随机变量 X(称为预测变量)的线性函数，即 $Y = \alpha + \beta X$。其中，Y 的方差为常数；α 和 β 是回归系数，分别表示直线在 Y 轴的截断和直线的斜率。这些系数可以用最小平方法求解，这使得实际数据与该直线的估计之间误差最小。给定 s 个样本或形如 (x_1, y_1), (x_2, y_2), $\cdots$, (x_s, y_s) 的数据点，回归系数 α 和 β 可以用下式计算：

$$\beta = \frac{\sum_{i=1}^{s}(x_i - \bar{x})(y_i - \bar{y})}{\sum_{i=1}^{s}(x_i - \bar{x})^2} \tag{6-41}$$

$$\alpha = \bar{y} - \beta \bar{x} \tag{6-42}$$

式中：$\bar{x}$ 是 x_1, x_2, $\cdots$, x_s 的平均值；$\bar{y}$ 是 y_1, y_2, $\cdots$, y_s 的平均值。与其他复杂的回归方法相比，线性回归常常能给出很好的近似。

2) 非线性回归

"如何对不呈现线性依赖的数据建模？例如，如果给定的响应变量和预测变量间的关系可以用多项式函数表示，会怎么样？"通过在基本线性模型上添加多项式项，多项式回归可以用于建模。通过对变量进行变换，可以将非线性模型转换成线性的，然后用最小平方方法求解。有些模型是难处理的(如指数项和的形式)并且不能转换成线性模型。对于这些情况，可能通过对更复杂的公式进行计算，得到最小平方估计。

线性回归用于对连续值函数进行建模。其能够被广泛使用，得益于它的简洁性。"线性回归也能用来预测分类标号吗？"广义的线性模型提供了将线性回归用于分类响应变量的理论基础。与线性回归不同，在广义线性模型中，响应变量 Y 的方差是 Y 的平均值的函数。而在线性回归中，Y 的方差为常数。广义线性模型的常见形式包括对数回归和泊松回归。对数回归将某些事件发生的概率看作预测变量集的线性函数。计数数据常常呈现泊松分布，并通常使用泊松回归建模。对数线性模型近似离散的多维概率分布。可以使用它们估计与数据方单元相关的概率值。例如，假定给定属性 city、item、year 和 sales 的值。在对数线性方法中，所有的属性必须是分类的，因此连续值属性(如 sales)必须首先离散化。然后，使用该方法，根据 city 和 item、city 和 year、city 和 sales 的 2-D 方体，item、year 和 sales 的 3-D 方体估计给定属性的 4-D 基本方体中每个单元的概率。在这种方法中，一种迭代技术可以用来由低阶的数据方建立高阶的数据方。这种技术具有很好的可规模性，允许许多维。除预测之外，对数线性模型对于数据压缩(由于较低阶的方体的全部也比基本方体占用的空间少)和数据平滑(由于较低阶方体的单元估计比较高阶方体面临较少的选样变化)也是有用的。

5. 分类的准确性

由于学习算法(或模型)对数据的过分特化，使用训练数据得到分类法，然后评估分类法可能错误地导致过于乐观的估计。保持和 k-折交叉确认是两种基于给定数据随机选样划分的、常用的评估分类法准确率的技术。在保持方法中，给定数据随机地划分成两个独立的集合：训练集和测试集。通常，三分之二的数据分配到训练集，其余三分之一分配到测试集。使用训练集导出分类法，其准确率用测试集评估，如图 6-15 所示。评估是保守的，因为只有一部分初始数据用于导出的分类法。随机子选样是保持方法的一种变形，它将保持方法重复 k 次。总体准确率估计取每次迭代准确率的平均值。

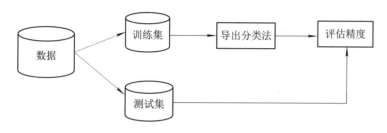

图 6-15 用保持方法评估分类法的准确性

在 k-折交叉确认中，初试数据被划分成 k 个互不相交的子集或"折" $S_1, S_2, \cdots, S_k$，每个折的大小大致相等。训练和测试进行 k 次。在第 i 次迭代，S_i 用作测试集，其余的子集都用于训练分类法，即第一次迭代的分类法在子集 $S_2, \cdots, S_k$ 上训练，而在 S_1 上测试；第二次迭代的分类法在子集 $S_1, S_3, \cdots, S_k$ 上训练，而在 S_2 上测试，以此类推。准确率估计是 k 次迭代正确分类数除以初始数据中的样本总数。在分层交叉确认中，折被分层，使得每个折中样本的类分布与在初始数据中的大致相同。

评估分类法准确率的其他方法包括解靴带(Bootstrapping)和留一。前者使用一致的、带放回的选样，选取给定的训练实例；后者是 k-折交叉确认，这里 k 为初始样本数 s。一般情况下，建议使用调整的 10-折交叉确认，因为它具有相对低的偏置和方差。使用这些技术评估分类法的准确率增加了总体运行时间，但对于由多个分类法中选择仍然是有用的。

除准确率外，分类法还可以根据其速度、鲁棒性(例如在噪声数据上的准确性)、可规模性、可解释性进行比较。可规模性可以通过计算给定分类算法在渐增的数据集上的 I/O 操作次数评估。可解释性是主观的，尽管可以在评估它时使用诸如结果分类法的复杂性(例如判定树的节点数或神经网络的隐藏单元数)等客观度量。

6.3.3 聚类分析

聚类分析是人类活动中的一个重要内容。早在儿童时期，一个人就是通过不断完善潜意识中的分类模式，来学会识别不同物体，如狗和猫或动物和植物等的。所谓聚类，就是将一组物理的或抽象的对象，根据它们之间的相似程度，分为若干组，使得同组的对象尽可能地相似，而不同组的对象间相似性尽可能地小。聚类分析属于一种无监督的学习方法。与分类学习不同，无监督学习不依靠事先确定的数据类别，以及标有数据类别的学习训练样本集合，又被称为通过观察学习方法(Leaning by Observation)。

目前，聚类分析已成为数据挖掘研究中一个非常活跃的研究课题，其典型应用包括以下内容：在商业方面，聚类分析可以帮助市场人员发现顾客群中所存在的不同特征的组群；并可以利用购买模式来描述这些不同特征的顾客组群。在生物方面，聚类分析可以用来获取动物或植物所存在的层次结构，以及根据基因功能对其进行分类以获得对人群中所固有的结构更深入的了解。聚类还可以从地球观测数据库中帮助识别具有相似的土地使用情况的区域。此外，还可以帮助分类识别互联网上的文档以便进行信息发现。作为数据挖掘的一项功能，聚类分析还可以作为一个单独使用的工具，来帮助分析数据的分布，了解各数据类的特征，确定所感兴趣的数据类以便作进一步分析，也可以作为其他算法(例如分类和定性归纳算法)的预处理步骤。

下面介绍一些典型的聚类分析方法，包括划分方法、层次方法、基于密度的方法、基于网格的方法和基于模型的方法等。

1. 划分方法

给定包含若干个数据对象的数据库和所要形成的聚类个数 k，利用划分方法将对象集合划分为 k 份($k \leq n$)，其中每个划分均代表一个聚类。所形成的聚类将使得一个客观划分标准(常称为相似函数，如距离)最优化，从而使得一个聚类中的对象是"相似"的，而不同聚类中的对象是"不相似"的。

最常用也是最知名的划分方法就是k-means算法和k-mediods算法以及它们的变化版本。

1) k-means 算法

k-means 算法的工作流程为：首先从 n 个数据对象任意选择 k 个对象作为初始聚类中心，而对于所剩下其他对象，则根据它们与这些聚类中心的相似度(距离)，分别将它们分配给与其最相似的(聚类中心所代表的)聚类；然后再计算每个所获新聚类的聚类中心(该聚类中所有对象的均值)；不断重复这一过程直到标准测度函数开始收敛为止。一般都采用均方差作为标准测度函数，计算公式如下：

$$E = \sum_{i=1}^{k} \sum_{p \in C_i} |p - m_i|^2 \tag{6-43}$$

式中：E 为数据库中所有对象的均方差之和；p 为代表对象的空间中的一个点；m_i 为聚类 c_i 的均值(p 和 m_i 均是多维的)。式(6-43)所示聚类标准旨在使所获得的 k 个聚类具有各聚类本身尽可能地紧凑，而各聚类之间尽可能地分开的特点。k-means 算法的计算复杂度为 $O(nkt)$，因而它在处理大数据库时也是相对有效的，其中 n 为对象个数，k 为聚类个数，而 t 为循环次数，通常有 $k \ll n$ 和 $t \ll n$。但是 k-means 算法只适用于聚类均值有意义的情况。因此在某些应用中，例如数据集包含符号属性时，直接应用算法只适用于聚类均值有意义的情况。因此在某些应用中，例如数据集包含符号属性时，直接应用 k-means 算法就有困难了。此外，k-means 算法还有一个缺点，就是用户还必须事先指定聚类个数 k。k-means 算法也不适合用于发现非凸形状的聚类，或具有各种不同大小的聚类。k-means 算法对噪声和异常数据也很敏感，因为这类数据可能会影响到各聚类的均值(计算结果)，常常终止于局部最优等。

算法 6.4：根据聚类中的均值进行聚类划分的 k-means 算法。

输入：聚类个数 k，以及包含 n 个数据对象的数据库。
输出：满足方差最小标准的 k 个聚类。
处理流程：
① 从 n 个数据对象任意选择 k 个对象作为初始聚类中心；
② 循环③到④直到每个聚类不再发生变化为止；
③ 根据每个聚类对象的均值(中心对象)，计算每个对象与这些中心对象的距离，并根据最小距离重新对相应对象进行划分；
④ 重新计算每个(有变化)聚类的均值(中心对象)。

2) k-medoids 算法

由于一个异常数据的取值可能会很大，从而会影响对数据分布的估计(k-means 算法中的各聚类均值计算)，因此 k-means 算法对异常数据很敏感。为此，人们设想利用 medoid 来作为一个参考点代替 k-means 算法中的各聚类的均值(作为聚类中心)，从而可以根据各对象与各参考点之间的距离(差异性)之和最小化的原则，继续应用划分方法。这就构成了 k-medids 算法。

k-medoids 聚类算法的基本策略就是通过首先任意为每个聚类找到一个代表对象(medoid)而首先确定 n 个数据对象的 k 个聚类；其他对象则根据它们与这些聚类代表的距离分别将它们归属到各相应聚类中(仍然是最小距离原则)。而如果替换一个聚类代表能够改善所获聚类质量的话，那么就可以用一个新对象替换老聚类对象。这里将利用一个基于各对象与其聚类代表间距离的成本函数来对聚类质量进行评估。一个基本的 k-medoids 聚类算法如算法 6.5 所示。

算法 6.5：根据聚类的中心对象(聚类代表)进行聚类划分的 k-medoids 算法。

输入：聚类个数 k，以及包含 n 个数据对象的数据库。
输出：满足基于各聚类中心对象的方差最小标准的 k 个聚类。
处理流程：
① 从 n 个数据对象任意选择 k 个对象作为初始聚类(中心)代表；
② 循环③到⑤直到每个聚类不再发生变化为止；
③ 依据每个聚类的中心代表对象，以及各对象与这些中心对象间距离，并根据最小距离重新对相应对象进行划分；
④ 任意选择一个非中心对象 o_{random}，计算其与中心对象 o_j 交换的整个成本 S；
⑤ 若 S 为负值则交换 o_{random} 与 o_j 以构成新聚类的 k 个中心对象。

PAM(围绕中心对象进行划分)方法是最初提出的 k-medoids 聚类算法之一。它在初始选择 k 个聚类中心对象之后，不断循环对每两个对象(一个为非中心对象，一个为中心对象)

进行分析，以便选择出更好的聚类中心代表对象。并根据每组对象分析计算所获得的聚类质量。若一个中心对象 o_j 被替换后导致方差迅速减少，那么就进行替换。对于较大的 n 与 k 值，这样的计算开销也非常大。

k-medoids 聚类算法比 k-means 聚类算法在处理异常数据和噪声数据方面更为鲁棒。因为与聚类均值相比，一个聚类中心的代表对象受到的异常数据或极端数据的影响较少。但是前者的处理时间要比后者更大。两个算法都需要用户事先指定所需聚类个数 k。

3) 大数据库的划分方法

像 PAM 方法这样典型的 k-medoids 聚类算法，在小数据集上可以工作得很好，但是对于大数据库则处理效果并不理想。可以利用一个基于采样的聚类方法，即 CLARA (Clustering LARge Application)，来有效处理大规模数据。

CLARA 算法的基本思想是：无需考虑整个数据集，而只要取其中一小部分数据作为其代表，然后利用 PAM 方法从这个样本集中选出中心对象。如果样本数据是随机选择的，那么它就应该近似代表原来的数据集。从这种样本集所选择出来的聚类中心对象可能就很接近从整个数据集中所选择出来的聚类中心(对象)。CLARA 算法分别取若干的样本集，然后对每个样本数据集应用 PAM 方法，然后将其中最好的聚类(结果)输出。CLARA 算法能够处理大规模数据集，而它的每次循环(计算)的复杂度为 $O(ks^2 + k(n-k))$。其中，s 为样本集合大小，k 为聚类个数，n 为对象总数。

CLARA 算法的有效性依赖其所选择的样本集合大小。PAM 方法从给定的数据集中搜索最好的 k 个聚类中心(对象)，而 CLARA 算法则从所采样的数据样本集中搜索最好的 k 个聚类中心(对象)。如果样本集中的聚类中心不是(整个数据集中)最好的 k 个聚类中心，那么 CLARA 算法就无法发现最好的聚类结果。例如，若一个对象是一个最好的聚类中心(对象)，但在样本集聚类中没有被选中，那么 CLARA 算法就无法找到(整个数据集中)最好的聚类。这也就是对效率和精度的折中。如果采样有偏差，那么一个基于采样的好聚类算法常常就无法找出(整个数据集中)最好的聚类。

另一个 k-medoids 聚类算法类型的聚类方法，称为 CLARANS(Clustering Large Application based upon RANdomized Search)，这种方法将采样方法与 PAM 方法结合起来。但 CLARANS 方法与 CLARA 算法不同，CLARANS 方法并不总是仅对样本数据集进行分析处理，而是在搜索的每一步都以某种随机方式进行采样，而 CLARA 算法搜索每一步所处理的数据样本是固定的。CLARANS 方法的搜索过程可以描述成一个图，图中每个节点都代表潜在的解决方案(一组聚类中心代表)，替换一个中心对象所获得的新聚类就称为当前聚类的邻居。随机产生的聚类邻居数由用户所设置的参数所限制。若发现一个更好的邻居(具有较低的方差)，将移动到这一邻居节点然后再开始搜索，否则当前节点就形成了一个局部最优。若发现局部最优，CLARANS 方法则随机选择一个节点以便重新开始搜索。

CLARANS 方法的实验结果表明它比 CLARA 方法和 PAM 方法更为有效。利用轮廓相关系数(描述一个对象所代表聚类可以真正拥有多少对象的性质)，CLARANS 方法能够发现最"自然"的聚类个数。CLARANS 方法也可以用于检测异常数据，但是 CLARANS 方法的计算复杂度为 $O(n^2)$，其中 n 为对象总数。CLARANS 方法的聚类质量与所使用的采样方法无关。通过采用诸如 R*树或其他技术可以改进 CLARANS 方法的处理性能。

2. 层次方法

层次聚类方法是通过将数据组织分为若干组并形成一个组的树来进行聚类的。层次聚类方法又可以分为自顶而下和自下而上两种。一个完全层次聚类的质量由于无法对已经做的合并或分解进行调整而受到影响。目前的研究都强调将自下而上层次聚类与循环再定位方法相结合。

(1) 自下而上聚合层次聚类方法 AGNES(Agglomerative Nesting)。这种自下而上的策略就是最初将每个对象作为一个聚类，然后将这些原子聚类进行聚合以构造越来越大的聚类，直到所有对象均聚合为一个聚类，或满足一定终止条件为止。大多数层次聚类方法都属于这类方法，但它们在聚类内部对象间距离定义描述方面有所不同。

(2) 自顶而下分解层次聚类方法 DIANA(Divsia Analysia)。这种自顶而下策略的做法与自下而上策略的做法相反。它将所有对象看成一个聚类的内容，将其不断分解以使其变成越来越小但个数越来越多的小聚类，直到所有对象均独自构成一个聚类，或满足一定终止条件(如一个聚类数阈值，或两个最近聚类的最短距离阈值)为止。

图 6-16 就是一个自下而上聚合层次聚类方法和一个自顶而下分解层次聚类方法的应用示例。其中数据集为{a,b,c,d,e}，共有 5 个对象。首先 AGNES 方法将每个对象构成一个单独聚类，然后根据一定标准不断进行聚合。如对于聚类 C_1 和 C_2，若 C_1 中对象与 C_2 中对象间的欧式距离为不同聚类中任两个对象间的最小距离，则聚类 C_1 和 C_2 就可以进行聚合。两个聚类之间相似程度是利用相应两个聚类中每个对象间的最小距离来加以描述的。AGNES 方法不断进行聚合操作，直到所有聚类最终聚合为一个聚类为止。

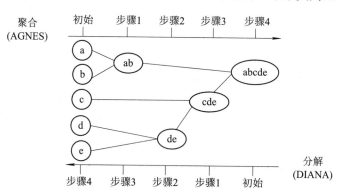

图 6-16　聚合和分解层次聚类方法示意描述

在 DIANA 方法中，首先所有的对象在一起构成了一个聚类。然后根据一定原则，如聚类中最近对象间的最大欧式距离，对其进行不断分解，直到每个聚类均只包含一个对象为止。

在自下而上聚合层次聚类方法和自顶而下分解层次聚类方法中，用户均需要指定所期望的聚类个数作为聚类过程的终止条件。

四个常用的计算聚类间距离的公式说明如下：

(1) 最小距离：

$$d_{\min}(C_i, C_j) = \min_{p \in C_i, p' \in C_j} |p - p'| \tag{6-44}$$

(2) 最大距离：

$$d_{\max}(C_i, C_j) = \max_{p \in C_i, p' \in C_j} |p - p'| \tag{6-45}$$

(3) 距离均值：

$$d_{\text{mean}}(C_i, C_j) = |m_i - m_j| \tag{6-46}$$

(4) 平均距离：

$$d_{\text{avg}}(C_i, C_j) = \frac{1}{n_i n_j} \sum_{p \in C_i} \sum_{p \in C_j} |p - p'| \tag{6-47}$$

式中：m_i 为聚类的 C_i 均值；n_i 为 C_i 中的对象数；$|p - p'|$ 为两个数据对象 p 或 p' 点和之间的距离。

层次聚类方法尽管简单，但经常会遇到如何选择合并或分解点的问题。这种决策非常关键，因为在对一组对象进行合并或分解之后，聚类进程将在此基础上继续进行合并或分解，这样就既无法回到先前的(聚类)状态，也不能进行聚类间的对象交换。因此如果所做出的合并或分解决策不合适，就会导致聚类结果质量较差。此外由于在作出合并或分解决策前需要对许多对象或聚类进行分析评估，因此使得该类方法的可扩展性也较差。

改进层次方法聚类质量的可行方法就是将层次方法与其他聚类技术相结合以进行多阶段的聚类。以下将要介绍一些有关的具体结合方法。第一个是 BIRCH 方法，它首先利用树的结构对对象集进行划分，然后再利用其他聚类方法对这些聚类进行优化。第二个是 CURE 方法，它利用固定数目代表对象来表示相应聚类，然后对各聚类按照指定量(向聚类中心)进行收缩。第三个是 ROCK 方法，它利用聚类间的连接进行聚类合并。最后一个是 CHAMELEON 方法，它则是在层次聚类时构造动态模型。

BIRCH(Balanced Iterative Reducing and Clustering using Hierarchies)方法是一个集成的层次聚类方法，它包含两个重要概念：聚类特征(简称 CF)和聚类特征树(CF tree)。这两个概念用于对聚类描述进行概要总结。相应的有关数据结构将帮助聚类方法获得较好的聚类速度和可对大数据库进行处理的可扩展性。此外，BIRCH 方法在进行增量和动态聚类时也是很有效的。

CURE(Clustering Using REpresentatives)将层次方法与划分方法结合到了一起，它不是仅用一个聚类中心或对象来描述一个聚类，而是选用固定数目有代表性的空间点来表示一个聚类的。表示聚类的代表性点则是首先通过选择分布较好的聚类对象来产生，然后根据指定的速率(收缩因子)将它们"收缩"或移向聚类的中心。算法的每一步，就是对拥有分别来自两个不同聚类的两个最近(代表性)点所涉及的两个聚类进行合并。每个聚类包含多于一个的代表性点将有助于 CURE 方法调整好自己的非圆状边界。聚类的收缩或压缩将有助于帮助压制异常数据。因此 CURE 方法对异常数据表现得更加鲁棒，同时它也能识别具有非圆形状和不同大小的聚类。此外，CURE 方法在不牺牲聚类质量的情况下，对大数据库的处理也具有较好的可扩展性。为处理好大数据库，CURE 方法利用了随机采样和划分方法。即首先对随机采样(集合)进行划分，每个划分都是部分聚类，然后这些部分聚类在第二遍扫描中进行聚类以获得所期望的最终聚类结果。

ROCK 也是一个聚合层次聚类算法。与 CURE 算法不同，ROCK 算法适合处理符号属性，它通过将两个聚类间连接的累计与用户所指定的静态连接模型相比较，计算出两个聚类间的相似性。而所谓两个聚类(C_1 和 C_2)间的连接，就是指两个聚类间的连接数目。而 link(p_1, p_2)就是指两个点 p_1 和 p_2 之间共同邻居的数目。也就是聚类间的相似程度是利用不同聚类中的点所具有的共同邻居数来确定的。ROCK 算法首先根据所给数据的相似矩阵和相似阈值，构造出一个松散图，然后在这一松散图上应用一个层次聚类算法。

CHAMALEON 是针对 CURE 和 ROCK 这两个层次聚类算法所存在的不足而提出的，是一个探索层次聚类中动态模型的聚类算法。CHAMALEON 首先利用一个图划分算法将数据对象聚合成许多相对较小的子聚类，然后再利用聚合层次聚类方法，并通过不断合并这些子聚类来发现真正的聚类。为确定哪两个子聚类最相似，该算法不仅考虑了聚类间的连接度，而且也考虑了聚类间的接近度，特别是聚类本身的内部特征。由于算法并不依赖一个静态用户指定的模型，因此它能够自动适应要合并的聚类内部特征。研究表明，与 CURE 和 RDBSCAN 方法相比，CHEMALEON 算法在发现具有高质量任意形状聚类方面的能力更强，但在最坏情况下，它处理高维数据还可能需要 $O(n^2)$ 时间。

3. 基于密度的方法

基于密度的方法能够有助于发现具有任意形状的聚类。一般在一个数据空间中，高密度的对象区域被低密度的对象区域(通常就认为是噪声数据)所分割。基于密度的方法有 DBSCAN 和 OPTICS 两种。

1) DBSCAN

DBSCAN(Density-Based Spatial Clustering of Application with Noise)是一个基于密度的聚类算法。该算法通过不断生长足够高密度区域来进行聚类，它能从含有噪声的空间数据库中发现任意形状的聚类。DBSCAN 方法将一个聚类定义为一组"密度连接"的点集。

为了讲解清楚基于密度聚类方法的基本思想，以下首先介绍该方法思想所包含一些概念，然后再给出一个示例来加以说明。

(1) 以一个给定对象为中心，半径为 ε 内的近邻就称为该对象的 ε-近邻。

(2) 若一个对象的 ε-近邻至少包含一定数目(MinPts)的对象，该对象就称为核对象。

给定一组对象集 D，若对象 p 为另一个对象的 ε-近邻且为核对象，那么就说 p 是从 q 可以"直接密度可达"。

(3) 对于一个 ε 而言，一个对象 p 是从对象可"密度可达"；一组对象集 D 有 MinPts 个对象；若有一系列对象 $p_1, p_2, \cdots, p_n$，其中 $p_1 = q$ 且 $p_n = p$，从而使得(对于 ε 和 MinPts 来讲)p_{i+1} 是从 p_i 可"直接密度可达"。其中，$p_i \in D, 1 \leqslant i \leqslant n$。

(4) 对于 ε 和 MinPts，若存在一个对象 $o(o \in D)$，使得从 o 可"密度可达"对象 p 和对象 q，则对象 p 和对象 q 是"密度连接"的。

密度可达是密度连接的一个传递闭包，这种关系是非对称的，仅有核对象是相互"密度可达"。而密度连接是对称的。

如图 6-17 所示，ε 用一个相应的半径表示，设 MinPts = 3。根据以上概念就有：

(1) 由于有标记的各点 M、P、O 和 R 的 ε-近邻均包含 3 个以上的点，因此它们都是核对象。

(2) M 是从 P 可"直接密度可达"的，而 Q 则是从 M 可"直接密度可达"的。

(3) 基于上述结果，Q 是从 P 可"密度可达"的，但 P 从 Q 无法"密度可达"(非对称)。类似的，S 和 R 从 Q 是"密度可达"的。

(4) O、R 和 S 均是"密度连接"的。

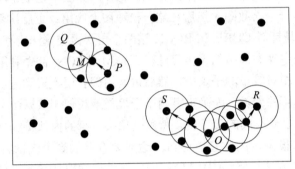

图 6-17 "直接密度可达"和"密度可达"概念示意描述

基于密度聚类就是一组"密度连接"的对象，以实现最大化的"密度可达"。不包含在任何聚类中的对象就为噪声数据。

DBSCAN 检查数据库中每个点的 ε-近邻。若一个对象 p 的 ε-近邻包含多于 MinPts，就要创建包含 p 的新聚类。然后 DBSCAN 根据这些核对象，循环收集"直接密度可达"的对象，其中可能涉及进行若干"密度可达"聚类的合并。当各聚类再无新点(对象)加入时，聚类进程结束。

DBSCAN 的计算复杂度为 $O(n\mathrm{l}bn)$，其中 n 为数据库中对象数。DBSCAN 算法对用户所要设置的参数敏感。在下一小节还将涉及 DBSCAN 的比较。

2) OPTICS

虽然前面所介绍的 DBSCAN 可以在给定输入参数 ε 和 MinPts 时进行聚类操作，但它仍然需要用户负责设置可帮助发现有效聚类的参数，而实际上这是一个许多聚类算法都存在的问题。这些参数常常是根据经验而定的，尤其在多维数据集中一般都较难确定。而许多算法对参数的设置都较为敏感，参数稍微改变都会引起聚类结果的巨大不同。而且多维数据集中数据分布经常是怪异的，有时甚至不存在一个全局的参数设置以使得聚类算法获得能准确描述聚类内在结构的结果。

为帮助克服这一问题，人们提出了一个称为 OPTICS(Ordering Point to Identify the Clustering Structure)的聚类顺序方法。OPTICS 方法并不明确产生一个聚类，而是为自动交互的聚类分析计算出一个增强聚类顺序。这一顺序表达了基于密度的数据聚类结构，它包括与基于许多参数设置所获基于密度聚类相当的信息。

仔细研究一下 DBSCAN 就会发现：对于一个 MinPts 常数，具有较高密度的密度聚类(ε 值较小)包含在具有较低密度的密度聚类中。而参数 ε 为一个距离(近邻半径)，因此为获得一组密度聚类顺序，就要提供一系列距离参数值。为了同时构造不同聚类，应该按照一个特定的顺序处理对象。这个顺序是选择(对于低 ε)"密度可达"的对象以便将高密度聚类排在前列。基于这个思路，每个对象需要保存两个值：核距离(Core-distance)和可达距离

(Reachability-distance)。

(1) 一个对象 p 的核距离就是使其成为核对象的最小 ε'。若 p 不是一个核对象，则 p 的核距离就是未定义的。

(2) 一个对象 p 和另一个对象 q 间的可达距离是 p 的核距离和 p、q 间的欧氏距离中的较大者。若 p 不是一个核对象，则 p 和 q 间的可达距离就是未定义的。

图 6-18 就是对核距离和可达距离概念的示意描述。假设 $\varepsilon = 6$ mm，MinPts $= 5$。对象 p 的核距离就是 p 和第四个最近数据对象的距离。

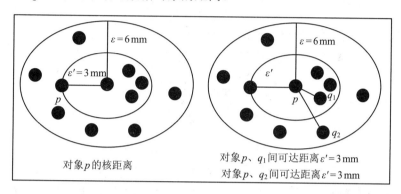

图 6-18　OPTICS 方法中"核距离"和"可达距离"概念描述

OPTICS 算法对数据库中的对象建立一个对象顺序，并保存(每个对象的)核距离和一个合适的可达距离。这些信息足以帮助根据任何小于产生聚类顺序(所用)距离 ε 的距离 ε'，产生所有的密度聚类。

由于 OPTICS 算法的基本结构与 DBSCAN 类似，因此 OPTICS 算法的计算复杂度与 DBSCAN 相同，即也为 $O(n\mathrm{lb}n)$。此外，还可以利用空间索引结构以帮助改善 OPTICS 算法的性能。

4. 基于网格的方法

基于网格的聚类方法利用多维网格数据结构，它将空间划分为有限数目的单元，以构成一个可以进行聚类分析的网格结构。这种方法的主要特点就是处理时间与数据对象数目无关，但与每维空间所划分的单元数相关，因此基于网格的聚类方法处理时间很短。基于网格的方法有 STING 和 CLIQUE 两种。

1) STING

STING(Statistical INformation Grid)是一个基于网格多分辨率的聚类方法，它将空间划分为方形单元，不同层次的方形单元对应不同层次的分辨率，这些单元构成了一个层次结构：高层次单元被分解形成一组低层次单元。有关各网格单元属性的统计信息(如均值、最大、最小)可以事先运算和存储，这些信息将在查询处理中用到。

图 6-19 所示是一个 STING 使用的层次结构。高层次单元的统计信息可以通过低层次单元很容易地计算处理。这些参数包括：与属性无关的参数，计数 count 和与属性有关的参数，均值 m、标准方差 S、最小值 min、最大值 max，以及单元中属性值的分布类型，如均匀分布、随机分布、指数分布或未知。当数据存入数据库时，首先根据数据计算最底层单元的参数 count、m、S、min、max，而数据分布可以由用户指定(如果分布事先已知的

话)，也可以用 χ^2 测试来进行假设测试以获得数据分布(类型)。高层次单元中的数据分布将根据低层次单元中占多数的数据分布类型以及过滤阈值来确定。若低层次单元中的数据分布彼此不同且阈值测试失败，那么高层次单元中的数据分布设为未知。

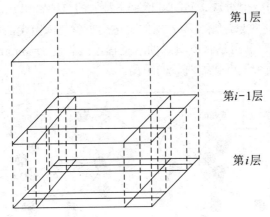

第1层

第i-1层

第i层

图 6-19　STING 方法使用的层次结构示意描述

一个自上而下基于网格方法处理查询的操作步骤为：首先根据查询内容确定层次结构的开始层次，通常这一层次包含较少的单元。对于当前层次中的每个单元，计算信任度差(或估计概率范围)以反映当前单元与查询要求的相关程度，消除无关单元以便仅考虑相关单元，并不断重复这一过程直到到达最底层。这时若满足查询要求，返回满足要求的相关单元区域，否则取出相关区域单元中的数据，对它们作进一步处理直到满足查询要求。

与其他聚类方法相比，STRING 方法有以下几个优点：

(1) 基于网格的计算中，由于描述网格单元数据的统计信息是存储在相应单元中的，因此它与查询要求无关。

(2) 网格结构有助于实现并行运算和增量更新。

(3) STING 方法仅扫描一遍数据库以获得各单元的统计信息，因此它产生聚类的时间复杂度为 $O(n)$，其中 n 为所有对象数。在产生聚类后进行查询的实际复杂度为 $O(g)$，其中 g 为在最底层的所有网格数，它通常比 n 要小许多。

由于 STRING 方法是利用多分辨率来完成聚类分析的，因此 STRING 方法的聚类质量就依赖于网格结构的最低层细度。若细度非常高，那处理开销将会增加许多；若网格结构的最低层太粗，那就会降低聚类分析的质量。此外，STRING 方法没有考虑子女与其父单元相邻单元在空间中的相互关系。

因此所获得的聚类形状是直方的，也就是所有聚类的边界是水平的或是垂直的，而没有对角边界。尽管处理速度很快，但会降低聚类的质量和准确性。

2) CLIQUE

CLIQUE(Clustering In QUEst)聚类方法将基于密度的方法与基于网格的方法结合在一起，它对处理大数据库中的高维数据比较有效。

CLIQUE 方法的基本内容说明如下：

(1) 给定一个大规模多维数据点，数据空间中的数据点通常并不是均匀分布的。

CLIQUE 聚类可识别稀疏和"拥挤"空间区域(unit)，以便发现数据集的整个分布。

(2) 若一个 unit 所包含数据点中的一部分超过了输入模型参数，那这个 unit 就是密集的。在 CLIQUE 方法中，一个聚类被定义为连接的密集 unit 的最大集合。

CLIQUE 方法的操作主要包含两个步骤：

(1) CLIQUE 方法将 n 维数据空间划分为不重叠的矩形 unit；再从中对每一维识别出其中的密集 units。如图 6-20 所示，其中矩形 unit 就是根据 Salary(薪水)和 Vacation(假期)所发现 Age(年龄)密度。代表这些密集 unit 的次空间交叉形成了搜索空间的候选，从中就可以发现高维的密集 unit。

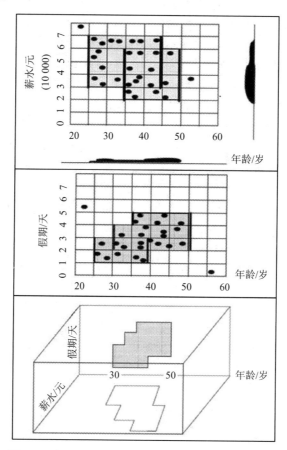

图 6-20　根据 Salary 和 Vacation 所发现 Age 密度描述

从搜索空间候选中识别出真正的密集 units，利用了关联规则中的 Apriori 性质。一般利用有关搜索空间项的先验知识将帮助删除部分搜索空间。CLIQUE 方法所利用的性质就是：若一个 k 维 unit 是密集的，那它在 $(k-1)$ 维的投影 unit 也是密集的。这样给定一个 k 维候选密集 unit，若它的 $(k-1)$ 维的投影 unit 中有不密集的，那么这样一个 k 维候选就不会是密集的 unit。因此可以利用所发现的 $(k-1)$ 维的密集 unit 来产生 k 维的密集 unit 候选。这样所获得的搜索空间会比原来空间小许多。最后依次检查密集 unit 以确定最终的聚类。

(2) CLIQUE 为所获每个聚类产生一个最小描述。具体做法就是：对每个聚类，确定覆盖连接密集 unit 聚类的最大区域，然后再确定每个聚类的最小覆盖。

　　CLIQUE 方法能自动发现最高维中所存在的密集聚类,它对输入数据元组顺序不敏感,也不需要假设任何特定的数据分布。它与输入数据大小呈线性关系,并当数据维数增加时具有较好的可扩展性。但是在追求方法简单化的同时往往就会降低聚类的准确性。

5. 基于模型的方法

　　基于模型的聚类方法就是试图对给定数据与某个数学模型达成最佳拟合。这类方法经常是基于数据都是有一个内在的混合概率分布假设来进行的。基于模型聚类方法主要有两种:统计方法和神经网络方法,这里主要讨论神经网络聚类方法。

　　神经网络聚类方法是将每个聚类描述成一个例证。每个例证作为聚类的一个“典型”,它不必与一个示例或对象相对应。可以根据新对象与哪个例证最相似(基于某种距离计算方法)而将它分派到相应的聚类中。可以通过聚类的例证来预测分派到该聚类的一个对象的属性。

　　此处讨论神经网络聚类的两种主要方法。第一种是竞争学习方法(Competitive Learning),第二种是自组织特征图方法(Self-organizing Feature Maps)。两种方法都涉及神经单元的竞争。

　　竞争学习方法包含一个由若干单元组成的层次结构。这些单元以一种“赢者通吃”的方式对所提供给系统的对象进行竞争。图 6-21 所示就是一个竞争学习的示例。图中每个圆代表一个单元。一个聚类中取胜的单元被激活(用实心圆表示),而其他单元仍处于非激活状态(用空心圆表示)。层与层之间的连接是能够传递刺激的,即一个给定层上的单元接收来自低一层所有单元的输入。一个层上激活单元的配置就构成了对高一层的输入模式。在一个给定层上的聚类中单元相互竞争,以响应来自低一层输出的模式。层内的连接是受抑制的,使得一个特定聚类只有一个单元可被激活。获胜的单元调整与同一聚类中其他单元的连接以使得之后可以对类似对象反应更强烈。如果将权值定义为一个例证,那么新对象就被赋给最近的例证。输入参数为聚类个数和每个聚类的单元个数。

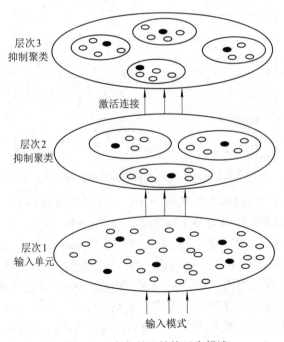

图 6-21　竞争学习结构示意描述

在聚类结束时，每个聚类能够被认为是一个新的特征，它可以检测出对象中的规律。因此所获得的聚类可以看成是从低层特征到高层特征的一个映射。

在自组织特征图方法(SOMs)中，聚类过程也是通过若干单元对当前对象的竞争来完成的。与当前对象权值向量最接近的单元成为赢家或激活单元。为变得与输入对象更接近，通常要调整获胜单元以及最近的邻居的权值。SOMs 方法的前提是在输入对象中有一些布局和次序，SOMs 方法将最终利用这些空间中的布局和次序，使单元的组织形成的一个特征图。SOMs 方法被认为与人脑对信息的处理过程类似。

神经网络聚类方法与脑处理具有较强的理论联系。但由于存在较长的处理时间和复杂数据中的复杂关系问题，还需要做更多研究才能使这类方法适用于处理大数据。

本 章 小 结

本章首先给出数据分析与数据挖掘的概念，并从研究目的、内容等方面对二者进行了比较。接下来介绍了数据分析与挖掘的一般过程，从描述性统计分析、显著性差异分析、相关性分析与回归分析几个方面重点介绍数据分析的方法和技术。最后重点介绍了关联规则挖掘、分类与预测、聚类分析三种数据挖掘方法来解决从大量的、不完全的、有噪声的、模糊的实际应用数据中发现、提取或"挖掘"知识，实现关联分析、分类、预测、聚类、离群点分析/异常数据等挖掘任务。

本章参考文献

[1] 陈封能，斯坦巴赫，库玛尔，等. 数据挖掘导论 [M]. 2 版. 段磊，张天庆，等译. 北京：机械工业出版社，2019.

[2] HAN J W，KAMBER M. 数据挖掘概念与技术 [M]. 3 版. 范明，孟小峰，译. 北京：机械工业出版社，2012.

[3] WU X D，KUMAR V. 数据挖掘十大算法[M]. 李文波，吴素研，译. 北京：清华大学出版社，2013.

[4] 张文彤，邝春伟. SPSS 统计分析基础教程[M]. 3 版. 北京：高等教育出版社，2017.

[5] 张文彤，董伟. SPSS 统计分析高级教程[M]. 3 版. 北京：高等教育出版社，2018.

[6] 哈斯蒂，提布施拉. 统计学习要素：机器学习中的数据挖掘、推断与预测[M]. 2 版. 张军平，译. 北京：清华大学出版社，2020.

[7] 坎塔尔季奇. 数据挖掘概念、模型、方法和算法 [M]. 3 版. 李晓峰，刘刚，译. 北京：清华大学出版社，2021.

第 7 章　数据共享应用

　　数据工程必须解决数据共享共用的问题，数据共享是发挥数据工程建设效益，提高数据价值的重要支撑。数据建设价值只有在数据应用中才能得到体现，数据应用是数据工程中的重要环节和价值体现。本章首先介绍了数据共享的概念及其框架，然后介绍了数据应用的框架体系，并重点介绍了数据目录服务、数据发布服务和全文检索服务的相关技术。

7.1　数据共享体系

　　在互联互通的大数据时代，数据不再是一座孤岛，数据的价值在于融合与挖掘。数据共享有利于促进数据的融合与治理，提升数据价值，推动数字经济和公共治理的发展，甚至是国家在跨境数据流动规则上掌握主导权的重要资源。但数据共享活动存在诸多障碍和难题，如不同领域数据共享制度不一、标准多样，主动共享数据的体制机制不健全，应受保护的数据"隐私"受到侵犯现象等。如何更好地实现数据共享，是当前亟待解决的问题。为了更好地实现数据共享，必须利用系统的方法进行思考和研究。

7.1.1　数据共享概述

1. 数据共享的基本概念

　　数据共享就是将数据资源通过一定方法手段，发布到公共区域，供各类用户进行访问和使用，实现在不同地方使用不同计算机、不同软件的用户能够读取他人数据并进行各种操作运算和分析。

　　在日常生活中，共享数据、公开数据和开放数据等数据共享的概念和内涵是不同的，因此需要对其进行辨析。共享数据是指数据生产者在一定条件下共享给他人使用的数据；公开数据是指数据生产者将数据公开，使得任何人都可见，但在一定的条件下才可以使用的数据；开放数据是指任何人都能没有限制地使用的数据。三者之间概念辨析具体如表 7-1 所示。

　　数据共享的程度反映了一个地区、一个国家的信息发展水平，数据共享程度越高，信息发展水平越高。要实现数据共享，首先应建立一套统一的、法定的数据交换标准，规范数据格式，使用户尽可能采用规定的数据标准。其次，要建立相应的数据使用管理办法，制定出相应的数据版权保护和产权保护规定，各部门间签订数据使用协议，这样才能打破部门、地区间的数据保护，做到真正的数据共享。

表 7-1　共享数据、公开数据与开放数据对比

	共享数据	公开数据	开放数据
是否所有人可见	不是	是	是
是否免费使用	不一定	不一定	是
是否无使用限制	不是	不是	是

2. 数据共享主要障碍

数据共享障碍主要包括如下几个方面：

(1) 机构本身存在的数据共享障碍，比如：缺乏分享数据的政策，存在风险规避文化，没有公布数据的统一政策，只公开非价值数据，没有有效宣传数据，靠数据创造收入，缺少激励措施等。

(2) 处理数据共享工作任务面临的障碍，比如：没有能力发现有价值的数据，无法访问原始数据，没有关于开放数据质量的信息，没有索引或其他手段确保容易搜索到正确的数据，用户不知道数据潜在用途，数据格式和数据集太复杂以至于难以处理和使用，没有支持工具和软件系统等。

(3) 使用数据和参与数据共享面临的障碍，比如：不鼓励用户共享数据，不明确数据用户的需求，没有处理用户输入的流程，忽视开放数据机会，在下载数据之前必须注册，担心错误的结论和潜在的负面后果，缺乏利用或理解数据的知识，缺乏使用数据的必要能力，机构之间缺乏合作资助途径等。

(4) 与数据共享相关的法律障碍，比如：缺乏利用数据的法律框架，新法律带来的不确定性，存在相互矛盾的数据共享和使用权利规则或法律，存在隐私问题，缺乏共享许可，存在禁止商业使用等。

(5) 数据质量存在的障碍，比如：缺乏数据的准确性，存在不完整的数据，存在过时和无效的数据，存在信息冗余，存在数据可用性问题等。

(6) 与数据共享相关的技术障碍，比如：各机构之间格式不兼容，缺乏数据共享所需的基础设施，无法利用众包技术手段，没有利用用户反馈的程序，缺乏元数据，缺乏机器可读的格式，使用共享数据门户复杂，缺乏数据共享相关的编程和数据统计分析技术手段等。

7.1.2　数据共享的体系框架

实现高质量的数据共享是数据工程建设实施中的一项比较复杂的工作，正如上文提到的数据共享存在的一系列阻碍，这些问题若不能有效解决，数据共享就难以真正实现。为了指导数据共享的实现，分别从共享对象、数据支撑、共享模式三个维度设计数据共享的体系框架，如图 7-1 所示。

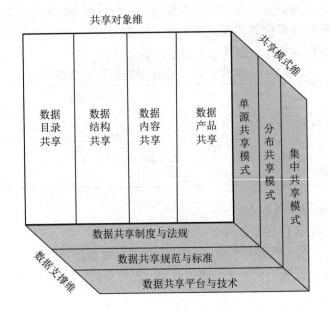

图 7-1　数据共享体系框架

共享对象维将数据对象划分为数据目录、数据结构、数据内容、数据产品四类对象。数据目录共享提供数据的摘要描述信息，告诉用户有哪些数据；数据结构共享提供数据定义的结构信息，告诉用户数据的属性构成，以及每个属性的定义规范；数据内容共享提供具体的数据资源，一般可以按需提供全部或部分数据资源内容，这些数据资源一般是原生的数据资源；数据产品共享提供支撑具体应用加工后的数据，数据产品具有较高的应用价值，可以满足业务分析和辅助决策的需要。

共享模式维将数据共享模式划分为单源共享模式、分布共享模式和集中共享模式等。单源共享模式是指数据建设来源渠道单一，共享权限集中授予，该共享模式适用专项数据工程类的数据共享；分布共享模式是指数据建设来源渠道多样，通过统一的标准规范约束数据建设和共享，该共享模式适用开放数据工程类的数据共享；集中共享模式是指数据建设来源复杂，共享权限管理和数据价值评价复杂，需要依托专门的综合平台进行管理运维，该共享模式适用产业化数据工程类的数据共享。

数据支撑维将实现数据共享所需的条件划分为数据共享制度与法规、数据共享规范与标准和数据共享平台与技术。其中共享、制度与法规是数据共享机制建立的制度保证，共享规范与标准实施是数据共享能力提升的根本途径，共享平台与技术研究是数据共享目标实现的基本条件。

7.1.3　数据共享的模式

数据共享模式涉及数据共享的运行模式与资助模式。从数据开放共享的公益性与商业性来看，一个国家或地区内的数据开放共享模式通常有两种，即政府主导下的公益性运行模式和市场主导下的商业化运行模式。前者是指由政府部门(及其附属机构)资助数据的生产、采集、存储和管理，并面向社会全体成员提供无偿使用和分享的数据，任何组织和个人都可以不受版权协议的限制，对数据进行复制、传播和开发。该模式是目前最常用的方式，但也面临后续资助难以为继的困境。后者是指数据的资助者与使用者达成许可协议，实行有偿开发利用的一种数据共享方式。

在数据工程建设实施过程中，可以按照数据来源或共享方式来设计数据共享模式，主要包括以下三种：

(1) 单源共享模式，它根据有关工程任务的数据采集计划产生原始数据，存储到服务于该工程领域的数据中心或服务系统中，优先在参与相应工程任务的合作者范围内共享，一定时间后将部分或全部数据对外共享。该模式的瓶颈在于数据共享的驱动力和资助机构的数据共享政策。

(2) 分布共享模式，它按照统一的标准和规范将松散分布的数据、元数据、产品和服务进行集中注册，由统一的数据门户负责连接各注册数据资源，为用户提供一站式数据检索和定位服务，并由分布式的数据服务系统提供数据获取服务。该模式的瓶颈是各子中心共享标准和服务可控性问题。

(3) 集中共享模式，它利用机构存储库或依托第三方存储库进行数据集中存储和发布，数据存管机构按照统一制定的规则，集中进行数据共享权限的设置。该模式的瓶颈是对存储设施、网络设施、安全设施、管理及发布服务等软硬件环境有极高的要求。

上述共享模式描绘了数据开放共享实践的多种运作方式，也体现了数据共享理念的不断演化和发展，这些数据共享模式均已在各种数据工程类项目中得到应用。

7.1.4 数据共享的实现途径

数据共享能力是衡量国家数字经济和数据服务的重要指标，需要全社会共同努力，协调推进数据共享能力建设，最终构建与国家经济发展和社会进步相匹配的数据共享体系，因此可以从以下几个方面加强建设。

1. 建立完善的制度法规

数据共享是一项综合性、全局性的工程，必须有顶层的指导与调控。完善的法规体系是科学引导、推动数据共享工作最直接的途径和方法。例如：科技部依托"科学数据共享政策法规体系框架的研究"项目，形成了《中华人民共和国科学数据共享条例》，有力指导科学数据的共享交换，推动了我国科技信息的效益发挥，促进了各类大科学项目的研究和发展。再例如：贵州省是我国大数据中心建设重要基地，也是数字经济发展较好的省份，2020 年 12 月 1 日施行的《贵州省政府数据共享开放条例》成为我国首部省级层面政府数据共享开放地方性法规，该法规从政府数据管理、政府数据共享、政府数据开放、监督管理和法律责任等方面进一步明确了贵州省政府数据共享机制，有了这些政策制度的支持，将较好地提升贵州省的政务数据的共享服务能力。但是与美国等数据共享发达的国家相比，我国的相关法规制定还相对滞后，体系也不够健全。因此，很有必要制定系统性、普适性、国家层面的政策法规，对数据的信息自由与公开、基础设施、技术平台、数据保护、数据汇交、数据开放利用、网络等进行指导。同时，通过相关法律的制定营造数据共享氛围，逐步树立数据共享的理念。

2. 制定管理规范与技术标准

在大数据时代，如何实现数据汇交、整理、加工、利用的快速无缝对接，同时尽可能扩大数据整合领域和范围，成为推动共享工作必须要解决的问题。标准化是开展相关工作的基础和前提。通过制定统一规范的标准，从而提高数据共享工作的科学化、合理化和工程化，降低不必要浪费，提高共享效率。

此外，由于数据的特性，其共享多是通过建设数据库、利用网络进行的。只有对建库标准进行科学的规定并在一定范围进行普及，才能有效扩大数据的整合效率。同时，数据的整合过程中只有运用先进的计算机网络技术、软件工具和数据挖掘技术才能实现对数据价值的深度利用。因此，很有必要制定相关技术标准、开发统一软件系统。

3. 搭建统一共享服务平台

数据广泛地分布在不同的机构中，如何快速寻找或发现所需的资源是打通共享服务的重要环节。因此，很有必要建设统一共享服务平台，对这些汇集的数据进行导航检索服务。在这方面有很多的成功案例，如提供网站内容服务的百度，提供期刊检索服务的知网，提供各类政务信息的政务服务平台等。同时在许多专业领域，如科技信息服务领域，中国科技资源共享服务平台的建设提供了较好的示范作用。该平台作为国家科技基础条件平台共享服务的统一平台，整合了多家国家科技平台的核心元数据资源，较好地满足了用户"一站式"数据服务的需求。但在服务平台建设中，由于用户对数据的需求复杂多样，精度有高有低，能精准满足用户需求的数据资源往往比较有限，需要进一步扩大资源整合的领域，打通数据资源共享网与国家平台、地方平台、行业平台数据库的连接，在更高层次和更广泛领域形成统一平台、多个支撑中心布局结构，提供服务平台的共享服务能力。其中服务平台建设应致力于扩大整合范围，提供统一数据管理标准与导航，传播共享理念；各支撑中心则重点提高资源整合深度和数据挖掘精度，并加强与统一服务平台的互通互联，及时将数据更新信息进行备份、传递。

4. 提升开放共享各环节关键技术

在大数据、大科学时代，数据呈现海量化、复杂化的特性，这些数据的质量控制、整合管理、开放服务和挖掘利用需要强大的技术支撑。构建数据共享体系的重要环节之一就是开发一系列的关键支撑技术，首先是大数据环境下的数据共享技术和数据分享架构，实现共享技术理论创新；其次是提升海量数据检索技术、挖掘技术、展示技术、质量管理技术，实现共享各环节技术支撑；最后，完善与提高数据知识产权保护与共享许可的技术措施，充分利用计算机与网络发展最新成果，在保护与共享许可的不同环节合理使用防火墙、数据与软件加密、数字水印、认证、访问控制等技术，实现数据分层级的保护与共享。

7.2　数据应用体系

7.2.1　数据应用体系框架

数据工程以获取数据为目的，从研究数据的特征入手，对数据进行加工、分析、处理，以数据产品形态对外提供各种应用。由于数据应用涉及的范围广泛，应用的方式、方法种类多样，因此，必须建立数据应用的体系框架，如图 7-2 所示。

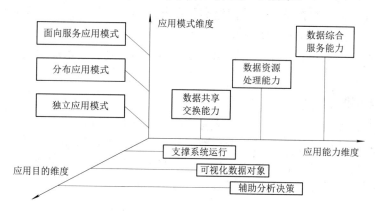

图 7-2 数据应用的体系框架

7.2.2 数据应用模式

数据应用模式是指数据应用系统与对应后台数据库的访问关系，可分为一个数据应用系统对应一个集成数据库的独立应用模式，多个数据应用系统对应多个主题数据库的分布应用模式和面向服务架构的应用模式。

1. 独立应用模式

独立应用模式是指一个数据应用系统对应一个集成数据库，数据应用系统独占专门的数据库，数据应用与数据库之间密切耦合，这种模式能较好地满足应用需求明确或较少发生变化的场景。这种数据应用模式往往出现在信息化建设的早期，每个业务部门根据自身业务的需求进行系统的建设，将系统所涉及的数据进行整合处理，集中存储在数据库中供单一系统使用，如图 7-3 所示。

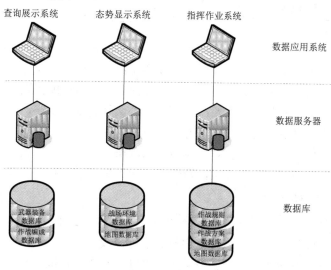

图 7-3 独立应用模式示例图

例如在态势显示系统中，需要用到基本的地图数据和战场环境数据，那么就需要将这两类主题数据按照系统规定的标准进行集成。在该数据应用模式下，各个主题数据库基本上是信息"孤岛"，不存在统一的数据标准和数据共享。各部门根据自身对数据的需求进行数据的集成，整合好的数据往往只能够被单一的部门或单一的数据应用系统使用。在每个数据应用系统建立的过程中都会存在着大量的数据重复建设，增加了数据应用系统的建设周期和经费投入。

2. 分布应用模式

分布应用模式是指多个应用信息系统对应多个主题数据库，一个应用可能用到多个数据库，一个数据库也可为多个应用服务，数据共享应用的效益显著，应用与数据库相对独立，扩展性好。这种模式在许多数据工程项目中得到运用，各类主题数据按照统一的数据标准进行整合，供不同的数据应用系统使用，如图 7-4 所示。

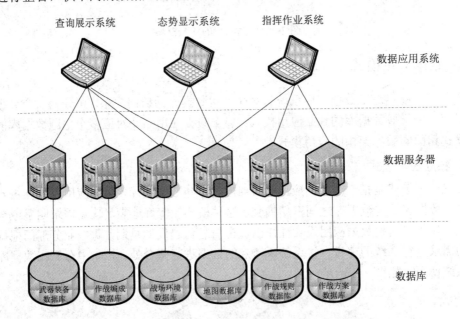

图 7-4　分布应用模式示例图

例如查询展示系统建立过程中已经对战场环境数据和地图数据进行了整合，在态势显示系统建立时，就可以直接利用已经整合好的战场环境数据和地图数据。该数据应用模式在很大程度上实现了主题数据的共享，避免了数据重复建设的工作，各业务部门负责维护各自的数据，供自己和其他业务部门使用。但在实际应用过程中，考虑到数据的安全性，各业务部门通常定期备份各自的数据，对备份的数据库进行共享。如此一来，共享数据的一致性得不到保证，存在着数据交换、数据库更新等烦琐的工作。

3. 面向服务应用模式

面向服务应用模式是指采用面向服务的技术架构实现更加灵活的一种数据应用模式。该模式支持将业务作为链接服务或可重用业务进行集成，可在需要时通过网络访问这些服务和任务。这个网络可能在同一个局域网内，也可能分散于各地且采用不同的技术，用户只需知道提供服务的链接地址就能够使用。此外，这些服务通过相互结合以完成特定的业务任务，用户可以从一个服务获得一层信息数据，再从另一个服务中获取其他数据或专业模型，将它们融合在一起，从而产生面向服务架构的数据应用模式，如图 7-5 所示。

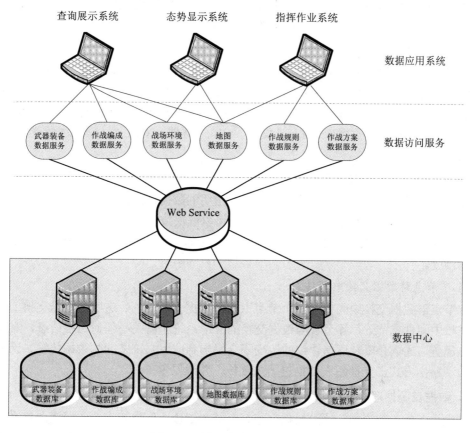

图 7-5　面向服务应用模式示例图

在示例图中，数据中心的各类主题数据可以存放于同一或不同的数据服务器中，只需按照业务应用需求进行各主题数据的发布，数据应用系统将数据中心提供的数据服务嵌入各业务流程，根据数据服务链接地址采用 Web 方式进行各主题数据的浏览、分析和编辑等功能。

在作战指挥训练模拟领域，实现 SOA(Service-Oriented Architecture，面向服务的架构)的主要方法是利用 Web Service 技术。用户可以在开发的其他系统中通过数据服务器提供的标准 Web Service 数据访问接口访问所需的各类主题数据，从而使基于互联网的不同数据应用系统之间可以进行更加灵活、便捷、开放的集成。

7.2.3　数据应用能力

随着信息化建设的不断深入，数据资源的规模急剧扩大，数据应用和服务系统不断开发，对数据服务能力也提出了更高要求。为此，从数据应用能力的角度来看，按照由低到高的顺序可以将其划分为数据共享交换能力、数据资源处理能力和数据综合服务能力三个层次。

1. 数据共享交换能力

数据共享交换能力是指通过数据转换中间件、数据库访问中间件和多节点群数据交换中间件等一系列中间件技术，在底层的数据资源层和顶层的数据服务层之间建立起数据转换、访问、交换的桥梁，起到承上启下的作用。

1) 数据转换中间件

数据转换中间件为系统中的各类异构数据资源提供统一的格式转换、数据校验等功能。在此中间件的支持下，各个应用系统发送和接收的数据均是满足各自系统的格式，并且发送方的数据格式变化不会直接影响到接收方，同时减轻了复杂的网状的转换接口编程工作。该中间件提供各类异构数据库、Email 文档、Office 文档、XML 文档等数据资源内部及之间的相互转换。

2) 数据库访问中间件

数据库访问中间件为各类异构数据库提供透明的数据访问机制，提高系统适应性和可扩展性。通过使用数据库访问中间件，一方面可以解决数据使用的不一致，实现数据的统一管理；另一方面，数据结构的改动，可以最大限度不影响上层应用系统，极大减少系统维护的难度。

3) 多节点群数据交换中间件

多节点群数据交换中间件为多个节点上的系统提供高效的、透明的数据交换、同步机制，在该中间件支持下，各个参与数据交换的应用系统无需关心任何网络信息，网络设备及网络配置、通信介质及通信协议的改变不会影响到应用系统之间的数据传输。该中间件提供自动路由方式，支持超大数据包断点续传，并确保零丢包。

2. 数据资源处理能力

在数据工程的建设中，通过数据采集、存储和处理，形成初步的数据资源体系，这些数据资源基本能够满足简单应用的需要，但由于各类数据对象存在各种复杂关系，数据的来源渠道比较多样，面对更深层次的数据应用还存在诸多困难。以作战模拟数据为例，涉及人员、武器装备、模拟器材和作战指挥系统等要素，在此期间会产生大量的中间过程数据，如作战行动效果数据、毁伤效果数据、指挥命令数据等。这些实时数据处理重点在于能完整反映作战过程，并能根据不同的作战任务，并结合作战过程的特点进行数据整合、关联，以提供结果数据为数据应用服务。

建立数据资源处理能力是指通过数据集成、数据关联、数据校正三个步骤，为上层数据应用提供有效的数据资源。其中，对于每个步骤均有不同的数据应用对象和数据处理方式。以作战模拟数据资源处理为例，其数据集成、数据关联、数据校正三者之间的关系如图 7-6 所示。

原始数据库与结果数据库之间通过一种条件绑定，以实现过程数据的结论性数据，包括关联的时间、地点、人员等数据。按照作战行动之间的关联关系，将综合反映一段时间、一片区域、一项作战行动的过程数据插入或者更新到结果数据库表中。结果数据库与有效数据库之间通过一种数据库表的传递和确认，以实现过程数据的确认与结果返回。

数据集成建立在数据采集设备和采集软件的基础上，完成过程数据的收集和"标记"工作。数据分析人员能够根据实时数据和历史数据进行简单的战场态势与作战结果分析。

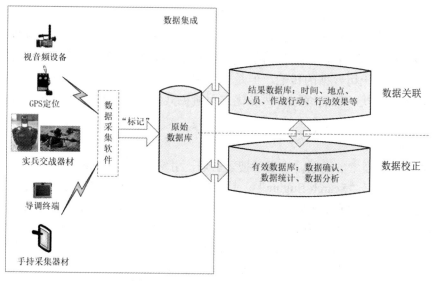

图 7-6　数据资源处理能力示例图

数据关联建立在结果数据库的基础上，完成过程数据的整合、关联。数据分析人员能够通过整合、关联后的数据进行较为精确的作战过程分析。

数据校正建立在有效数据库的基础上，完成结果数据的有效确认和修改。数据分析人员能够根据经过校正确认后的数据进行准确的数据统计分析和效能评估工作，从而为指挥部门制定决策提供有力依据。

3. 数据综合服务能力

数据综合服务能力是指通过数据目录服务、数据发布服务、数据检索服务等一系列数据服务，提供数据的注册、发现、访问、解释、查询等功能，为各类数据应用系统和资源之间的数据应用提供高效的服务能力。

1) 数据目录服务

由于专业、领域、主管部门、分布地域和采用技术的不同，数据资源呈现的是海量、多源、异构和分布的特点。对于需要共享数据的用户来说，往往存在不知道有哪些数据，不知道想要的数据在哪里，不知道如何获取想要的数据等困难。数据目录服务就是要解决这些问题，是用来快捷地发现和定位所需数据资源的一种检索服务，是实现数据共享的重要基础功能服务之一，具体内容见 7.3.1 小节。

2) 数据发布服务

随着分布式系统的规模和组织架构发生了极大的改变，"海量、多源、异构、分布"的特征逐渐明显，在一个典型的作战仿真系统中，通常包含了大量的实体信息和交互数据，这些数据有可能分布在网络的各个地方，并且它们的运行时间和行为可能有很大不同。这些限制，使得建立更灵活的数据交互方式的要求更加明显，也反映了作战仿真应用的动态和非耦合的特征。这就要求大规模分布式作战仿真系统必须采用一种具有动态性和松散耦合特性的数据交互机制。

数据分发策略是随着科学技术的进步和作战仿真的需要不断发展的。典型的有推送(Push)和提拉(Pull)两种方式："推模式"数据分发是一种不需要用户发送请求，也不需要明显地与用户链接，就能把数据推送给用户的方式；"拉模式"则完全按照用户的需求向服务器端发送请求从而获取数据。两种方式各有利弊，推模式可以加快数据分发速度，解决了动态信息和时间紧急信息的分发问题，但也增加了网络的负担，浪费了带宽；拉模式避免了大量无用数据的传输，但是也受制于数据检索和筛选的速度，响应速度较低，因此，需要寻找一种能够结合两者优点而避免其缺点的数据发布方式，具体内容见7.3.2 小节。

3) 数据检索服务

随着数据检索技术的发展，出现了搜索引擎，引擎是英文"Engine"的音译词，代表发动机。搜索引擎是"Search Engine"，具有导航的含义。按照数据搜索方法和服务提供方式的不同，搜索引擎可以分为三大类：机器人搜索引擎、目录式搜索引擎和元搜索引擎。其中机器人搜索引擎的服务方式是面向网页的全文检索服务，这类搜索引擎的代表有：AltaVista、FAST、GOOGLE 等；目录式搜索引擎中的信息大都面向网站，提供目录浏览服务和直接检索服务，这类搜索引擎的代表有：Yahoo、LookSmart 等；元搜索引擎没有自己的数据，服务方式为面向网页的全文检索，这类搜索引擎的代表有：WebCrawler、InfoMarket 等。目前数据检索技术比较成熟，已成为人们使用数据的最常用方式。

7.2.4　数据应用目的

根据数据应用的场景和目的，可以将其概括为以下三个方面：可视化数据对象展示、支撑系统运行、辅助决策分析等。

1. 可视化数据对象展示

可视化数据对象展示是指将纷繁复杂的细粒度数据，通过直观理解的方式展示处理，为人们对各种活动和现象进行统计、对比以及发现规律和趋势提供支撑。为实现数据对象的丰富展示，往往采用数据可视化(Data Visualization)技术来实现。数据可视化技术概念的定位如图 7-7 所示。

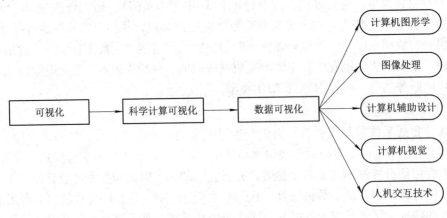

图 7-7　数据可视化概念定位

数据可视化主要是运用计算机图形图像处理技术，将数据转换为图形或者图像在屏幕上显示出来，并能进行交互处理。它涉及计算机图形学、图像处理、计算机辅助设计、计算机视觉和人机交互技术等多个领域，是一门综合性的学科。

由于所要展现数据的内容和角度的不同，可视化的表现方式多种多样，主要分为以下七类：一维数据、二维数据、三维数据、多维数据、时态数据、层次数据和网络数据。这七类数据可视化的具体方法和适用范围见相关文献，在此不赘述。

数据可视化主要偏重对数据的展示，并不过多地涉及对数据的增、删、改等操作。数据使用者通常根据具体的需求，选择最优的展现方式，充分表达数据所包含的信息。

2. 支撑系统运行

基于现代信息技术发展起来的各类信息系统，由于其计算机化手段的普及，业务工作数字化能力提升，极大提高了人们的工作效率。有人形容信息系统就像人体的神经系统，而数据资源就像人体的血液，信息系统的运行和所发挥的作用，必须有相应的数据资源支撑。因此，数据应用的最基本目的就是能够支撑信息系统的运行，简单来说，信息系统能够正常运行的基础就是数据。

下面仍然以模拟信息系统为例，说明数据资源是如何支撑信息系统的运行的。

系统运行需要初始条件数据，这些数据一般通过想定数据给出，它确定了模拟的基本条件和相应约束，包括对战场环境量化形成的战场环境数据，对作战实体量化形成的作战编成、武器装备数据，以及利用计划、规则、约定等对模拟过程的限定和约束。信息系统运行的过程是以数据为依托，对给定数据进行不断变换。例如每个实体的能力及相互关系建立在基础武器装备效能指数的基础上，系统将随着各个实体在模型驱动下不断对其状态数据进行改写，以响应模拟情况的变化。当信息系统需要输出表达时，系统的状态数据被读出，并以恰当的形式展示出来。例如态势图表达、情况报告表达等。信息系统这一输入—运行—输出的过程，如图 7-8 所示。

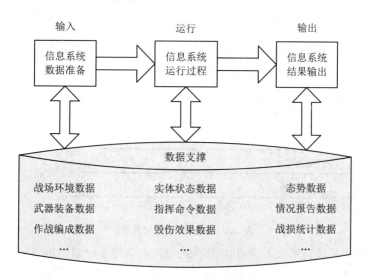

图 7-8　信息系统的数据基础

数据是信息系统运行的纽带。从数据的准备、创建，到这些数据被信息系统所使用，再将运行的结果反馈回去校验、修正原来的初始数据，形成了一个闭环的过程。数据对信息系统正常运行的支撑作用是显而易见的，与数据可视化、数据检索偏重对数据的浏览和查询不同，数据在信息系统中被不断地读取、变换、输出。各种数据采集、处理、分发、存储等技术纷纷应用于这一过程，为数据与信息系统更好地结合提供了有力的技术保障。

3. 辅助决策分析

面对海量的数据资源，传统的数据分析方法主要应用数据库技术实现对数据的录入、查询、统计、检索，依赖人工分析、判断和解释数据，无法发现数据中存在的关系和规则，无法根据现有的数据预测未来的发展趋势，因而数据库中隐藏的丰富规律远远没有得到充分的发掘和利用。数据库中的海量数据让决策者难于决策，导致了"人们被数据淹没，但却饥饿于知识"的现象。

事实上，我们不仅需要实现数据的管理和统计，还需要计算理论和高性能的自动化数据分析手段和工具，快速、高效地对数据进行加工处理，从而获取高度抽象的知识，实现对数据全面、深刻的认识。而知识发现正是实现这一目标的有效途径，利用知识发现来辅助我们的管理者和决策者，为他们提供全面的知识服务，实现科学决策和精准管理。

知识发现(Knowledge Discovery in Database，KDD)起源于从数据库中发现知识，它还有许多意义相近的名称，如信息发现(Information Discovery)、知识提取(Knowledge Extraction)等。知识发现是在数据库技术、机器学习、人工智能、统计分析、人工神经网络、高性能计算和专家系统等多个领域的基础上发展起来的新概念和新技术，是指从大量的、不完全的、有噪声的、模糊的、随机的实际应用数据中提取隐含的、未知的、潜在的、有用的信息的过程。

知识发现的一般过程包括：数据选取、数据预处理、数据缩减、数据挖掘、模式解释和知识评估等阶段，如图 7-9 所示。

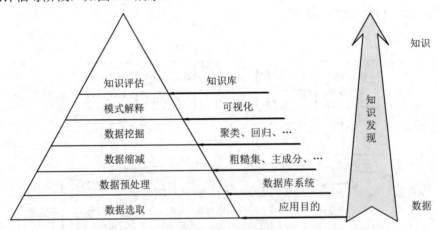

图 7-9　知识发现的过程图

近年来，知识发现技术在军事方面的研究与应用取得了一定的进展。例如在伊拉克战争开始前，美军就利用其高技术信息情报手段，进行了长期、全面深入的情报收集工作，并掌握了大量军事、政治、经济情报。以这些数据为基础，通过数据挖掘，美军对各种作战方案进行了充分的论证和演练。在战争中，美军利用其庞大的情报侦察网继续大规模收集情报，并与之前的数据相融合，挖掘预测敌可能的行动，为其高速突击作战提供了有力保证。

以知识发现为目的的数据应用旨在通过对数据更深层次的加工,从大量数据中寻找导致复杂系统演化的因素,发现数据背后隐藏的事物规律,是一个将数据升华为知识的过程。通过挖掘得到的知识,可以发现工作中存在的问题以及进一步改进的方向,实现数据价值增值。

7.3 数 据 服 务

7.3.1 数据目录服务

随着数据资源建设规模的扩大,数据资源往往呈现"海量、多源、异构、分布"的特点。对于需要共享数据的用户来说,往往存在不知道有哪些数据、不知道想要的数据在哪里和不知道如何获取想要的数据等困难。数据目录服务就是为了解决这些问题而提出的一种快速发现和定位所需数据资源的技术,是实现数据服务的重要基础功能服务之一。

数据目录服务是指以树状结构分层存储数据资源信息,提供专门的数据目录视图,允许用户和应用程序透明地访问各种数据资源。它具有查询速度快、存储结构灵活、数据复制简单、扩展方便等特点,其体系结构不依赖于任何特定的操作系统和软硬件平台,广泛应用于信息安全、科学计算和数据资源管理等领域。

数据目录服务支持集成的、网络化的、统一的数据资源管理和使用系统,而不是各个独立功能的简单聚合,其同步更新机制比关系数据库更适合于异构系统环境,通过索引机制大大提高了数据检索的速度,从而提高了系统的性能。数据目录服务由于应用环境不同、具体实现不同呈现出各种特点,但有五个特征是共性的:

(1) 专门为读信息做优化;

(2) 实施分布存储模型;

(3) 扩展信息的种类;

(4) 具有高级检索功能;

(5) 信息可以在目录服务器之间松散地复制。

数据目录服务遵循通用的目录服务体系框架,目前有两个国际标准,即较早的 X.500 标准和较新的 LDAP 标准,LDAP 标准实际上是在 X.500 标准基础上产生的一个简化版本,是 X.500 标准中的目录访问协议 DAP 的一个子集,可用于建立 X.500 目录,因此这两个目录服务技术标准有许多共同之处,本书着重介绍后者。

1. 轻量级目录访问协议

LDAP(Lightweight Directory Access Protocol)称为轻量级目录访问协议,是一个标准的、可扩展的目录访问协议。LDAP 目录中可以存储各种类型的数据,通过把数据目录作为系统集成中的一个重要环节,可以简化数据查询的步骤,在大规模范围内实现 LDAP,可以实现分布、异构数据源的统一访问,因为运行在几乎所有计算机平台上的所有的应用程序都可以从 LDAP 目录中获取数据。

LDAP 的工作方式是服务器/客户端,需要使用目录数据的客户端程序通过调用 LDAP API 函数来发出 LDAP 请求。LDAP 请求通过 TCP/IP 网络发送到 LDAP 目录服务器,后者接收请求，并试图完成指定的操作，返回结果给客户端。LDAP 目录中的信息是按照树型结构组织的，具体信息存储在被称作条目(entry)的数据结构中。条目相当于关系数据库中表的记录。条目具有一个称作区别的属性，用来引用条目，其相当于关系数据库表中的关键字。属性由类型和一个或多个值组成，相当于关系数据库中的字段由字段名和数据类型组成。LDAP 把数据存放在文件中，为提高效率可以使用基于索引的文件数据库。LDAP 中条目的组织一般按照地理位置和组织关系进行组织，非常直观。典型的 LDAP 体系结构如图 7-10 所示。

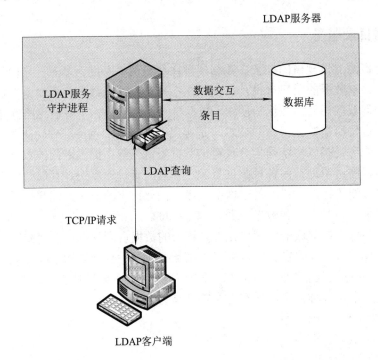

图 7-10　典型的 LDAP 体系结构

　　LDAP 目录服务器支持分布式的目录服务，在目录结构较为庞大时，可使用多个服务器分别存放目录的不同部分，目录服务器间通过指针相连。当某个条目不在被查询的服务器上时，而服务器又存有该条目的指针，服务器就会将此指针返回给客户端，客户端会自动按照所指位置继续查询。

　　LDAP 有四种基本模型：信息模型、命名模型、功能模型、安全模型。

　　信息模型用于描述 LDAP 的信息表示方式。在 LDAP 中信息以树状方式组织，在树状信息中的基本数据单元是条目，条目由属性构成，每个属性类型有所对应的语法和匹配规则。LDAP 中的一个属性类型可以对应多个值。在 LDAP 中把对象类、属性类型、语法和匹配规则统称为 Schema，在 LDAP 中有许多系统对象类、属性类型、语法和匹配规则，这些系统的 Schema 都在 LDAP 标准中进行了规定，同时不同的应用领域也定义了自己的 Schema，同时用户在应用时，可以根据需要自定义 Schema。例如为了对某个作战仿真系统的数据资源和用户进行管理，就可以设计一个针对此应用特点的 Schema，把其中的用户和用户对不同资源的服务权限和服务的规则定义好。

命名模型用于描述 LDAP 中的数据如何组织。LDAP 中的命名模型，即 LDAP 中的条目定位方式。在 LDAP 中每个条目均有自己的 DN 和 RDN。DN 为该条目在整个树中的唯一名称标识，RDN 为条目在父节点下的唯一名称标识，如同文件系统中，带路径的文件名就是 DN，文件名就是 RDN。

功能模型用于描述对 LDAP 中的数据的操作。共有四类操作：查询类操作，如搜索、比较；更新类操作，如添加条目、删除条目、修改条目、修改条目名；认证类操作，如绑定、解绑定；其他操作，如放弃和扩展操作。除了扩展操作，另外 9 种是 LDAP 的标准操作；扩展操作是 LDAP 中为了增加新的功能，提供的一种标准的扩展框架。

安全模型用于描述 LDAP 中的安全机制。LDAP 中的安全模型主要通过身份认证、安全通道和访问控制来实现。

2. 公共元数据目录

在数据领域中，描述数据目录信息的是数据集元数据，元数据是指信息系统中对信息资源、控制流程和信息流等相关信息的描述信息。元数据是规范化的描述信息，是由数据的各项特征构成的信息集合。元数据是了解信息资源是否存在及其他信息的基本资料，也是进行信息共享和系统之间互操作的基础。用户通过数据目录服务对数据集元数据进行查询并获取相应的元数据。对用户而言，数据目录服务实际上提供的是数据集元数据的查询服务，它根据用户的需求，在元数据库中查询相应的元数据信息，并将查询结果以一定的形式展现给用户，数据目录服务应用的基本流程如图 7-11 所示，主要包括三个步骤。

(1) 用户应用访问目录服务器。

(2) 目录服务器给用户应用返回存储在元数据库中的目录信息。

(3) 用户依据返回的目录信息访问相应的数据库中的数据集。

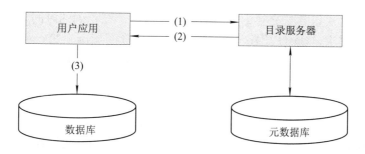

图 7-11 数据目录服务的基本流程

公共元数据目录负责维护异构环境中各种实体的信息，是全球信息栅格(GIG)具体实现中的一项关键技术，它为用户身份认证、数据定位、访问控制、数据复制等提供支持。公共元数据目录在信息技术和以网络为中心的现代战争中有着广泛的需求和应用。美军对公共元数据目录设计的初衷基于以下设想：

(1) 创建一个包含所有需求的元数据目录是不现实的。

(2) 不能再增添新的像过去那样的"烟囱式"目录。

(3) 要提高已有目录系统的互操作性。

(4) 需要一个标准的、已经定义好的目录访问接口。

通过公共元数据目录(包括目录服务、复合查询服务等具体形式)，用户可以查询到相关数据的描述信息，包括数据的标识信息、质量信息、表示信息、实体和属性信息、发行信息、元数据参考信息、应用模式信息。通过公共元数据目录服务，用户可以确定该数据是否是自己所需要和关心的内容，进而做出是否进一步操作的决定。

公共元数据目录的核心结构主要包括 3 项内容：

(1) 目录本身必需的属性数据(如可存取性、共享性、安全性)。

(2) 信息元数据(如姓名、创建日期、地点等)。

(3) 可单独装载的分类表。

元数据目录的管理包括元数据的命名、发布和访问，并为用户提供统一的访问接口。在公共元数据目录中，应该尽量采用统一的结构来描述元数据。一般情况下采用 XML 语言对元数据进行描述。对特定领域的元数据，必须要由权威部门或专家对元数据的描述进行详细规定。

7.3.2　数据发布服务

数据的"发布/订购"机制以其出色的适用性吸引了各方的广泛关注，它具有松耦合通信、动态即插即用、多对多、异步通信方式等特点，提供了一种高效的数据分发方式，能适应高度动态和以数据为中心的网络环境，在大规模分布式仿真系统中得到广泛的应用，比如当前分布式交互仿真系统中最常见的 HLA/RTI 体系结构。HLA/RTI 具有一整套完整的数据交互机制、接口和服务体系，本书从帮助读者了解数据发布/订购机制的基本原理出发，介绍更为常见的数据发布服务标准——DDS。

1. DDS 简介

为了更好地解决以数据交换为目的的分布式系统"在正确的时间、正确的位置获取正确的数据"的需求，OMG 组织于 2004 年 12 月发布了国际上第一个基于发布/订阅模型的、以数据为中心的实时系统数据发布服务标准 DDS(Data Distribution Service)。DDS 使分布式实时系统中数据发布、传递和接收的接口和行为标准化，定义了以数据为中心的发布/订阅机制。DDS 规范使用 UML 语言描述服务，提供了一个与平台无关的数据模型(即能够映射到各种具体的平台和编程语言)。DDS 简化了分布式系统中数据高效、可靠的发布，它主要应用在要求高性能、可预见性和对资源有效使用的关键任务领域。另外，DDS 除了使系统具有实时性、可靠性、安全性外，还具有以下特点：

(1) 开放性：DDS 是开放式的体系结构，可以最大化利用现成的商业产品，并易于新技术的注入；

(2) 集成性：旧系统中的公共构件，可以按需集成到新系统中，实现资源的可重用；

(3) 分布性：DDS 体系结构提供分布式的处理环境，各个子系统通常分布在不同物理节点上，包括不同的计算机硬件、操作系统等；

(4) 空间松耦合性：发布方与订阅方各自透明，不需要获取对方信息；

(5) 时间松耦合性：提供数据持久性支持，发布方与订阅方不必同时在线耦合；

(6) 适应性：与传统应用环境相比，使该系统呈现鲜明的动态特性，系统在运行时可以通过装载不同的软件来动态配置系统的功能，并对环境产生的变化做出及时的反应。

　　DDS 分布式体系结构描述了两个层次的接口：以数据为中心的发布/订购层(DCPS)和可选的数据重建层(DLRL)。DCPS 层为 DDS 的基础层，为应用提供了数据发布和订购的功能，使发布者能够识别数据对象并发布数据，订购者能够发现感兴趣的数据，并能够将正确的数据有效地传递给真正的订购者；DLRL 层建立在 DCPS 层基础之上，能够将服务简单地集成到应用层，自动地在数据更新后重组数据，并通知所有的数据订购者更新本地数据。

2. DDS 的发布/订购机制

　　基本的通信模型需要提供两个必需的元素：被发送的数据类型与数据发送的目的地和时间。这种设计要求也体现了任务关键(Mission Critical)的信息交互系统的实际需求。发布—订购模型极好地满足了这一要求，它能够迅速地分布大量的时间关键的信息。发布—订购模型适用于大多数的实时关键任务控制系统。比如，具有大量周期性数据更新的分布式指控系统，发布—订购模型可以说是它最佳的选择。

　　DDS 的核心是以数据为中心的发布/订购模型，通过定义标准接口使应用程序运行在异构平台，在虚拟全局数据空间读写数据。应用程序使用该数据空间来声明其发布数据的目的，并将数据分类为它们感兴趣的一个或多个主题。类似地，应用程序对某些主题感兴趣，可利用该数据空间声明它们的意图并成为订购者接收数据。DDS 规范的 DCPS 定义了一个全局数据空间(Global Data Space，GDS)，指定了发布者和订阅者如何与该空间进行通信，所有的数据对象都存于此全局共享空间中，分布式节点通过简单的读、写操作便可以访问这些数据对象。

　　DCPS 的数据模型是由域、发布者、订购者、写数据者、读数据者、主题等单元组成的。每个单元都有其具体的物理意义和独立的功能。域参与者、主题、发布者、数据写、订购者、数据读都属于域实体。DDS 的发布/订购数据模型如图 7-12 所示。

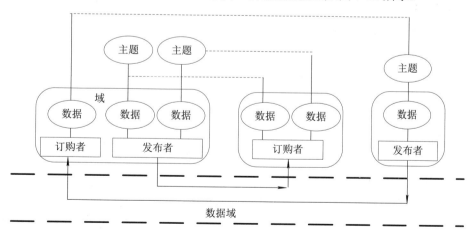

图 7-12　DDS 的发布/订购数据模型

　　(1) 域。域是 DDS 所提供的数据交换服务的一个范围，是发布/订购机制内的一个基本分隔单位。其他实体都是分属于某个域的。只有属于同一个域的各个实体之间才能够相互地进行连接通信。在一个域内的代理为该域的域参与者，担任其他域实体的"工厂"(Factory)角色，负责它们的创建和回收，它是其他域实体的容器，代表了不同的计算机通信平台上的应用程序对服务的请求。域并不等同于节点，一个节点可以参与多个域，一个域也可以跨越多个节点。

(2) 主题。主题是全局数据空间中数据集合的抽象，封装了被发布数据的数据类型，是订购者期待的数据类型，是发布者和订购者之间交换数据的虚拟通道。每一个主题都有一个在域内唯一的名字和一个供发布用的数据类型，还可以附加与数据本身相关的服务质量策略(QoS)。具体的数据由数据实例来表达，一个主题可能包含多个数据实例，所以必须对这些实例进行区分。通常以某些特定的数据字段的值(即数据集的关键字)来区分这些实例。区分规则为：具有同样关键字的不同数据值表示继承自相同的实例；而具有不同的关键字的不同数据值表示的这些数据值继承自不同实例。如果没有提供关键字，在一个主题下的数据集将受制于同一实例。数据实例的各个数据值为数据示例。通过主题，才使发布者和订购者之间松耦合关系产生了联系。

(3) 发布者和写数据者。发布者进行数据的分发，负责对某个主题进行发布，决定"在什么时候、向哪个订购者发送数据更新消息"，同时发布者还担任写数据者的"工厂"角色，负责写数据对象的创建和回收。写数据者充当数据的访问器，直接面向数据。一旦数据对象通过写数据者与发布者进行了联系，那么发布者将根据设定的 QoS 对数据对象进行发布。

(4) 订购者和读数据者。订购者是订购过程的管理者，它负责对某个主题进行订购，同时担任实体数据读的"工厂"角色，负责数据读对象的创建和回收。数据读取者接收来自订购者的数据，接着把该数据值传给应用。每个数据读取者都有一个主题，即每个数据读取者都只专注于应用所感兴趣的某种数据类型，订购应用使用的数据读取者接口来接收这些数据示例。

(5) 服务质量策略。通过服务质量策略可对数据交互过程进行精确的控制，如可靠性、资源的利用、带宽控制、传输最大时延、传输层的配置、容错、一致性、数据持久性等，从而提高了系统的灵活性和适应性。

另外，为了高效地进行数据的交互，DDS 还提供了监听器和条件触发器两种机制，来支持应用程序准确地监听通信状态的变化。

7.3.3　数据资源全文检索服务

全文检索技术是以各类数据，诸如文字、声音、图像等为处理对象，提供按照数据资料的内容而不是外在特征来实现的信息检索手段。它能提供细粒度的针对数据内容的查询手段，能够快速方便地查到用户想要的任何信息。以全文检索为核心技术的搜索引擎也已成为网络时代的主流技术之一，其全文检索的对象一般分为结构化数据和非结构化数据。结构化数据的检索技术最常用的方式是采用关系数据库管理系统，其底层结构是规范化二维表，这种数据模式不利于管理大量非结构化数据，而通过全文检索技术能够有效地管理和检索非结构化数据。其中，搜索引擎是目前全文检索技术的典型应用形式。

搜索引擎是专门针对互联网信息而衍生的全文检索工具，搜索引擎的出现方便了多数网民对数据访问的需求和利用。搜索引擎采用的是传统的全文检索理论，对每篇网页或文档进行扫描并建立倒排索引，并统计词频对检索结果排序，从而实现全文检索技术。目前，百度索引擎由于简单实用以及覆盖范围广泛，已成为人们必需的查询工具。目前，搜索引擎技术具有以下突出的新特点。

(1) 提供智能化搜索。如何快速满足用户定制化需求是提高数据检索服务体验的关键，因此，基于个性化搜索、地理位置感知下的智能检索技术应运而生。同时，当用户的关注点发生变化时，基于历史搜索内容，可自动展现用户当前想得到的信息，从而极大提高信息检索的针对性和准确性。当然，搜索引擎也可以通过实时采集用户搜索行为，对用户进行画像，从而进一步提高智能化搜索的精准度。

(2) 满足用户兴趣聚类。通过对查询日志的分析挖掘，可以将查询人员的兴趣进行类聚，例如可以基于某个概念访问频率矩阵进行查询人员兴趣聚类。对同一概念的数据访问的用户越多，说明这些是兴趣相似的查询人员，从而进行精准的信息检索结果推送。

(3) 提供个性化搜索。在追求个性的时代，建立一套准确的个人兴趣模型，将引领搜索走向更高层次。例如可根据用户历史浏览、社交网络、地理感知等提取关键词及权重，为不同用户提供个性化的搜索结果。而随着用户兴趣的不断变化，让机器学习用户兴趣，保持与用户一致的兴趣，将是未来搜索引擎的发展趋势。

(4) 实现垂直化综合搜索。综合搜索引擎虽然搜索的内容多且广，但无法满足特定的需求。而垂直化搜索引擎具有有效的信息收集政策，缩短了更新周期。有针对性关注的领域，必定促进其对核心专业知识和技术的关注，以确保信息收集的完整性。其特点是给具有相同兴趣的用户提供平台，通过交流、共享经验，实现用户满足感的最大化。

随着科技的不断发展，搜索引擎综合利用人工智能、分布式处理、云计算等新技术手段，对信息进行全面收集和良好的去噪，从而展现更加细致、精确的全文检索结果，进一步提升人类信息资源建设的成果应用价值。

本 章 小 结

数据是各领域信息化建设的基础和核心，数据共享和应用是数据工程的最终目标。本章通过介绍数据共享体系和数据应用体系，帮助读者从体系化角度理解如何实现数据的共享和应用。当然相关的技术也在不断发展，大数据时代的数据共享和应用还有许多新的课题值得研究，如共享中的数据安全问题，应用模式中还有更多创新场景需要设计，等等。只有将数据共享和应用作为一项重要的经常性工作来抓，通过广泛应用不断充实完善系统的功能并提高数据的保障能力，使"建""用"真正结合起来，对各领域的信息化建设都具有十分重要的意义。

本章参考文献

[1] 盛小平，武彤. 国内外数据开放共享研究综述[J]. 图书情报工作，2019，63(17)：6-9.

[2] 左建安，陈雅. 大数据时代的数据共享模式研究[J]. 新世纪图书馆，2014(3)：32-35.

[3] 马宁，刘召. 数据资源开放共享体系研究[J]. 中国科技资源导刊，2017，39(3)：15-17.

[4]　林平，刘永辉，陈大勇. 军事数据工程基本问题分析[J]. 军事运筹与系统工程，2012，26(1)：5-7.

[5]　赵胜钢. 国家农业数据共享体系研究与应用[D]. 北京：中国农业科学院，2009.

[6]　戴剑伟，吴照林，朱明东，等. 数据工程理论与技术[M]. 北京：国防工业出版社，2010.

[7]　蒋维. 军事训练本体及其在数据库智能检索引擎应用研究[D]. 南京：解放军理工大学，2008.

[8]　朱小宁. 数据挖掘：信息化战争的基础工程[N]. 解放军报，2005-8-30 (006).

[9]　李传方，许瑞明，麦群伟. 作战能力分析方法综述[J]. 军事运筹与系统工程，2009，23(3)：72-77.

[10]　程恺，车先明，张宏军，等. 基于支持向量机的部队作战效能评估[J]. 系统工程与电子技术，2011，33(5)：1055-1058.

[11]　程恺，车先明，张宏军，等. 基于粗糙集和贝叶斯网络的作战效能评估[J]. 计算机工程，2011，37(1)：10-12.

[12]　程恺，张睿，张宏军，等. 基于统计分析的作战行动效能评估方法[J]. 计算机应用，2012，32(4)：1157-1160.

[13]　程恺. 基于训练效果的部队作战效能评估及作战资源分配方法研究[D]. 南京：解放军理工大学，2012.

[14]　程恺，张宏军，张睿，等. 基于扩展时间影响网络的作战任务效能计算方法[J]. 系统工程与电子技术，2012，34(12)：2492-2497.

[15]　IBM DW. 面向服务的体系结构详述[EB/OL]. http://tech.ccidnet.com/pub/article/ c322_a206969y2.html.

[16]　程雄. 对数据服务发布标准基本要素的研究[J]. 计算机与数字工程，2007，8.

[17]　曹占广. 面向服务架构的作战服务建模与仿真[M]. 北京：国防大学出版社，2012.

[18]　刘晓明. 战场信息管理[M]. 北京：国防工业出版社，2012.

[19]　韩文科. 关于搜索引擎技术的发展和思考[J]. 金融科技时代，2019，(10)：14-15.

[20]　刘静. 浅析全文检索技术及其发展[J]. 中国西部科技，2010，09(08)：44-46.

第 8 章　数据标准规范

　　美国国防部在《网络中心数据共享实施指南》中明确提出数据共享需实现数据的可发现、可访问、可理解和可信赖。数据标准化工作是实现上述目标的基础性实践工作，是针对数据标准的制定、宣贯和实施进行的一系列的活动。本章主要从标准与标准化的基本概念入手，重点阐述数据标准中关于数据元、元数据和数据分类与编码标准制定的有关技术和方法，简单介绍了标准贯彻实施与监督等标准管理的内容。

8.1　数据标准规范概述

8.1.1　标准和标准化的基本概念

1. 标准概念

　　在 GB/T 3935.1—83《标准化基本术语》第一部分中对"标准"的定义是："标准是对重复性事物和概念所做的统一规定。它以科学、技术和实践经验的综合成果为基础，经有关方面协商一致，由主管机构批准，以特定形式发布，作为共同遵守的准则和依据"。

　　1996 年, GB 3935.1—83 根据 ISO/IEC(国际标准化组织/国际电工委员会)第 2 号指南(第 6 版)进行了修订。在修订后的 GB/T 3935.1—1996 中对"标准"的定义是："为在一定范围内获得最佳秩序，对活动或其结果规定共同和重复使用的规则、导则或特性的文件。该文件经协商一致制定并经一个公认机构批准"。

　　两个定义从不同侧重点描述了"标准"概念的特性。"标准"概念应具有以下特点：

　　(1) 制定标准的出发点是"建立最佳秩序、取得重大效益"。

　　(2) 标准产生的基础既体现出它的科学性，又体现出它的民主协商性。如制定产品标准不仅要有生产部门参加，还应当有用户、科研、检验等部门参加共同讨论研究，协商一致，这样制定出来的标准才具有权威性、科学性和适用性。

　　(3) 制定标准的对象已经从技术领域延伸到经济领域和人类生活的其他领域，其对象是重复性事物和概念，这里讲的"重复性"指的是同一事物或概念反复多次出现的性质。只有当事物或概念具有重复出现的特性并处于相对稳定时才有制定标准的必要，使标准作为今后实践的依据，以最大限度地减少不必要的重复劳动，又能扩大"标准"重复利用范围。

　　(4) 标准的本质特征是统一。不同级别的标准、不同类型的标准，是在不同范围内、从不同角度或侧面进行统一的。

(5) 标准文件有着自己的一套格式和制定、颁布的程序。一般做到"三稿定标"：征求意见稿→送审稿→报批稿。标准的编写、印刷、幅面格式和编号、发布的统一，既可保证标准的质量，又便于资料管理，体现了标准文件的严肃性。所以，标准必须"由主管机构批准，以特定形式发布"。标准从制定到批准、发布的一整套工作程序和审批制度，是使标准本身具有法规特性的表现。

2. 标准分类

根据《中华人民共和国标准化法》，我国标准可分为强制性标准和推荐性标准两大类。强制性标准的代号是 GB，必须严格执行。强制性标准多是涉及国家安全、防止欺诈行为、保障人身健康与安全、保护动植物生命和健康、保护环境一类的标准，不符合强制性标准的产品，禁止生产、销售和出口。推荐性标准的代号是 GB/T，可以自愿采用。国家鼓励企业自愿采用推荐性标准。需要注意的是，当推荐性标准被法律、法规或合同引用时，就具有相应约束力，必须强制执行。

按标准批准的机关和适用范围，标准也有不同级别，见表 8-1。

表 8-1　标准不同的适用范围

名　称	范　围	代 号 示 例
国际标准	国际通用	ISO(国际标准化组织)、IEC(国际电工委员会)、ITU(国际电信联盟)等
国家标准	国家适用	GB(国家强制标准)、GB/T(国家推荐标准)
行业标准	特定行业适用	GJB(国家军用标准)、JC(建材行业标准)
地方标准	地方(省、自治区、直辖市)适用	DB + 行政区代码前两位,如 DB11(北京市标准)、DB33(浙江省标准)等
企业标准	特定企业或单位适用	Q + 企业代码 + 标准号 + 年度格式，如 Q/SOR 04.739—2007(奇瑞汽车金属材料取样标准)

当遵循或引用标准时，应优先采用适用范围更广的标准。比如，仅在没有适用的国家标准可遵循的情况下，才能遵循地方标准或行业标准。我国常见行业的标准代号见表 8-2。

表 8-2　我国常见行业的标准代号

行业名称	行业标准	行业名称	行业标准
核行业标准	EJ	黑色金属行业标准	YB
航天行业标准	QJ	建材行业标准	JC
航空行业标准	HB	有色金属行业标准	YS
船舶行业标准	CB	化工产品行业标准	HG
兵器行业标准	WJ	轻工行业校规	QB
电子行业标准	SJ	纺织行业标准	FZ
机械行业标准	JB	通信行业标准	YD

国家军用标准作为军队建设的法规性文件，一般分为军用标准、军用规范和指导性技术文件三类。表 8-3 列出了三种分类的内容、目的和使用上的各自特点。

表 8-3 我国国家军用标准的分类

特 点	类 别		
	军用标准	军用规范	指导性技术文件
内容	过程、程序、方法、术语、代号、代码、产品分类等	是否符合要求的试验方法，检验规则	为有关活动提供资料、信息、指南
目的	统一概念，促进交流，简化品种，保证互换、兼容	保证产品、服务的符合性	帮助文件编制
使用	通过"规范"起作用	作为供需双方订购、研制、验收的依据	不能进入合同

此外，还可根据按标准化对象的基本特性分为技术标准、管理标准和工作标准。根据技术标准，按内容的不同可分为基础标准、产品标准和方法标准等。

3. 标准化

国家标准 GB 3935.1—83 中规定"标准化"是"在经济、技术、科学及管理等社会实践中，对重复性事物和概念，通过制定、发布和实施标准，达到统一，以获得最佳秩序和社会效益"。

修订后的国家标准 GB 3935.1—1996 中规定："标准化"是"为在一定的范围内获得最佳秩序，对实际的或潜在的问题制定共同的和重复使用的规则的活动"。

上述定义虽然各有特点，但含义大体相同，基本上都认定标准化是一个包括制定标准和贯彻实施标准，并对标准的实施进行监督从而获得最佳秩序和最佳社会效益的全部活动过程。这个过程具有以下三个特点：

(1) 过程由三个关联的环节组成，即制定、发布和实施。

(2) 活动过程在深度上是一个没有止境的循环上升过程。在实施中随着科学技术发展，对原标准适时进行总结、修订，再实施，每循环一次，标准就充实新的内容、产生新的效果、上升到一个新的水平。

(3) 活动过程在广度上也是一个不断扩展的过程。如过去只制定了产品标准、技术标准，根据新的需求，现在需要制定管理标准、工作标准等。

事实上，国家为了推进标准的编写和标准化工作也制定了相应推荐标准，如 GB/T 1《标准化工作导则》、GB/T 20000《标准化工作指南》、GB/T 20001《标准编写规则》等。

8.1.2 数据标准化的概念

1. 数据标准化概念

数据标准化是对数据进行有效管理的重要途径。基于前文对标准化概念的定义，数据标准化可理解为：通过制定、发布和实施数据相关标准，以获取"最佳秩序和效益"为目的将数据组织起来，进行采集、存储、应用及共享的一种手段。

数据标准化的具体步骤包括制定、发布、宣贯数据有关的法规性文件或标准，提供数据标准化的工具等。需标准化的内容包括建立数据标准体系、元数据标准化、数据元标准化和数据分类与编码标准化等。其中，数据标准体系是指一定业务领域范围内的数据标准按其内在联系形成的有机整体，多以标准体系表的形式发布；元数据标准化主要是对数据外部特征进行统一规范描述，包括数据标识、内容、质量等信息，便于使用者发现数据资源；数据元标准化是对数据内部基本元素的名称、定义、表示等进行规范，便于数据集成、共享；数据分类与编码标准化是对数据进行统一的分类和编码，避免对同一信息采用多种不同的分类与编码方法，造成数据共享和交换困难。

2. 数据标准化活动

数据标准化阶段的具体过程包括确定数据需求、制定数据标准、批准数据标准和实施数据标准四个阶段。

(1) 确定数据需求：本阶段将产生数据需求及相关的元数据、域值等文件。在确定数据需求时应考虑现有法规、政策，以及现行的数据标准。

(2) 制定数据标准：本阶段要处理上一阶段提出的数据需求。如果现有的数据标准不能满足该数据需求，可以建议制定新的数据标准，也可建议修改或者封存已有数据标准。推荐的、新的或修改的数据标准将被记录于数据字典中。这个阶段将产生供审查和批准的成套建议。

(3) 批准数据标准：在本阶段，数据管理机构对提交的数据标准建议、现行数据标准的修改或封存建议进行审查。

(4) 实施数据标准：本阶段涉及在各信息系统中实施和改进已批准的数据标准。

8.1.3　数据标准体系

当某一领域需建立多层次、多类别的诸多标准时，通常首先建立其标准体系，以保证本领域标准的系统性、完整性和科学性。建立标准体系的关键在于对标准的分类或分层。一般意义上可将数据标准分为三类：指导标准、通用标准和专用标准。下面分别对这三类标准进行简要描述。

1. 指导标准

与标准的制定、应用和理解等方面相关的标准称为指导标准。它阐述了数据共享标准化的总体需求、概念、组成和相互关系，以及使用的基本原则和方法等。

指导标准包括：标准体系及参考模型、标准化指南、数据共享概念与术语、标准一致性测试。

2. 通用标准

数据共享活动中具有共性的相关标准称为通用标准。通用标准分为三类：数据类标准、服务类标准和管理与建设类标准。

1) 数据类标准

数据类标准包括：元数据、分类与编码、数据内容等方面的标准。

元数据标准包括元数据内容、元数据 XML/XSD 置标规则、元数据标准化基本原则和方法。元数据标准用于规范元数据的采集、建库、共享以及应用。

分类与编码标准包括数据分类与编码原则、数据分类与编码方法，作为特点领域数据分类与编码时共同遵守的规则。

数据内容标准包括数据元标准化原则与方法、数据元目录、数据模式描述规则和方法、数据交换格式设计规则、数据图示表达规则和方法、空间数据标准等。数据内容标准用于数据的规范化改造、建库、共享以及应用。

2）服务类标准

服务类标准是提供数据共享服务的相关标准的总称，包括数据发现服务、数据访问服务、数据表示服务和数据操作服务，涉及数据和信息的发布、表达、交换和共享等多个环节，规范了数据的转换格式和方法，互操作的方法和规则，以及认证、目录服务、服务接口、图示表达等方面。

3）管理与建设类标准

管理与建设类标准用于指导系统的建设，规范系统的运行，包括质量管理规范、数据发布管理规则、运行管理规定、信息安全管理规范、共享效益评价规范、工程验收规范、数据中心建设规范和门户网站建设规范等。

3. 专用标准

专用标准就是根据通用标准制定出来的满足特定领域数据共享需求的标准，重点是反映具体领域数据特点的数据类标准，如领域元数据内容、领域数据分类与编码、领域数据模式、领域数据交换格式、领域数据元目录和领域数据图示表达规范。

各类标准的标准示例见表 8-4。需要说明的是，这种划分不是唯一的，各领域可根据应用实际，对其进行裁剪、扩展或修订。

表 8-4 数据标准体系表示例

类 别			标 准 示 例
指导标准			标准体系及参考模型 标准化指南 数据共享概念与术语 标准一致性测试方法
通用标准	数据	元数据	元数据标准化基本原则和方法 元数据内容 元数据 XML/XSD 置标规则
		分类与编码	数据分类与编码原则与方法 数据分类与编码
		数据内容	数据元目录 数据元标准化原则与方法 数据模式描述规则和方法 数据交换格式设计规则 数据图示表达规则和方法

续表

类 别			标 准 示 例
通用标准	服务	数据发现	数据元注册与管理 目录服务规范 数据与服务注册规范
		数据访问	数据访问服务接口规范 元数据检索和提取协议 WEB 服务应用规范
		数据表示	数据可视化服务接口规范
		数据操作	数据分发服务指南与规范 信息服务集成规范
	管理和建设	管理	质量管理规范 数据发布管理规则 运行管理规定 信息安全管理规范 共享效益评价规范 工程验收规范
		建设	数据中心建设规范 数据中心门户网站建设规范
专用标准	基础数据 业务数据 环境数据 模型数据 标准数据		元数据内容 数据分类与编码 数据模式 数据交换格式 数据元目录

8.2 元数据标准化

8.2.1 元数据基本概念

1. 元数据定义

元数据最初被提出是在图书情报领域，产生的动因来自现代信息资源在处理上的两大挑战：一是数据化资源逐渐成为信息资源的主流，而这些资源从产生、存档、管理到使用都远远不同于传统的纸介质文献；二是网络和数字化技术使信息的发布既快速又便捷，由此产生的海量信息要求有与现代计算机技术和网络环境相适应的方便、快捷、有效的数据发现和获取方法。

元数据最简单的定义是：关于数据的数据(data about data)。这一定义虽然简洁地说明了元数据的性质，但却不能全面地揭示元数据的内涵。可从以下几个方面更全面地理解元数据概念：

元数据是关于数据的结构化数据(structured data about data)，这一定义强调了元数据的结构化特征，从而使采用元数据作为信息组织的方式同全文索引有所区分。

元数据是用于描述数据的内容(what)、地理(where)、时间覆盖范围(when)、质量管理方式、数据的所有者(who)、数据的提供方式(how)的数据，是数据与数据用户之间的桥梁。

元数据提供了描述对象的概貌，使数据用户可以快速获得描述对象的基本信息，而不需要具备对其特征的完整认识。数据用户可以是人，也可能是程序。

元数据多是用于描述网络信息资源特征的数据，包含网络信息资源对象的内容和位置信息，促进了网络环境中信息资源对象的发现和检索。

简言之，元数据是按照一定的定义规则从资源中抽取出相应的特征，进而完成对资源的规范化描述。如对目前广泛使用的关系型数据库而言，其元数据就是对数据库模式信息特征和业务管理信息特征的抽取，在内容上可描述数据资源的内容、覆盖范围、质量、管理方式、数据的所有者、数据的提供方式等有关的信息。元数据能够广泛应用于信息的注册、发现、评估和获取。

2. 元数据结构

元数据结构包括内容结构(Content Structure)、句法结构(Syntax Structure)、语义结构(Semantic Structure)。

内容结构是对元数据的构成元素及其定义标准进行描述。一个元数据由许多完成不同功能的具体数据描述项构成，这些具体的数据描述项称为元数据元素项或元素，如题名、责任者等，都是元数据中的元素。元数据元素一般包括通用的核心元素、用于描述某一类型信息对象的核心元素、用于描述某个具体对象的个别元素，以及对象标识、版权等内容的管理性元素。

为了更清晰地描述元数据结构，可将元数据元素按照层次结构划分为元数据元素、元数据实体和元数据子集。元数据元素是元数据的最基本的信息单元，例如数据集名称、数据集标识符、元数据创建日期等；元数据实体是同类元数据元素的集合，用于一些需要组合若干个更加基本的信息来表达的属性，例如"数据集提交和发布方"需要"单位名称""联系人""联系电话""通信地址"等若干个基本信息来说明，而数据集"关键词说明"需要"关键词"和"词典名称"来说明，对于"数据集提交和发布方"和"关键词说明"这类属性可用元数据实体来表示；元数据子集由共同说明数据集某一类属性的元数据元素与元数据实体组成，例如标识信息、内容信息、分发信息等。

语法结构定义了元数据格式结构及其描述方式，即元数据在计算机应用系统中的表示方法和相应的描述规则。应采用 XML DTD、XML Schema、RDF 来标识和描述元数据的格式结构。

语义结构定义了元数据元素的具体描述方法，即定义描述时所采用的共用标准、最佳实践或自定义的语义描述要求。可参考国际标准 ISO/IEC 11179(即国标 GB18391)《信息技术—数据元的规范与标准化》所规定的数据元描述方法进行描述，也可以根据描述对象所在领域的特点自行确定。ISO/IEC 11179 中采用以下 10 个元素描述：

(1) 名称(Name)：元素名称。

(2) 标识(Identifier)：元素唯一标识。

(3) 版本(Version)：产生该元素的数据版本。

(4) 注册机构(Registration Authority)：注册元素的授权机构。

(5) 语言(Language)：元素说明语言。

(6) 定义(Definition)：对元素概念与内涵的说明。

(7) 选项(Option)：说明元素是限定必须使用的还是可选择的。

(8) 数据类型(Data type)：元素值中所表现的数据类型。

(9) 最大使用频率(Maximum Occurrence)：元素的最大使用频次。

(10) 注释(Comment)：元素应用注释，用于说明子元素情况。

常见元数据标准中规定的描述元素见表 8-5。

表 8-5　常见元数据标准中规定的描述元素

标 准 名 称	描述项数量	具 体 描 述 项
都柏林核心元数据集 (DCMES)	15	题名、创建者、日期、主题、出版者、类型、描述、其他贡献者、格式、来源、权限、标识、语言、关联、覆盖范围
GB/T 19488.2—2008《电子政务数据元 第 2 部分：公共数据元目录》	15	中文名称、内部标识符、英文名称、中文全拼、定义、对象类词、特性词、表示词、数据类型、数据格式、值域、同义名称、关系、计量单位、备注
中国科学院科学数据库核心元数据标准	9	中文名称、英文名称、标识、定义、类型、值域、可选性、最大出现次数、注释
美国国防部发现元数据规范 (DDMS)	17	题名、标识、创建者、发布者、贡献者、日期、语言、权限、类型、来源、主题、空间覆盖范围、时间覆盖范围、虚拟覆盖范围、描述、格式、安全

3. 元数据作用

元数据可以为各种形态的信息资源提供规范、普遍适用的描述方法和检索方式，为分布的、由多种资源组成的信息体系提供整合的工具与纽带。元数据的作用主要体现在以下几方面：

(1) 描述。元数据最基本的功能就在于对信息对象的内容描述，从而为信息对象的存取与利用奠定必要基础。各元数据格式描述信息对象的详略与深浅是不尽相同的，如 Dublin Core 所提供的即为最基本的描述信息。

(2) 定位。元数据包含信息对象位置方面的信息，可以通过它确定信息对象的位置所在，促进信息对象的发现和检索。

(3) 寻找或发掘。元数据提供寻找或发掘的基础。在著录过程中，将信息对象的重要特征抽出并加以组织，赋予语义，建立关系，使得检索结果更加精确，有利于用户发现真正需要的资源。

(4) 评价。元数据可提供信息对象的基本属性，便于用户在无需浏览信息对象本身的情况下，对信息对象有基本的了解和认识，对信息对象的价值进行评估，作为是否利用、如何利用的参考。

(5) 选择。根据元数据所提供的描述信息，参照相应的评价标准，结合现实的使用环境，用户做出决定选择适合使用的信息对象。另外，元数据的作用还体现在对信息对象的保存、管理、整合、控制、代理等多个方面。

8.2.2 典型元数据标准

1. 都柏林核心元数据集

都柏林核心元数据集(Dublin Core Metadata Element Set，DCMES)最初由美国 OCLC 公司于 1995 年提出，现在由国际性联合学术组织 DCMI(Dublin Core Metadata Initiative)负责管理与推广。尽管 DCMES 最初的应用目的是为了网络资源的著录与挖掘，但得益于其元素简单易用和基于自由共享精神的大力推广，目前 DCMES 的内容已远超过一套元数据词表，包括了一整套原则和方法的元数据应用标准规范体系。DCMES 包括资源内容描述、知识产权描述、外部属性描述 3 大类，共 15 个核心元素，并依据 ISO/IEC 11179 标准简单而完备地定义了这些元素的属性。DCMES 的优势在于其提供了一套完整的元数据方案，便于著录和检索；不足是对著录对象的描述深度不够，无法满足特定领域的描述和专指度较高的检索。为更好地规范 DCMES 的发展，使之提供更多领域元数据的可重复使用的"轮子"，DCMI 提出元数据应用纲要(Application Profile)模型。DCMI 认为，一套完整的元数据应用纲要应该包含五个部分：功能需求、领域模型、元素集和描述、应用指南、编码指南与数据格式。应用纲要框架如图 8-1 所示。

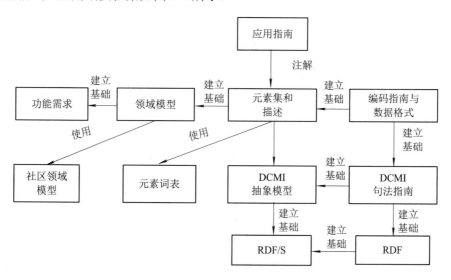

图 8-1 DCMI 的元数据应用纲要框架

DCMES 作为最早普及使用的元数据标准，大大推动了元数据标准体系框架技术与理论的发展。其最新在形式化定义和应用纲要等方面的发展，也为我们编制和运用元数据标准提供了很好的参考，如交由独立的技术协会而非公司或行政部门来制定其技术发展路线；领域模型与词汇表的建立；重视基于应用指南的推广；提供格式编码与描述语言等等。

2. 科学数据库核心元数据标准

中国科学院科学数据库核心元数据(Scientific DataBase Core Metadata，SDBCM)标准是针对中科院已经建成的几百个不同资源类型、不同学科的专业数据库，为有效揭示和管理这些复杂、异构、分布式数据资源，促进数据资源的利用、共享、交换和整合而建立的一套元数据共享方案。与 DCMES 近似平面结构的 15 个核心元素不同，SDBCM 采用扩展的、复杂的层级树状结构，包含数百项数据元素。SDBCM 标准不仅涵盖了关系型数据、文本文件、音视频文件等异构的数据资源元数据信息，也包括了提供数据服务的服务资源元数据信息，其顶层两级内容见图 8-2。在应用扩展性上，基于 SDBCM 可以扩展出类型相关应用方案(如图像通用元数据规范、视频资源元数据规范)和学科相关元数据方案(如生态研究元数据标准、大气数据元数据标准等)。

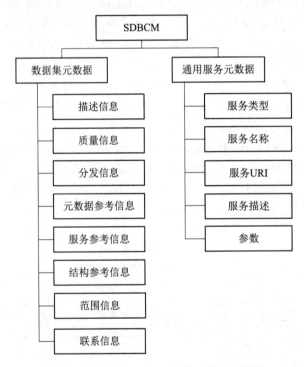

图 8-2　科学数据库核心元数据标准层次结构

SDBCM 是我国起步较早，范围较广，应用推广较成熟的一个元数据标准。中科院先后制定了《中国科学院科学数据库数据共享办法》《数据与服务注册规范》《数据分类与编码的基本原则和方法》《元数据标准化原则和方法》等一系列规范和教材指南，并开发了数据访问、通用元数据管理、安全控制、运行管控、应用服务器等一系列软件。这些配套设施是一个成熟、完备的元数据标准推广应用的必要条件。在标准文稿的内容上，SDBCM 包含了应用扩展方案、应用指南、常见问题解答(FAQ)、标准的 XML SCHEMSA 等丰富的附录内容。无论在标准自身还是在其配套设施上，SDBCM 都为我们提供了一个完整的参考范例。

3. 公共仓库元模型

公共仓库元模型(Common Warehouse Metamodel，CWM)是被 OMG(对象管理组织)采

纳的、在数据仓库和业务分析环境中进行元数据交换的标准。CWM 的目标是为数据仓库和业务分析领域定义一个语义完备的元模型，因此 CWM 在包括基于元数据标准所应具备的数据元素外，还定义了描述标准的元语言(UML)、共享元数据的交换格式和方法(XMI)、访问元数据的编程语言 API(JMI 或 IDL 映射)。CWM 在逻辑上采用分层思想，分为对象模型层、基础层、资源层、分析层、管理层五层，见图 8-3。

(1) 对象模型层。对象模型层是 UML 元模型核心包的一个子集，主要定义了基本的元模型类、关系和约束，其余的包都采用了继承的扩展机制，复用了对象模型层。

(2) 基础层。基础层包含了业务信息、数据类型、键和索引、软件部署、类型映射等特定功能的元模型，为更高层问题域的元数据建模提供公共服务。

(3) 资源层。资源层对对象模型层和基础层进行扩展，定义了各种不同类型数据资源的元模型。数据资源类型主要包括：面向对象的数据库、关系型数据库、面向记录的数据源、多维数据库和 XML 数据流。资源层主要为数据资源的逻辑模型和物理模型建模，是数据集成共享的基础。

(4) 分析层。分析层提供了支持仓库活动即面向分析的元数据模型，主要描述作用于数据资源之上的服务，其提供了处理和分析阶段元数据所必需的语法和语义。分析层中的转换包支持元数据的映射和转换，是模型驱动的数据集成方法实施的关键部分。

(5) 管理层。管理层定义了两个关于数据仓库活动处理的元模型，以支持仓库的日常操作和管理服务功能。

CWM 资源层的关系型包为关系数据库制定了一套完善的类结构，可以很好地对数据库元数据进行封装。在对元数据的组织上，CWM 摒弃了 DCMES 和 SDBCM 中的树形层次结构，转而采用了纯面向对象的方式，使用 UML 为描述语言，共包含 21 个包、204 个类、154 个关联和最深达 21 层的继承关系。

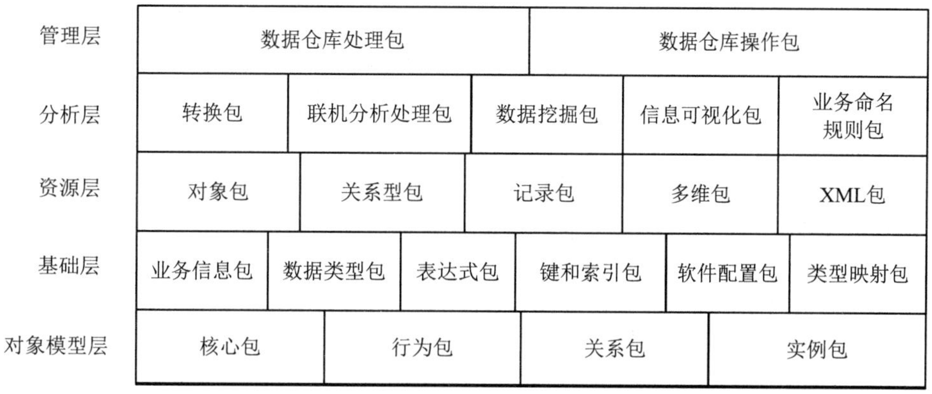

图 8-3　CWM 的包层次结构

CWM 可以根据具体业务需求进行裁剪。如对仅满足关系型数据库模式信息的元数据定义与组织，可以以关系型包为核心，只需使用其依赖的核心包、行为包、实例包、数据类型包、键和索引包等包。利用 CWM 的扩展机制可在元数据中增加更多的分类信息。CWM 提供了两种扩展机制，一种基于类继承的重量级扩展机制，另一种使用 Stereotype 和 TaggedValue 类的轻量级扩展机制。在具体应用中，两种扩展机制一般是同时使用的，如利用继承生成 Table 类的子类，利用 TaggedValue 类增加类别、密级等简单属性。

4. 美国国防部发现元数据规范

美国国防部发现元数据规范(Department of Defense Discovery Metadata Specification, DDMS)是美国国防部为支持网络中心数据战略(Net-Centric Data Strategy)的要求而制定的元数据标准规范，旨在对资源的共建共享规定框架与概念，此框架适用于对军事领域信息资源进行统一规范化建设的系统和组织，从而可以作为我军元数据规范建设的参考。

DDMS 的研究对象是需要参与共享的所有军事资源，即与军事相关的任何由数据组成的资源实体，包括各种数据库资源、系统或应用程序的输出文件、各种形式的资料、网页或者各种提供数据操作的服务；DDMS 的内容包括美国军事领域共享资源的元数据的体系结构、元素集组成、元素的定义，主要侧重的是支持搜索功能的描述性元数据的研究；DDMS 的主要功能是发现军事资源，通过灵活的搜索工具的支持，屏蔽资源的类型、格式、存储位置、分类等信息，迅速准确地找到用户所需的资源；DDMS 的元数据的著录层次发展起点是数据库层次，例如对数据库的建立者、基本特征、存取路径等的描述信息，目前正在向数据库内的记录的属性信息的层次进展，DDMS 与其相关政策会根据具体搜索应用的需求来增加数据库内的记录属性的信息。

DDMS 的设计遵循了元数据开放机制的思想，采用逻辑划分的方式或分为核心层与扩展层两大部分，各个元素根据其重要程度进行归类。DDMS 相当一部分元素的定义、编码规则复用了都柏林核心集元素的标准，编码语言采用 XML 与 HTML 两种方式，DDMS 的扩展机制规定了可以根据需要扩展核心集的元素或普通的扩展元素，所有的元数据信息都要统一注册管理。DDMS 的版本随着用户或系统的功能需求的变化而不断改进，如 DDMS 1.1 版本便引入了"反恐共享信息"方面的标准。

DDMS 的语法描述采用基于 XML 的 XML Schema 来定义语法结构，以 XML 形式保存的所有元数据文件，其文件语法结构的有效性通过 XML Schema 来验证。DDMS 的注册管理采用了开放登记机制(Open Registry)，建立了公开的网站，提供各种元数据格式的权威定义与用法等信息，用户或系统可以申请注册新的元数据标准，可以申请对原有元数据标准各层次的内容进行维护，如结构的改变，元素的增删、修改，注册新的规范词表、编码方案等，以使元数据标准能够实时满足用户或系统的最新需求。此外，开放登记机制还提供了元数据格式、元素、修饰词的检索机制。用户通过元数据的目录系统进行元数据的搜索，从得到的元数据中获取所要的各种数据资源。

8.2.3　元数据标准的分类与管理

1. 元数据标准的分类

对现有元数据的分类，一般可采用美国国会图书馆在其资源库核心元数据表的分类，即将元数据划分为描述型元数据、管理型元数据、结构型元数据三种类型。其中描述型元数据用于数字对象的发现；管理型元数据用于管理和保存资源库中的对象；结构型元数据主要用于资源库中数字对象的存储和显示。

对现有元数据标准的分类，大多按元数据标准所服务的业务领域进行划分。这里提出从对复杂性的处理、对业务领域的关联程度和数据组织结构三种视角对元数据标准进行划分，如表 8-6 所示。

表 8-6 不同视角的元数据标准划分

划分依据	分类	说 明	现有标准案例
对复杂性的处理	扩展方法	优点：具有非常好的灵活性和广泛的适用性； 缺点：不同元数据标准都需要根据本领域的特点对核心元数据进行扩展，扩展的原则、方法不尽一致，难以保证扩展后的元数据标准在语法和定义上的一致性	DCMES。如国家数字图书馆元数据标准就是在 DCMES 上进行的扩展
	裁剪方法	优点：元数据标准内容丰富，体系完备，具有较强的描述能力； 缺点：元数据标准所定义的体系结构、数据内容一般较为复杂，难以掌握	CWM。对常用关系数据库的应用，只需应用其 5 个包约 40 个类
对业务领域的关联程度	弱关联	弱关联方式体现在元数据标准的大部分内容可以适用于其他领域和行业。弱关联的标准与业务领域的相关性一般体现在特定的编码中，如单位编码表、数据分类编码表等	SDBCM。此标准虽然包括了数百项数据项，但这些数据项对其他业务领域的应用也具有参考意义和相当的实用性
	强关联	强关联方式要求元数据标准的编制者要仔细规划所涉及业务领域的所有数据项(即数据元)，并对其进行分类分析。这类标准更倾向于数据元标准，一般适用于业务领域面较窄的行业	行业标准 JT/T 484—2002《港口管理信息系统数据字典》。此标准规定了港口自然环境、港口设施、港口生产、港埠企业及生产质量安全和环境保护 5 类数据项定义近 400 项
数据组织结构	结构化层次模型	层次清晰的树形结构，具有一定的扩展性；但不具有数据的演化能力和封装能力	DCMES、SDBCM
	面向对象模型	采用关联、继承、聚合等关系处理数据关系，具有数据演化能力和数据封装能力	CWM

2. 元数据管理

元数据标准的提出只是数据共享工程的开始，要真正做到数据共享的元数据管理，还需要大量的后续软硬件设施的建设。图 8-4 列出了一个典型的元数据管理的应用场景。

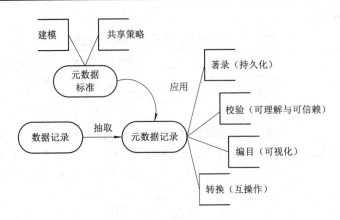

图 8-4　元数据的典型使用场景

元数据标准的应用对象是元数据，以元数据记录为中心，需要做大量的工作，具体如下：

(1) 抽取。抽取是指从现有数据记录中按照新的元数据标准抽取出元数据记录，这可以大大减少元数据著录的工作量，特别是对于关系型数据库记录，可用 JDBC 等跨数据库的访问技术进行自动化的抽取。

(2) 著录。著录是指要完成复合标准的元数据著录工作，实现元数据信息的可持久化，一般应持久化到数据和文件两种方式。

(3) 校验。校验是指探索元数据记录信息质量保证机制，保证元数据是可理解和可信赖的。

(4) 编目。编目是指以目录服务形式提供元数据的对外服务，参考 Windows 的活动目录树和 LDAP 实现，提供灵活、分布式的数据检索服务。

(5) 转换。元数据是异构数据相互转换的基础，必须开发相应的转换接口，满足数据互操作的需要。

此外，一个完整的元数据记录对外服务还应包括门户建设、运维环境、安全机制等。

元数据的管理需要大量的工程实践。以元数据持久化为例，对 DCMES、SDBCM 等以层次关系组织结构的元数据标准大多采用 XML 文件作为元数据描述的元语言，对元数据记录也多用 XML 文件形式交换，如果直接将 XML 文件保存入库是最好的持久化方法，但无论对于原生(Native)XML 数据库还是基于关系型数据库扩展的 XML 存储功能(XML-Enabled)的数据库，都存在映射关系复杂、效率低、支持格式有限、无法提供事务支持等问题。而对于以面向对象方法组织的 CWM，其官方网站给出了将 204 个类持久化到 SQL Server 2000 数据库中的示例方案，部署后生成了近 300 个表、1000 个字段和一万余个存储过程，即使裁剪也需耗费大量的工作。而同样基于 EMF(Eclipse Modeling Framework)提供的元模型持久化方案，工作量要少很多。

8.2.4　元数据标准参考框架

参考美国国防部制订的 DDMS 的逻辑模型，建立元数据标准参考框架，该框架包括核心层和扩展层，如图 8-5 所示。

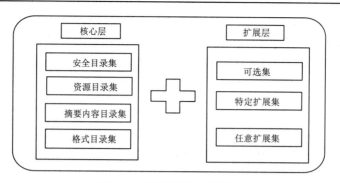

图 8-5　元数据标准参考框架

1. 核心层

核心层中的元素具有最大的通用性，对于任意一种资源的描述与管理都是必要的，它们是实现不同元数据格式互操作的基础。所有核心层的元素都需要在元数据管理中心(应建立的全军元数据统一管理机构)注册，是进行元数据搜索的必选项目。核心层分为安全目录集、资源目录集、摘要内容目录集、格式目录集四个目录集合，每一个目录集合用来描述领域数据资源的某一层面的信息，核心集的各个元素根据自身所属的类别分别归类到这四个目录集合中，这四个目录集的范围限定如下：

(1) 安全目录集。安全目录集是描述信息资源的安全相关层次和领域的元素的集合。这些元素提供了有关安全属性的规范化的描述，并可以用于支持访问控制，反映了信息保密的原则。

(2) 资源目录集。资源目录集中的元素用于描述信息资源的维护、管理和资源的关系方面的内容。

(3) 摘要内容目录集。摘要内容目录集中的元素用于描述信息资源的概念性、背景性的相关内容。此集合的元素旨在提高对信息资源对象的查找精度。

(4) 格式目录集。格式目录集中的元素用于描述信息资源的物理方面的内容。

2. 扩展层

扩展层中的元素是对特定资源领域或适用于特定应用而扩展的描述项，必要时也可对核心元数据进行扩展。根据领域数据资源的特点，可将扩展层分为可选集、特定扩展集、任意扩展集三个目录集合。

(1) 可选集。可选集是指事先在元数据管理中心注册、可以对核心集进行扩展的元素集合。用户如果要扩展核心元数据集，最好选用可选集中的元素，这样无需重新到元数据管理中心注册，也可以实现元数据的互操作。可选集的元素可以是元数据复合元素，也可以是属性元素。

(2) 特定扩展集。特定扩展集是指根据数据资源的分类方式，由各个数据单位定义和维护的元数据元素的集合。它反映了该种资源领域的数据的各种特有的特征。

(3) 任意扩展集。任意扩展集是指针对具体的更小范畴的数据资源实体，根据用户的特定需要而扩展的元数据集合。

3. 核心元数据集的元素组成

DDMS 定义的元数据实际上是由各元素集中包含的元素组成的，DDMS 的元素又通过其定义的一系列子元素进行描述。正如图 8-5 中元数据标准参考框架所描述，DDMS 的核心层有安全目录集、资源目录集、摘要内容目录集、格式目录集四个元素集，每个元素集又包含若干元素和子元素。表 8-7 是节选的部分核心元数据的元素组成。

表 8-7 核心元数据组成(节选)

核心层 元素集	元素名称	元素定义	约束	子元素名称	约束
安全 目录集	安全	描述信息资源的安全	M	安全级别	M
				分发限制	C
				发行性	C
资 源 目 录 集	资源名称	由资源创建者和发布者给出的资源名称	M	主名称	M
				其他名称	O
	标识符	数据资源在本系统中的辨识资料	M	来源标识方法	M
				来源标识的内容	M
	创建者	资源内容的主要创建者，包括人名、单位名称或是服务实体	M	创建者的描述方法	M
				姓名	C
				组织机构	O
				用户 ID	C
				电话号码	O
				邮箱地址	O
	发布者	资源实体的供应者，包括人名、单位名称或是服务实体	O	发行者的描述方法	C
				姓名	C
				组织机构	O
				用户 ID	C
				电话号码	O
				邮箱地址	O
	语种	资源内容的所属语种的背景标识资料	O	语言的描述方法	C
				语言的值	C
	其他责任者	除发布者之外的其他参与者	O	责任者的描述方法	C
				姓名	C
				组织机构	O
				用户 ID	C
				电话号码	O
				邮箱地址	O
	类型	被描述数据资源的所属范畴	O	描述类型的方法	C
				类型的值	O
	日期	资源产生、维护的相关日期	O	创建日期	O
				发行日期	O
				有效期限	O
				最新更改日期	O

表中纵列"约束"表示在元数据的元素目录中，一个元素或子元素对应的约束模式，可能的约束情况有：

(1) 必选(Mandatory，M)：元素是必须给出的，必选的；

(2) 条件性(Conditional，C)：在某种指明的条件下是必需的；

(3) 可选(Optional，O)：允许但非必需，是否给出则由数据提供者自由决定。

8.3　数据元标准化

8.3.1　数据元概念

1. 数据元概念

依据 GB/18391.1—2009《信息技术　元数据注册系统(MDR)第 1 部分：框架》的定义，数据元(data element)也称为数据元素，是用一组属性描述其定义、标识、表示和允许值的数据单元，在一定语境下，通常用于构建一个语义正确、独立且无歧义的特定概念语义的信息单元。数据元可以理解为数据的基本单元，将若干具有相关性的数据元按一定的次序组成一个整体结构即为数据模型。

数据元一般由对象类、特性和表示三部分组成：

(1) 对象类(object class)是现实世界或抽象概念中事物的集合，有清楚的边界和含义，并且其特性和行为遵循同样的规则而能够被加以标识。

(2) 特性(property)是对象类的所有个体所共有的某种性质，是对象有别于其他成员的依据。

(3) 表示(representation)是值域、数据类型、表示方式的组合，必要时也包括计量单位、字符集等信息。

对象类是我们所要研究、收集和存储相关数据的实体，例如人员、设施、装备、组织、环境、物资等。特性是人们用来区分、识别事物的一种手段，例如人员的姓名、性别、身高、体重、职务，坦克的型号、口径、高度、长度、有效射程等。表示是数据元被表达的方式的一种描述。表示的各种组成成分中，任何一个部分发生变化都将产生不同的表示，例如，人员的身高用"厘米"或用"米"作为计量单位，就是人员身高特性的两种不同的表示。数据元的表示可以用一些具有表示含义的术语作标记，例如名称、代码、金额、数量、日期、百分比等。

数据元的基本模型如图 8-6 所示。

图 8-6 中关联的基数表示一个数据元可以或必须包含某种属性实例的个数，可能的类型有：

(1) 0..1：0 个或 1 个；

(2) 0..*：0 个或多个；

(3) 1..1：1 个且仅仅 1 个；

(4) 1..*：1 个或多个。

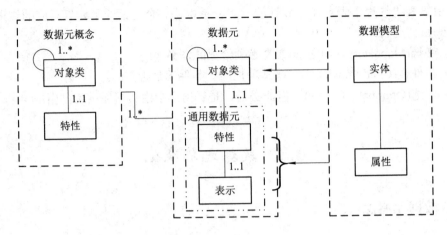

图 8-6　数据元基本模型

数据元基本模型中的对象类对应于数据模型中的实体，特性和表示对应于数据模型中的属性。

数据元概念是能以数据元形式表示，且与任何特定的表示无关的一种概念。一个数据元概念由一个对象类和一个特性组成，它与特定的表示无关；一个数据元概念与一个特定的表示结合就成为一个数据元。数据元概念与数据元是一对多的关系，即一个数据元概念可以与多种不同的表示方式结合，组成多个数据元。例如，人员性别是一个数据元概念，而人员性别名称和人员性别代码是表示这个数据元概念的两个数据元。计量单位也是数据元概念的一种表示方式，一个数据元概念采用不同的计量单位表示就产生多个不同的数据元。例如，坦克全重是一个数据元概念，采用"吨"表示的坦克全重和采用"千克"表示的坦克全重是两个不同的数据元。

通用数据元是独立于任何具体的应用而存在的数据元，其主要功能就是为应用领域内的数据元设计者提供通用的数据元模板。一个通用数据元由一个特性和该特性的一个表示组成，它与特定的对象类无关。把一个通用数据元应用于一个特定的对象类中时，就与该对象类组成一个数据元。通常，各领域、行业所制定的公用数据元目录中所收录的数据元都是通用数据元。通用数据元可以作为制定数据元的模板使用，在进行数据模型设计时，从公共数据元目录中提取合适的通用数据元与特定的对象类结合就成为一个完整的数据元。

2. 数据元分类

数据元可以作如下分类：

(1) 按数据元的应用范围可分为通用数据元、应用数据元(或称"领域数据元")和专用数据元。通用数据元是与具体的对象类无关的、可以在多种场合应用的数据元。应用数据元是在特定领域内使用的数据元。应用数据元与通用数据元是相对于一定的应用环境而言的，两者之间并没有本质的区别，应用数据元是被限定的通用数据元，通用数据元是被泛化的应用数据元，随环境的变化彼此可以相互转化。专用数据元是指与对象类完全绑定、只能用来描述该对象类的某个特性的数据元。专用数据元包含了数据元的所有组成部分，是"完整的"数据元。

(2) 按数据元值的数据类型可分为文字型数据元与数值型数据元。例如，人的姓名是用文字表示的，属于文字型数据元；人的身高是用数值表示的，属于数值型数据元。

(3) 按数据元中数据项的多少可分为简单数据元和复合数据元。简单数据元由一个单独的数据项组成；复合数据元是由两个及以上的数据项组成的数据元，即由两个以上的数据元组成。组成复合数据元的数据元称为成分数据元。虽然数据元一般被认为是不可再分的数据的基本单元，而复合数据元是由两个以上的数据元组成的，但是在实际应用中复合数据元一般被当作不可分割的整体来使用，所以复合数据元仍然可以看作是数据的基本单元，即数据元。例如，数据元"日期时间"是一个复合数据元，表示某一天的某一时刻，它由"日期"和"时间"两个数据元组成。

3. 数据元相关概念

在数据工程领域，与数据元相关的概念比较多，在不同的应用环境中，这些概念的含义不尽相同。必须明确数据元相关概念的确切含义，并理清各个概念之间的相互关系。数据元的相关概念及相互关系如图 8-7 所示。

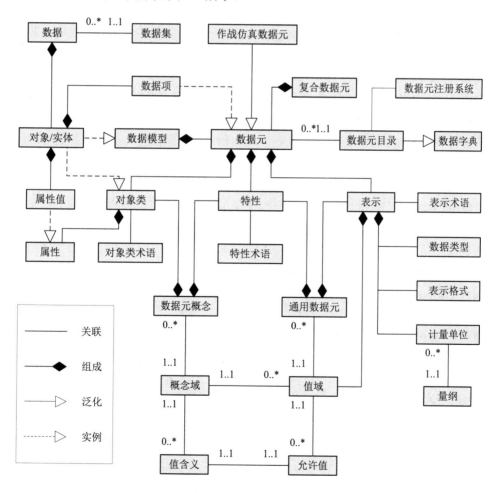

图 8-7　数据元的相关概念及相互关系示意图

　　数据元(data element)：也称为数据元素，是用一组属性描述其定义、标识、表示和允许值的数据单元，在一定语境下，通常用于构建一个语义正确、独立且无歧义的特定概念语义的信息单元。数据元由对象类、特性、表示三部分组成。

　　复合数据元(composite data element)：由若干数据元或若干其他复合数据元素共同组成的数据元。

　　数据元目录(data element directory)：也称为数据元集、数据元字典，是列出并定义了全部相关数据元的一种信息资源。数据元目录根据应用范围可分为不同的层级，例如ISO/IEC 委员会级、国际协会级、行业部门级、单位级、应用系统级。

　　数据字典(data dictionary)：涉及其他数据应用和结构的数据的数据库，即用于存储元数据的数据库。可泛指为其他数据的应用提供描述、索引或数据来源等作用的数据集。数据元目录也是一种数据字典，数据元注册系统中除了数据元目录还包括若干与数据元相关的数据字典。

　　数据元注册系统(data element registry)：用来注册和管理数据元目录及相关数据，并对外提供数据元检索、查询等服务的信息系统。

　　数据(data)：计算机中对事实、概念或指令等的一种形式化的表示。数据是数据模型的实例。

　　数据集(dataset)：由相关数据组成的可标识集合。理论上，一个数据集可以小到单个数据文件或关系数据库中的单个数据表。图像、音频、视频、软件等也可以被视为数据集。

　　数据项(data item)：数据元的一个具体值。

　　数据模型(data model)：关于现实世界中实体和相互关系描述方法及相关数据的组织形式的格式化描述。本文中主要指在计算机中以反映信息结构的某种方式对数据组织的描述。一个数据模型由若干个具有相关性的数据元组成。

　　对象(object)、实体(entity)：对象指可以想象或感觉的现实世界的任一部分；实体指任何现存的、曾经存在的或可能存在的具体的或抽象的事物，包括事物间的联系。本书所介绍的两者在本质上没有区别，只是为适应不同的语境采用不同的术语。对象/实体由若干个有序的、具有相关性的数据项组成。对象/实体是数据模型或对象类的一个实例。

　　属性(attribute)：一个对象类的一种特性的表示。对象类的一个属性可以看成是由该对象类的一个特性和特性的一种表示组成。

　　属性值(attribute value)：某种属性的一个实例表示。对象类所有属性的属性值构成一个对象。属性值不是一个简单的数值，而是"属性+数值"。通常的表述中属性值简称为"属性"，一个"对象的属性"就是指一个"对象的属性值"。

　　对象类(object class)：现实世界或抽象概念中事物的集合，有清楚的边界和含义，并且特性和其行为遵循同样的规则而能够加以标识。

　　对象类术语(object class term)：数据元名称的一个成分，用于表示数据元所属的对象类。

　　特性(property)：一个对象类中的所有个体所共有的某种性质。

　　特性术语(property term)：数据元名称的一个成分，用于表示数据元所属的类别。

表示(representation)：数据元被表达的方式的一种描述。表示可以由值域、数据类型、表示格式、计量单位等组成。

表示术语(representation term)：数据元名称的一个成分，表示数据元有效值集合的形式。

数据类型(data type)：可表示的值的集合。指计算机中存储一个数据项所采用的数据格式，例如整型、浮点型、布尔型、字符串型等。

表示格式(layout of representation)：对数据元值的表示格式的格式化描述。

计量单位(unit)：计量属性值的基本单位。

量纲(dimension)：又叫作因次或维度、维数、次元，是表示一个物理量由基本量组成的情况。一个量纲可以由多种计量单位来表示。

数据元概念(data element concept)：能以数据元的形式表示，且与其任何特定的表示法无关的一种概念。数据元概念由对象类和特性组成。当一个数据元概念与一个特定的表示结合就成为一个数据元。

通用数据元(common data element)：独立于任何具体的应用而存在的数据元，其含义不随应用环境的变化而改变。通用数据元由特性和表示组成。通用数据元可以与合适的对象类结合组成完整的数据元。

概念域(conceptual domain)：有效的值含义的集合。一个概念域可以有多种表达方式，即一个概念域有多个值域与其对应。

值含义(value meaning)：一个值的含义或语义内容。一个值含义属于一个概念域。

值域(value domain)：有效的取值范围。一个数据元的值域是其所有允许值的集合。

允许值(permissible value)：值域(允许值集合)范围内的一个实例。在一对具有对应关系的概念域和值域中，概念域中的值含义与值域中的允许值是一一对应的。

4. 数据元与元数据

数据元与元数据是两个容易混淆的概念。元数据用来描述数据的内容、使用范围、质量、管理方式、数据所有者、数据来源、分类等信息。它使得数据在不同的时间、不同的地点，都能够被人们理解和使用。元数据也是一种数据，也可以被存储、管理和使用。

数据元是一种用来表示具有相同特性数据项的抽象"数据类型"。对于一个数据集而言，元数据侧重于对数据集总体的内容、质量、来源等外部特征进行描述，而数据元则侧重于对数据集内部的基本元素的"名、型、值"等特性进行定义。元数据只用来定义和描述已有的数据，数据元则可以用来指导数据模型的构建，进而产生新数据。

为了使数据元容易被人们理解和交流，需要用一种特定格式的数据对数据元进行描述，这种用来描述数据元的特定格式的数据就是数据元的元数据。数据的提供者为使数据能够被其他人理解和使用，在提供数据的同时需要同时提供描述该数据的元数据，数据元的元数据是其中的一个重要的组成部分。

8.3.2　数据元的基本属性

数据标准的作用就是通过制定一些数据提供者和数据使用者共同遵守的规范，使数据提供者和数据使用者对数据的含义和表达有共同的理解，从而保证数据能够被正确地理解和恰当地使用。要达成不同角色的用户对数据元的共同理解，必须为数据元定义若干个能够被共同理解的基本属性。

数据元基本属性的定义将决定数据元字典的内容和规范，并作为数据模型设计、数据交换的参考依据，基本属性定义的质量将对后期的数据建设产生重大的影响。所以，数据元基本属性的定义是数据元标准化至关重要的一步。

参考 ISO/IEC 11179(GB/T 18391)系列标准，通用数据元基本属性模型如图 8-8 所示。

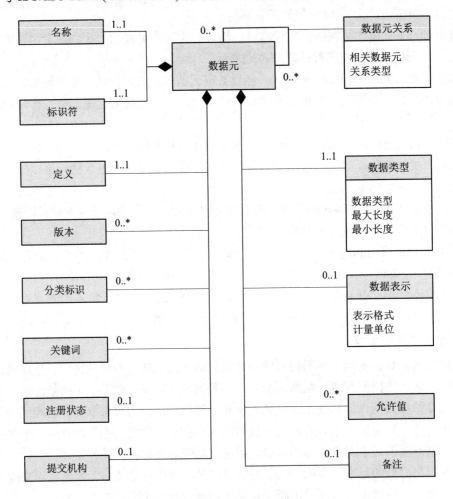

图 8-8　数据元基本属性模型

数据元的基本属性按其性质可分为以下几种类型：

(1) 标识类：可以用来标识数据元的属性，包括名称、标识符、版本。

(2) 定义类：描述数据元语义方面的属性，包括定义。

(3) 关系类：描述数据元的分类、数据元之间的相互关系等方面信息的属性，包括分类标识、关键词、相关数据元、关系类型。

(4) 表示类：描述数据元表示方面的属性，包括数据类型、最大长度、最小长度、表示格式、计量单位、允许值。

(5) 管理类：描述数据元管理与控制方面的属性，包括注册状态、提交机构、备注属性。

军事训练数据元的基本属性按性质分类如表 8-8 所示。

表 8-8　数据元基本属性表

属性种类	数据元属性名称	约束	定　　义	数据类型
标识类	名称	M	赋予数据元的单个或多个字词的指称	字符
	标识符	M	一个数据元在元目录中全局唯一标识符	字符
	版本	C	一个数据元在逐步完善过程中，某个规范版本发布的标识	字符
定义类	定义	M	表达一个数据元的本质特性并使其区别于所有其他数据元的陈述	字符
关系类	分类标识	O	标记数据元分类信息的数据段	字符
	关键词	O	用于数据元检索的一个或多个有意义的字词	字符
	相关数据元	O	与一个数据元具有相关性的其他数据元。本属性应与"关系类型"作为一对属性一起使用	字符
	关系类型	C	描述数据元之间关系特性的一种表达。若"相关数据元"属性存在，则本属性是必选的	字符
表示类	数据类型	M	数据元可表示的值的集合	字符
	最大长度	C	表示数据元值的(与数据类型相对应的)存储单元的最大数目	整数
	最小长度	C	表示数据元值的(与数据类型相对应的)存储单元的最小数目，当数据类型为字符型、字符串型或二进制型时，本属性是必选的	整数
	表示格式	C	对数据元值的表示格式的格式化描述。在数据元的其他属性不足以明确数据元值的表示格式时，本属性是必选的	字符
	计量单位	C	数据元数值的计量单位。当数据元为数值型数据元且数值表示需要有计量单位描述时，本属性是必选的	字符
	允许值	O	数据元允许值集合的一个表达	字符

属性种类	数据元属性名称	约束	定　义	数据类型
管理类	注册状态	C	一个数据元在注册生命周期中状态的指称。在数据元的生命周期内，本属性是必选的	字符
	提交机构	O	提出数据元注册、修改或注销请求的组织或组织内部机构	字符
	备注	O	数据元的注释信息	字符

数据元基本属性的描述信息应作为一个数据字典，存储在数据元注册系统中，基本属性的任何改动都应该在这个数据字典中得到体现，以规范数据元基本属性的定义和应用。

8.3.3　数据元的命名和定义

数据元的命名规则和定义规则主要是对数据元的名称、定义等内容的编写进行规范。按照约定的规则对数据元进行规范的命名，可以方便对数据元的交流和理解，达到见名知义的效果，也可以有效地避免同样含义的数据元在数据元目录中重复注册的现象。规范、正确的定义为数据元的含义作出权威的解释，并保证解释内容本身没有歧义。

1. 数据元的命名规则

数据元的名称是为了方便人们的使用和理解而赋予数据元的语义的、自然语言的标记。一个数据元是由对象类、特性、表示三个部分组成的，相应地，一个数据元的名称是由对象类术语、特性术语、表示术语和一些描述性限定术语组成的，数据元的命名规则主要对各术语成分的含义、约束、组合方式等进行规范。

数据元的命名规则主要包括语义规则、语法规则和唯一性规则。

(1) 语义规则：规定数据元名称的组成成分，使名称的含义能够准确地传达，具体如下：

① 对象类术语表示领域内的事物或概念，在数据元中占有支配地位；

② 专用数据元的名称中必须有且仅有一个对象类术语；

③ 特性术语用来描述数据元的特性部分，表示对象类的显著的、有区别的特征；

④ 数据元名称中必须有且仅有一个特性术语；

⑤ 表示术语用来概括的描述数据元的表示成分；

⑥ 数据元名称需要有且仅有一个表示术语；

⑦ 限定术语是为了使一个数据元名称在特定的相关环境中具有唯一性而添加的限定性描述。限定术语是可选的。对象类术语、特性术语和表示术语都可以用限定术语进行描述。

(2) 句法规则：规定数据元名称各组成成分的组合方式，见图 8-9，具体如下：

① 对象类术语应处于名称的第一(最左)位置；

② 特性术语应处于第二位置；

③ 表示术语应处于最后位置，当表示术语与特性术语有重复或部分重复时，在不妨碍语义精确理解的前提下，可以省略表示术语；

④ 限定术语应位于被限定成分的前面。

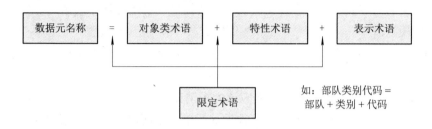

图 8-9　数据元名称句法规则示意图

(3) 唯一性规则：为了防止出现同名异义现象，在同一个相关环境中所有数据元名称应是唯一的。

为规范数据元的命名，除了需要遵守上述的命名规则外，还需要对数据元名称各成分的术语作统一的规范。数据元名称中的术语应采用领域标准、公认的术语，在数据元注册系统中可以构建一个领域的术语字典，作为数据元命名时各术语成分的统一来源。

领域术语字典收录数据元目录中所需的所有术语，应像《军语》一样为数据元目录中的所有术语作标准的命名和公认的定义。在注册一个新的数据元时，数据元名称的对象类术语、特性术语、表示术语都从术语字典中提取，若术语字典中没有符合要求的术语，可以手工录入术语，但必须保证录入的术语是领域内标准的术语。将从术语字典提取或手工录入的对象类术语、特性术语、表示术语按数据元命名规则组织并添加必要的限定术语修饰，就产生一个规范的数据元名称。在操作过程中发现术语字典中没有收录的新术语时，可以将新术语录入到术语字典中，使术语字典的内容不断更新，以满足为数据元的命名提供权威术语来源的需求，如图 8-10 所示。

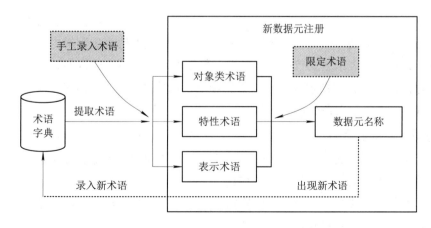

图 8-10　利用术语字典产生数据元名称示意图

2. 数据元定义的编写规范

数据元的定义是数据元含义的自然语言表述。数据元定义的规范化是数据元标准化中至关重要的一项内容。为了达成一致性理解，发挥数据元的功能，必须为数据元给出一个形式完备、表述清楚、含义精确并能被普遍理解的定义。定义内容如果涉及军事训练领域的术语，应尽量选用术语字典中已收录的标准术语。

为使定义的内容表述规范、含义准确、简明扼要、易于理解，数据元定义的编写应遵守以下几项规范：

(1) 具有唯一性：每个数据元的定义在整个数据元目录中必须是唯一的，它是一个数据元区别于其他数据元的根本因素。

(2) 准确而不含糊：数据元的定义应该力求清楚明了，并且只存在一种解释。如有必要，应用"一个""多个""若干"等数量词明确表示所涉及事物或概念的个数。

(3) 阐述概念的基本含义：要从概念的基本含义阐述该概念是什么，而不是阐述该概念不是什么。否定式的定义并没有明确说明数据元的实际含义，而是要人们利用排除法去理解，这样的定义不易于理解，且容易引起歧义。

(4) 用描述性的短语或句子阐述：不能简单地用数据元名称的同义词来定义数据元，必须使用短语或句子来描述数据元的基本特性。

(5) 简练：定义内容应尽量简单明了，不要出现多余的词语。表述中不应加入与数据元的定义没有直接关系的信息。表述中可以使用缩略语，但必须保证所用的缩略语是人们普遍理解的。

(6) 能单独成立。要让使用人员从数据元定义本身就理解数据元的概念，不需要附加说明和引证。应避免两个数据元的定义中彼此包含对方的概念，造成相互依存关系。

(7) 相关定义使用相同的术语和一致的逻辑结构。采用相同的术语和句法表述具有相关性的数据元定义，有利于使用人员对定义内容的理解。

8.3.4　数据元的表示格式和值域

数据元不是一个简单的数值，而是一种"数据类型"，它不仅描述了数据的含义及相互关系，还包括数据的存储类型、数据的表达方式、取值的约束规则等内容，这就是数据元的表示。数据元的表示主要包括数据类型、数据表示和值域。数据类型定义了数据项在计算机中存储的方式；数据表示描述了数据项展现的格式，包括表示格式、计量单位等；值域则对数据项的取值范围作约束。

1. 数据元值的表示格式

数据元值的表示格式是指用一组约定格式的字符串来表示数据元值展现的格式，主要通过基本属性中的"表示格式"属性来描述。

数据元值的数据类型大致可以分为字符型、数值型、日期时间型、布尔型、二进制型五种，对各种类型的表示格式作如下约定：

1) 字符型

字符型数值的表示格式由类型表示和长度表示组成。类型表示指明字符内容的范围，如表 8-9 所示。

表 8-9　字符类型表示格式

分　类	符　号	范　围
常规型	A	大写字母(A～Z)
	a	小写字母(a～z)
	n	数字(0～9)
混合型	Aa	大写字母或小写字母(A～Z，a～z)
	An	大写字母或数字(A～Z，0～9)
	an	小写字母或数字(a～z，0～9)
	Aan	大写字母、小写字母或数字(A～Z，a～z，0～9)
	S	任意字符(GBK)

字符型的长度表示可分为固定长度表示和可变长度表示两种。固定长度表示直接在字符类型符号之后添加长度数值，不带任何间隔或中间字符，即符号 + 固定长度值。例如，A3：表示长度为 3 个字符的大写字母；an5：表示长度为 5 个字符的小写字母或数字。

可变长度表示在字符类型符号之后添加最小长度数值，然后添加两点“..”，最后加上最大长度数值，最小长度数值为 0 时可以省略，即：符号 +[最小长度值] + .. + 最大长度值。例如，a..6：表示最小长度为 0 个字符、最大长度为 6 个字符的小写字母；S3..5：表示最小长度为 3 个字符、最大长度为 5 个字符的任意字符。

2) 数值型

数值型用符号“N”表示。数值型数值的表示格式分整数型表示和小数型表示两种。整数型表示直接在类型符号后添加最大有效数字位数，只有类型符号没有其他修饰时表示对有效数字的位数不作限制(这种情况可以省略表示格式内容)；小数型表示在整数型表示的基础上再添加一个逗号“，”，然后再添加小数点后最多保留数字位数。例如：

(1) N：表示所有整数；

(2) N3：表示最大有效数字为 3 位的整数；

(3) N，3：表示小数点后最多保留 3 位数字的所有小数；

(4) N5，2：表示最大有效数字为 5 位、小数点后最多保留 2 位数字的小数。

3) 日期时间型

日期时间型分别用“YYYY”“MM”“DD”“hh”“mm”“ss”六个符号表示年、月、日、时、分、秒。可根据实际情况将这六个符号结合一些标记符号排列、组合成符合要求的表示格式，例如：

(1) YYYY/MM/DD：表示“年/月/日”。

(2) YYYYMMDDhhmmss：表示“年月日时分秒”。

(3) hh：mm：ss：表示"时：分：秒"。

4) 布尔型

布尔型数据在计算机中只存储为 1 或 0，但在表示时是多种多样的，例如可以表示为"是"和"否"、"True"和"False"、"有"和"没有"、"√"和"×"等。布尔型的表示格式用竖线号"|"分开所要表示的两个允许值，"|"左边的符号代表"真(True)"，"|"右边的符号代表"假(False)"，例如"1|0""真|假""True|False""T|F""√|×"等。

5) 二进制型

二进制型的表示格式用数据内容实际格式的默认缩略名称(后缀名)表示，例如"jpg""bmp""txt""doc"等。

2. 数据元的值域

数据元的值域用来表示数据元允许值的集合，数据元的值域描述可以为数据元值的有效性提供校验依据。数据元的值域主要由数据元的定义决定，同时受数据元的"数据类型""最大长度""最小长度""表示格式""计量单位"等属性影响。

值域是允许值的集合，一个允许值是某个值和该值的含义的组合，值的含义称为值含义。一组值含义的集合就是一个概念域，概念域是概念的外延。一个概念域中的所有值含义按一种特定格式表示出来的所有值的集合就是一个值域。不同的值域的允许值所对应的值含义都相同时，这些值域在概念上是等价的，它们共享同一个概念域。

值域可以在数据元表示中应用，而概念域则对应于数据元概念。数据元概念和概念域都表示概念，属于概念层；数据元和值域都是数值的容器，属于表示层。概念域和值域是可以独立于数据元概念和数据元存在的，一个值域可以在不同的数据元表示中重复使用。这些概念之间的关系如图 8-11 所示。

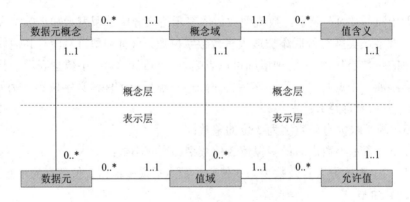

图 8-11　值域与相关概念的关系

在数据元注册系统中可以构建值域数据字典，字典中同时包含概念域和值域。概念域用来组织和索引相同概念的值域，值域则作为数据元值域的引用来源。值域数据字典中的值域应有"标识符""名称""定义""表达方式""允许值"等基本属性。值域允许值的表达方式应有统一的规范，以满足值域数据存储方便、计算机容易处理、使用人员能够理解等方面的要求。根据数据的特点，主要有以下几种值域的表达方式：

(1) 枚举字符串：枚举字符串是将一个值域的所有允许值按照特定格式拼接成一个字符串作为该值域的表达方式。这种表达方式适用于表示允许值固定且数目不多的枚举型值域，例如军种、部队类别等。

(2) SQL 查询语句：将一个值域的允许值在数据库中组织成一个数据字典，通过 SQL 查询语句返回值域的所有允许值。这种表达方式适用于表示允许值数目比较多的枚举型值域，例如装备列表、供应单位代码列表等。

(3) 数值区间：用数学中的数值区间表达式表示值域的允许值。例如"[0，10)"表示"0≤允许值<10"。有限分段值域将各分段区间表达式按特定格式罗列出来即可，例如"[0，10); (15，20]"表示"0≤允许值<10 或 15<允许值≤20"。这种表达方式可以用来表示不可枚举的连续区间或有限分段区间的值域，例如人的身高、手枪的长度等。

(4) 正则表达式：用一个正则表达式来表示值域的允许值。正则表达式(Regular Expression)是一个特殊的字符串，它能够转换为某种算法，根据这种算法来匹配文本，对文本进行校验。目前像 C#、Java、PHP 等流行的高级计算机语言基本上都支持正则表达式。这种表达方式特别适用于表示允许值为格式化字符串的值域，例如 Email 地址、URL 地址等。

(5) 文字描述：对于一些难以用计算机实现自动处理的值域可以采用文字描述，由操作人员阅读描述内容并理解其含义后再判断值域的允许值。

值域数据字典中须为每个概念域和值域分配全局唯一的标识符，值域还须标记其表达方式的类型。数据元的值域通过"允许值"属性来描述，在"允许值"属性中记录值域数据字典中符合数据元值域要求的一个值域的标识符，通过标识符可以唯一确定数据元的值域。若值域数据字典中没有符合新注册数据元值域要求的，需要在值域数据字典中注册一个新的值域，然后再将其标识符赋值给新注册数据元的"允许值"属性。若对一个数据元的"允许值"属性为空，表示该数据元对值域没有特别限制，其值域由"数据类型""最大长度""最小长度"属性来确定。

8.3.5 数据元间的关系

数据元之间的相互关系主要通过"相关数据元"和"关系类型"两个基本属性来体现。这两个属性是成对出现的，即一对"相关数据元"和"关系类型"属性表示一个数据元的相互关系。一个数据元可能与多个其他数据元有关系，相应地，一个数据元需要有若干对"相关数据元"和"关系类型"属性来描述这些关系。可以给一个数据元赋予多个成对的"相关数据元"和"关系类型"属性，也可以在一个指定的属性中存储多个成对的"相关数据元"和"关系类型"属性数据。

数据元之间的相互关系主要有派生关系、组成关系、连用关系三种。

(1) 派生关系：也叫扩展关系，表示一个较为专用的数据元可以由一个较为通用的数据元加上某些限定性描述派生而来。派生得来的数据元相对于其派生来源数据元称为专用数据元，派生来源数据元相对于专用数据元称为通用数据元。专用数据元的应用范围和允许值集合分别包含在通用数据元的应用范围和允许值集合之内。派生关系记录在专用数据元的一对"相关数据元"和"关系类型"属性中。数据元派生关系示例如图8-12所示。

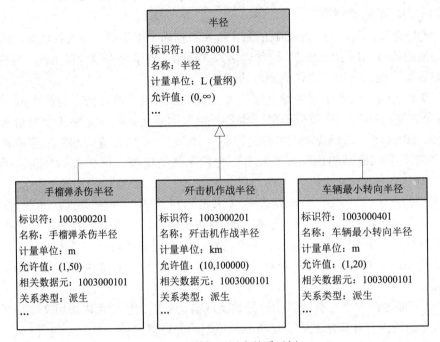

图 8-12 数据元派生关系示例

(2) 组成关系：表述了整体与部分的关系，一个数据元(复合数据元)由另外若干个数据元(简单数据元或复合数据元)组成。一个复合数据元由多少个成分数据元组成，就为该复合数据元赋予多少对"相关数据元"和"关系类型"属性分别记录每个组成关系。数据元组成关系示例如图8-13所示。

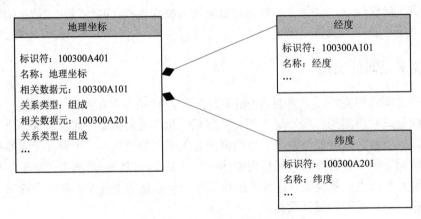

图 8-13 数据元组成关系示例

(3) 连用关系：描述了一个数据元与另外若干数据元一起使用的情况。一个数据元与多少个数据元具有连用关系，就为该数据元赋予多少对"相关数据元"和"关系类型"属性分别记录每个连用关系。

8.4　数据分类与编码

8.4.1　数据分类的基本原则和方法

1. 基本原则

数据分类就是把具有某种共同属性或特征的数据归并在一起，通过其类别的属性或特征来对数据进行区别。为了实现数据共享和提高处理效率，必须遵循约定的分类原则和方法，按照信息的内涵、性质及管理的要求，将系统内所有信息按一定的结构体系分为不同的集合，从而使得每个信息在相应的分类体系中都有一个对应位置。换句话说，就是把相同内容、相同性质的信息以及要求统一管理的信息集合在一起，而把相异的和需要分别管理的信息区分开来，然后确定各个集合之间的关系，形成一个有条理的分类系统。数据分类基本原则如下：

(1) 稳定性：依据分类的目的，选择分类对象的最稳定的本质特性作为分类的基础和依据，以确保由此产生的分类结果最稳定。因此，在分类过程中，首先应明确界定分类对象最稳定、最本质的特征。

(2) 系统性：将选定的分类对象的特征(或特性)按其内在规律系统化地进行排列，形成一个逻辑层次清晰、结构合理、类目明确的分类体系。

(3) 可扩充性：在类目的设置或层级的划分上，留有适当的余地，以保证分类对象增加时，不会打乱已经建立的分类体系。

(4) 综合实用性：从实际需求出发，综合各种因素来确立具体的分类原则，使得由此产生的分类结果总体最优、符合需求、综合实用和便于操作。

(5) 兼容性：有相关的国家标准则应执行国家标准，若没有相关的国家标准，则执行相关的行业标准；若二者均不存在，则应参照相关的国际标准。这样，才能尽可能保证不同分类体系间的协调一致和转换。

2. 数据分类方法

数据分类方法主要有线分类法、面分类法和混合分类法。

(1) 线分类法。线分类法是将分类对象按所选定的若干个属性(或特征)逐次地分成相应的若干个层级的类目，并排成一个有层次的、逐渐展开的分类体系。在这个分类体系中，一个类目相对于由它直接划分出来的下一级类目而言，称为上位类；由一个类目直接划分出来的下一级类目称为下位类；而本类目的上位类直接划分出来的下一级各类目，彼此称为同位类。同位类类目之间存在着并列关系，下位类与上位类类目之间存在着隶属关系。

线分类法的优点是层次性好，能较好地反映类目之间的逻辑关系；实用方便，既符合手工处理信息的传统习惯，又便于计算机处理信息。线分类法的缺点在于结构弹性较差，分类结构一经确定，不易改动；效率较低，当分类层次较多时，代码位数较长。

采用线分类法，需要注意如下要求：

① 由某一上位类划分出的下位类类目的总范围应与该上位类范围相等。

② 当某一个上位类类目划分成若干个下位类类目时，应选择同一种划分基准。

③ 同位类类目之间不交叉、不重复，并只对应于一个上位类。

④ 分类要依次进行，不应有空层或加层。

例如，国防工程分为防护工程、边防工程、机场工程、通信工程等，通信工程又分为光通信工程、程控交换工程、卫星通信工程等。

(2) 面分类法。面分类法是将所选定的分类对象的若干属性(或特征)视为若干个"面"，每个"面"中又可分成彼此独立的若干个类目。使用时，可根据需要将这些"面"中的类目组合在一起，形成一个复合类目。

面分类法的优点是具有较大的弹性，一个"面"内类目的改变，不会影响其他的"面"；适应性强，可根据需要组成任何类目；便于计算机处理信息；易于添加和修改类目。面分类法的缺点在于不能充分利用容量，可组配的类目很多，但有时实际应用的类目不多。

采用面分类法时，需要注意如下要求：

① 根据需要选择分类对象本质的属性(或特征)作为分类对象的各个"面"。

② 不同"面"内的类目不应相互交叉，也不能重复出现。

③ 每个"面"有严格的固定位置。

④ "面"的选择以及位置的确定，根据实际需要而定。

例如，科研项目分类采用面分类法，可以按照科研项目类型、项目经费来源和项目级别进行划分。按照项目类型可分为科技类、社教类、医科类等；按照项目经费来源可分为国家自然科学基金、国家"863""973"计划项目经费等；按照项目级别可分为国家级、军队级、省部级等。

(3) 混合分类法。混合分类法是将线分类法和面分类法组合使用，以其中一种分类法为主，另一种方法作为补充。

一般说来，对于逻辑层次关系清晰且具有隶属关系的分类对象，应采用线分类法进行划分。对于不具有隶属关系的分类对象，可以选定分类对象的若干属性(或特征)，将分类对象按每一属性(或特征)划分成一组独立的类目，每一组类目构成一个"面"，再按一定顺序将各个"面"平行排列，即面分类方法。对于一个较庞大且逻辑关系繁杂的分类体系，通常要选择混合分类法进行分类，也就是将线分类法和面分类法混合起来使用，以其中一种分类法为主。

8.4.2　数据编码的基本原则和方法

1. 数据编码基本原则

所谓编码，是将事物或概念赋予有一定规律性的，易于人或计算机识别和处理的符号、图形、颜色、缩减的文字等，是交换信息的一种技术手段。编码的目的在于方便使用，在考虑便于计算机处理信息的同时还要兼顾手工处理信息的需求。数据编码应遵循唯一性、匹配性、可扩充性、简洁性等基本原则。

(1) 唯一性：在一个编码体系中，每一个编码对象仅应有一个代码，一个代码只唯一表示一个编码对象。

(2) 匹配性：代码结构应与分类体系相匹配。

(3) 可扩充性：代码应留有适当的后备容量，以便适应不断扩充的需要。

(4) 简洁性：代码结构应尽量简单，长度应尽量短，以便节省计算机存储空间和减少代码的差错率。

上述原则中，有些原则彼此之间是相互冲突的，如一个编码结构为了具有一定的可扩充性，就要留有足够的备用码，而留有足够的备用码，在一定程度上就要牺牲代码的简洁性，代码的含义要强、多，那么代码的简洁性必然要受影响。因此，设计代码时必须综合考虑，做到代码设计最优化。

2. 数据编码方法

根据编码对象的特征或根据所拟订的分类方法不同，编码方法也不尽相同。编码方法不同，产生的代码的类型也不同。常见的代码类型如图 8-14 所示。数据代码可分为两类：有含义代码和无含义代码。有含义代码能够承载一系列编码对象的特征信息，无含义代码不承载编码对象的特征信息，用代码的先后顺序或数字的大小来标识编码对象。

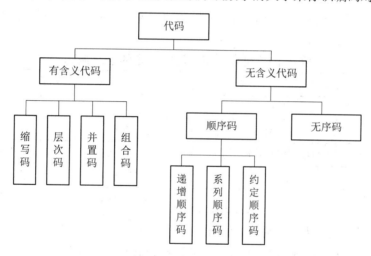

图 8-14 数据代码类型

1) 缩写码编码方法

缩写码是按一定的缩写规则从编码对象名称中抽取一个或多个字符而生成的代码，这种编码方法的本质特性是依据统一的方法缩写编码对象的名称，由取自编码对象名称中的一个或多个字符赋值成编码来表示。缩写码编码方法能有效用于那些相当稳定的、并且编码对象的名称在用户环境中已是人所共知的有限标识代码集。例如在 GB/T 2659—2000 中，国家字母代码表即采用缩写码编码方法，中国的缩写为 CN，美国为 US。

缩写码编码方法的优点是用户容易记忆代码值，从而避免频繁查阅代码表，可以压缩冗长的数据长度。缺点是编码依赖编码对象的初始表达(语言、度量系统等)方法，常常会遇到缩写重名。

2) 层次码编码方法

层次码编码方法以编码对象集合中的层级分类为基础，将编码对象编码成连续且递增的组(类)。

位于较高层级上的每一个组(类)都包含并且只能包含它下面较低层级全部的组(类)。这种代码类型以每个层级上编码对象特性之间的差异为编码基础,每个层级上特性必须互不相容。层次码的一般结构如图 8-15 所示。

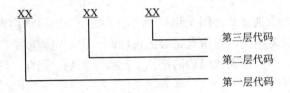

第三层代码
第二层代码
第一层代码

图 8-15　层次码的一般结构

层次编码方法可再分为固定递增格式和可变递增格式两种。固定递增格式例如GB/T 13745—2009《学科分类与代码》规定,学科代码格式由 7 位数字位组成,下一级学科相对于上一级学科按固定的 2 位代码递增。可变递增格式,如通用十进制分类法(UDC),作为世界上规模最大、用户最多、影响最广泛的通用文献分类法,其字符的数目和编码表达式的分段是可变的,其细节描述的程度能被延伸到想要达到的层级。两种格式的代码见表 8-10。

表 8-10　可变递增和固定递增的层次编码

固定递增格式示例		可变递增格式示例	
代码	学科名称	代码	地名
110	数学	624	土木工程
11014	数理逻辑和数据项基础	624.02	建筑物成分
1101410	演绎逻辑学	624.024	屋顶,屋顶用材料
—	—	624.024.13	屋顶坡度

层次码编码方法的优点是易于编码对象的分类或分组,便于逐层统计汇总,代码值可以解释;缺点是限制了理论容量的利用,因精密原则而缺乏弹性。

3) 复合码编码方法

复合码是由若干个完整的、独立的代码组合而成的。一般而言,复合码编码方法包括并置码编码方法和组合码编码方法。

(1) 并置码编码方法。

并置码是由一些代码段组成的复合代码,这些代码段描述了编码对象的特性,这些特性是相互独立的,这种方法的编码表达式可以是任意类型(顺序码、缩写码、无序码)的组合。并置码编码方法侧重于对编码对象特性的标识。

并置码编码方法的优点是以代码值中表现出一个或多个特性为基础,可以很容易地对编码对象进行分组。缺点是因需要含有大量的特性,导致每个代码值有许多字符,难以适应新特性的要求。

例如:“军校学员学号”编码中前 4 位为入学年份,5、6 位为学生类别代码,后 4 位为流水号。比如某个学生的学号为“201201124”,表示该学员是 2012 年入学的本科生,流水号为 124。

(2) 组合码编码方法。

组合码也是由一些代码段组成的复合代码,这些代码段提供了编码对象的不同特性。与并置码不同的是,这些特性相互依赖并且通常具有层次关联。

组合码编码方法常用于标识目的,以覆盖宽泛的应用领域。组合码偏重于利用编码对象的重要特性来缩小编码对象集合的规模,从而达到标识目的。组合码编码方法的优点是代码值容易赋予,有助于配置和维护代码值;能够在相当程度上解释代码值,有助于确认代码值。缺点是理论容量不能充分利用。

例如 GB 11643—1999《公民身份号码》规定,中国公民身份号码是 18 位特征组合码,由 17 位数字本位码和 1 位数字校验码组成,整个 18 位组合码共分 4 段,排列顺序从左至右依次为:6 位行政区域码 + 8 位出生日期码 + 3 位顺序码 + 1 位校验码。

4) 顺序码编码方法

顺序码是由阿拉伯数字或拉丁字母的先后顺序来标识编码对象的。顺序码编码方法就是从一个有序的字符集合中顺序地取出字符分配给各个编码对象。这些字符通常是自然数的整数,如以 "1" 打头,也可以是字母字符,如 "AAA、AAB、AAC、…"。

顺序码一般作为以标识或参照为目的的独立代码来使用,或者作为复合代码的一部分来使用,后一种情况经常附加着分类代码。在码位固定的数字字段中,应使用零填满字段的位数直到满足码位的要求。示例:在 3 位数字字段中,数字 1 编码为 001,而数字 11 编码为 011。

顺序码编码方法还可细分为递增顺序码编码方法、系列顺序码编码方法、约定顺序码编码方法。

(1) 递增顺序码编码方法。

编码对象被赋予的代码值,可由预定数字递增决定。例如,预定数字可以是 1(纯递增型),或是 10(只有 10 的倍数可以赋值),或者是其他数字(如偶数情况下的 2)等。用这种方法,代码值不带有任何含义。为便于今后原始代码集的修改,可能需要使用中间的代码值,这些中间代码值的赋值不必按 1 递增。

递增顺序码编码方法的优点:能快速赋予代码值,简明,编码表达式容易确认;缺点:编码对象的分类或分组不能由编码表达式来决定,不能充分利用最大容量。

例如,GB/T 2659—2000《世界各国和地区名称代码》中的部分国家和地区的数字代码见表 8-11。该标准中,后来增加的地区名称南极洲使用了中间代码值 010。

表 8-11　递增顺序码编码方法示例

代码	国家和地区名称
004	阿富汗　AFGHANISTAN
008	阿尔巴尼亚　ALBANIA
012	阿尔及利亚　ALGERIA
016	美属萨摩亚　AMERICAN SAMOA
020	安道尔　ANDORRA
024	安哥拉　ANGOLA

(2) 系列顺序码编码方法。

系列顺序码是根据相同或相似的编码对象属性(或特征),将编码对象分为若干组;再将顺序码分为相应的若干系列,并分别赋予各编码对象组;在同一组内,对编码对象连续编码。必要时可在代码系列内留有空码。

这种编码方法首先要确定编码对象的类别,按各个类别确定它们的代码取值范围,然后在各类别代码取值范围内对编码对象顺序地赋予代码值。系列顺序码只有在类别稳定,并且每一具体编码对象在目前或可预见的将来不可能属于不同类别的条件下才能使用。

系列顺序码编码方法的优点是能快速赋予代码值,简明,编码表达式容易确认。缺点是不能充分利用最大容量。

例如 GB/T 4657—2002《中央党政机关、人民团体及其他机构代码》中,就采用了三位数字的系列顺序码,见表 8-12。

表 8-12　系列顺序码编码方法示例

代码	名　称
100~199	全国人大、全国政协、高检、高法机构
200~299	中央直属机关及直属事业单位
300~399	国务院各部委
...	...
700~799	全国性人民团体、民主党派机关

(3) 约定顺序码编码方法。

约定顺序码不是一种纯顺序码,这种代码只能在全部编码对象都预先知道,并且编码对象集合将不会扩展的条件下才能顺利使用。

在赋予代码值之前,编码对象应按某些特性进行排列,例如:依名称的字母顺序排序,按(事件、活动的)年代顺序排序等。按照这样得到的顺序再用代码值表达,而这些代码值本身也应是从有序的列表中顺序选出的。

约定顺序码编码方法的优点是能快速赋予代码值,简明,编码表达式容易确认。缺点是不能适应将来可能的进一步扩展。军校学员成绩等级代码是按成绩从好到差排列编码,见表 8-13。

表 8-13　学生成绩等级代码表

代　码	成绩等级
01	特优
02	优秀
03	良好
04	中等
05	及格
06	不及格

3. 代码设计要求

当选定一种编码方法后，需要选择适当的代码结构。例如，一种代码结构具有很好的可扩充性，但是在某种程度上牺牲了其简洁性。因此，必须周密考虑各个方面的问题，采用折中的办法，以达到整体最优、综合实用的效果。编码方法应以预定的应用需求和编码对象的性质为基础，选择适当的代码结构。在决定代码结构的过程中，既要考虑潜在的各种编码规则，又要考虑这些规则的优缺点，分析代码的一般性特征，研究代码设计所涉及的各种因素，避免潜在的不良后果。

在进行代码设计时，需要注意如下几点：

(1) 现有代码使用。当有可供使用的现行代码时，应尽可能地采用。如果不是绝对需要，就不应设计新的代码。

(2) 代码含义。在编码规则恰当时，有含义代码能承载一系列编码对象的特征信息，在使用上更加容易、可靠和便捷。有含义代码的设计应力图把握住代码对象的最稳定特征，而不能与其不太稳定的特征相关联。在不必对已有代码元素重新编码或扩大编码表达式格式的情况下，代码结构应能为代码集合增加新的代码元素提供支持。

(3) 代码字数。代码字符数目应由最少数目的字符组成，以节省存储空间并减少数据通信时间。固定长度代码(例如只采用三位字符，而不是一位、二位和三位字符同时混用)在使用上比可变长度代码更加可靠且更加容易处理。为便于代码的记录、读取和人工操作，对于字符较长的代码可规定存储格式和表述格式，如：存储格式为"xxxxxxxxxx"，表述格式为"xxx-xxx-xxxx"。

(4) 代码命名。代码命名时，要使每个独立的代码段都有自己标准化的、唯一的、与应用标志相适应的名称。

本 章 小 结

标准和标准化的概念是学习本章的基础，重点在于培养工作和生活中标准意识，充分认识标准的重要性。元数据标准化和数据元标准化是数据标准化的基础和核心，理清两者概念的区别和联系至关重要。元数据是描述数据的数据，是从最具普遍性、更抽象一层的角度去描述数据。数据元是现实世界或抽象概念中特定对象(实体)的描述，更具有具体性和针对性。针对元数据标准化，本章重点介绍了元数据的基本概念和典型元数据标准，初步提出了元数据标准框架；对数据元标准化，重点介绍了数据元相关的概念体系以及数据元命名、定义、表示的方法。最后对规范数据时经常需要使用的分类与编码技术进行了阐述。

本章参考文献

[1]　戴剑伟. 数据工程理论与技术[M]. 北京：国防工业出版社，2010.

[2]　孔宪伦. 军用标准化[M]. 北京：国防工业出版社，2003.

[3]　王宁，高云飞，马勇波，等. 作战指挥训练元数据标准规范的设计与应用[J]. 计算机与信息技术，2007，(Z1)：100-101，105.

[4]　中华人民共和国国家质量监督检验检疫总局、中国国家标准化管理委员会. 信息技术元数据注册系统(MDR)第4部分：数据定义的形成：GB/T 18391.4-2009[S]. 2009.

[5]　中国科学院计算机网络信息中心科学数据库中心. 中国科学院科学数据库核心元数据标准 2.0[S]. 2004.

[6]　POOLE J，CHANG D，TOLBERT D，et al. 公共仓库元模型开发指南[M]. 彭蓉，刘进，译. 北京：机械工业出版社，2004.

[7]　Eclipse modeling framework version2.0[EB/OL].https：//www.eclipse.org/enf.

[8]　中华人民共和国科学技术部. 数据元标准化的基本原则与方法：SDS/T 2132—2004 [S]. 2004.

[9]　中华人民共和国科学技术部. 数据分类与编码的基本原则和方法：SDS/T 2132—2004 [S]. 2004.

[10]　中华人民共和国科学技术部. 公用数据元目录：SDS/T 2131-2004[S]. 2004.

[11]　中华人民共和国国家质量技术监督局. 信息技术数据元素值格式记法：GB/T 18142—2000[S]. 2000.

[12]　中华人民共和国国家质量技术监督局. 国际单位制及其应用：GB 3100-93[S]. 1993.

[13]　刘清河. 军事训练数据元标准化及其应用研究[D]. 南京：解放军理工大学，2010.

[14]　靳大尉，赵水宁，朱玉，等. 元数据标准及其管理研究[C]. 2009 年建模与仿真标准化年会论文集，2009：32-36.

第9章 数据工程实践案例

数据工程的理论方法是科学指导建设的重要依据，但如何运用理论方法为指导工程实践，发挥工程建设质量效益，对工程实践者更加重要。前面各章从数据工程的生命周期各阶段出发，介绍了相关的理论方法和工具，下面我们结合军事训练领域的数据工程建设案例，详细介绍如何实施各项设计和建设工作。

9.1 案例背景介绍

9.1.1 背景分析

军事训练数据是组织和开展各类训练活动产生的客观记录，具有容量大、类型多、来源分散、军事应用价值高的显著特征，对于提升军事训练精细化管理能力、推进军事训练创新发展、提高实战化军事训练水平具有重要支撑作用。

信息技术与军事训练的交汇融合引发了数据迅猛增长，军事训练数据已成为军队基础性战略资源。当前，世界军事强国运用大数据推动军事训练创新发展、完善训练内容方法、提升军队高层机关服务和监管能力正成为趋势，以美军为首的有关发达国家军队相继制定实施大数据强军战略，大力推动军事训练大数据发展和应用。依托传统的信息系统建设模式，会带来数据共享应用不足、数据挖掘利用深度不够、数据整体建设缺乏顶层设计和统筹规划、标准规范支撑弱等问题，建设的质量效益难以提升。坚持创新驱动发展，加快数据资源规模化建设，深化数据分析应用和共享，是训练管理单位精细化管理能力的内在需要和必然选择。

9.1.2 需求分析

训练数据涉及面广、内容多样、体系复杂，为便于读者理解，我们将重点聚焦演习类数据工程项目建设，对演习训练的数据建设需求进行分析。

(1) 满足数据存储管理需求。

能够提供数据集成存储和分布管理的需要，提供数据库加载管理，解决演习准备阶段训练信息系统的数据初始化问题；应能够提供双机热备份配置时镜像数据库间的数据同步，保证系统运行安全可靠；应能够提供跨数据中心分布式数据管理能力，解决异地数据库的关键数据实时同步更新问题。

(2) 满足数据备份容灾需求。

训练数据是演习活动的重要支撑，特别是经过多年积累的演习数据，是具有巨大挖掘潜力的训练资源，一旦破坏将会造成无法挽回的损失。因此，应具有对演习数据的自动化备份和灾后迅速恢复的能力，同时也应具备对演训各分系统数据灾后恢复提供数据支持的能力。

(3) 满足多源数据汇集处理需求。

演训数据涉及模拟交战、环境构设、导调控制等多个业务系统的数据，这些数据产生于各个业务系统和导调终端，具有多源和异构的特点。因此，应能够提供数据汇集与融合处理能力，从各类系统的业务数据库、公共服务总线、演习席位计算机上收集数据，采集或接收基地现有的各类系统和采集终端传送的演习实况数据；能够对从多种数据源得到的数据进行统一融合，能够给各类数据注入数据标签，为事后进行数据关联、查询、分析、发布、展示以及数据生产创造条件。

(4) 满足数据处理与编辑需求。

由于数据采集和传输设备具有不稳定性的特点，采集到的原始数据会出现"失真"现象，为了保证数据的准确性，应能提供对原始数据进行检错、纠错和清洗等数据校验功能。此外，由于采集到的数据来自各分系统或数据库，具有独立、分散的特点，且有些格式的数据不能直接用于分析，无法满足演习评估数据多维展示与分析的需要，因此通过建设应能对演习采集的原始数据完成汇集整合后进行二次处理，面向用户应用需求，对原始数据进行重新组织，从时间维、空间维、事件维等多个维度，通过适当的冗余，进行数据挖掘，形成面向主题的、集成的、稳定的数据集合，对态势、评估分析等应用和进一步的挖掘分析提供数据支持。

(5) 满足数据发布需求。

数据管理的最终目的是为用户提供数据服务，为提高各类用户的数据资源利用效率，应提供灵活的数据定制、高效的数据检索和安全的数据访问机制。应通过统一的门户进行数据的发布，应具有数据模板定制功能，能够对主题数据的元数据结构进行定义，关联数据元素的来源，形成主题数据模型模板；应具有模板数据发布功能，能够按数据模板的类型及数据服务对象实施数据加载，完成模板数据的发布，支持定时发布和实时发布两种发布策略；应具有资源目录管理检索功能，能够按资源目录的分类结构进行数据的检索查询。

(6) 满足演习数据生产需求。

通过工程建设，应能够具备演习数据加工生产能力，能够依据历史数据，通过模型计算和加工流程处理，生成主题量化分析、演习情况、训练水平等数据产品，提供较完善的数据挖掘分析支持，能满足用户灵活自主的数据加工生产需要。

9.2　体系结构设计

一般在实施数据工程建设之前，需要研究建设的要素及其相关关系，数据工程类项目涉及基础支撑环境、数据采集手段、数据资源体系、数据模型分析、数据应用服务等内容。而这些要素或建设内容一般是数据工程全生命周期各阶段工作形成的成果，有一定的关联关系。如基础支撑环境建设内容来源于数据存储管理阶段的分析；数据采集手段建设内容来源于数据采集处理阶段的分析；数据资源体系来源于数据资源规划阶段和数据建模阶段的分析；数据模型分析建设内容来源于数据分析挖掘阶段的分析；数据应用服务来源于数据共享应用阶段分析。这里我们设计了一种分层的体系结构，涵盖了基础支撑、采集处理、数据资源、数据分析、数据服务五个层次，体系结构如图 9-1 所示。

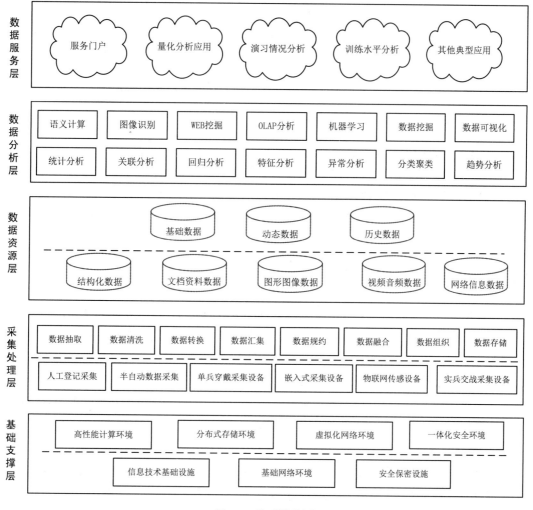

图 9-1　体系结构图

　　(1) 基础支撑层：包括通用基础设施支撑环境和软硬件一体的集成化服务环境，是数据工程的物理环境、安全环境、基础软件环境的承载，通常在基础支撑环境中还需要考虑实际的部署环境和节点，且需要明确每个节点的基础支撑环境。

　　(2) 采集处理层：包括数据采集和数据处理条件，分别利用人工登记或信息系统采集演习训练数据，利用单兵穿戴式设备采集单个人员状态数据，利用嵌入式设备采集装备状态数据，利用物联网传感设备采集保障物资状态数据，利用实兵交战系统采集演习对抗数据，在此基础上进行数据抽取、清洗、规约、融合等处理。

(3) 数据资源层：包括规划设计的数据体系分类和各类演习主题数据库，构建文档数据、图像数据、媒体数据等结构化与非结构化数据的高效分布混合数据资源环境。

(4) 数据分析层：包括统计分析、关联分析、回归分析、特征分析、异常分析等数据分析模型，以及语义计算、特征识别、机器学习、数据挖掘等数据分析技术。

(5) 数据服务层：包括服务门户、演习情况、训练水平等大数据分析典型应用服务。

9.3　数据资源规划设计

经过上面的初步需求分析，下面需要对数据资源体系进行更加详细的规划设计，这里采用基于稳定信息过程的数据规划方法进行案例分析。

9.3.1　确定职能域

职能域是指一个组织中的一些主要的业务活动领域，职能域是对该领域中一些主要业务活动的抽象，而不是对现有机构部门的照搬。这里确定以演习全流程的组织实施为数据资源规划的职能域。

9.3.2　确定其业务过程及活动

在进行职能域分析时，要控制把握好规划职能域的数目，尽量要面向全局，但又不是无所不包地定义大量的职能域。如果下面按照演习的各个阶段进行分析，确定其演习的业务过程，并进一步划分其业务活动。针对演习组织实施的职能域，可以划分出两个业务过程：导控裁决过程和演习训练过程。为简化分析对象，对导控裁决过程不再展开，下面针对演习组织实施过程进行分析。我们进一步划分演习组织实施的业务过程：演习准备，演习实施中的作战准备、作战实施等环节。

1. 演习准备

为搞好模拟对抗演习，提高演练效果，受训者在演练开始前要熟悉与演练课题相关的作战理论及其首长、机关的作战指挥程序与方法，熟悉模拟系统的特点和功能，组织计算机模拟对抗训练的基本方法、对抗规则以及有关注意事项和必须遵守的规定等，熟练掌握系统操作。

2. 演习实施中的作战准备

总导演发布演习开始指令后，即转入演习实施阶段。在演习实施阶段，部队首先要按照作战条令条例的要求，进行作战准备。部队在作战准备阶段的主要工作如图 9-2 所示。

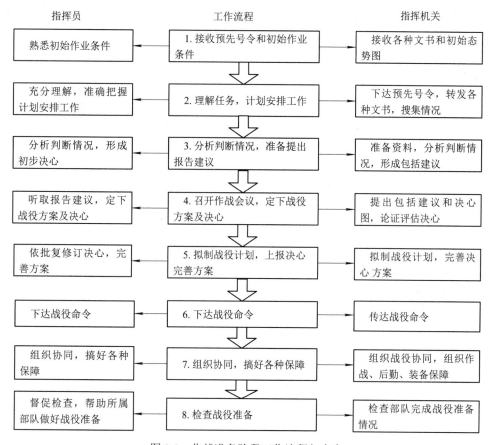

图 9-2 作战准备阶段工作流程与内容

3. 演习实施中的作战实施

部队准备完毕后，进入作战实施阶段。在该阶段，参训部队的工作流程和内容总结如图 9-3 所示。

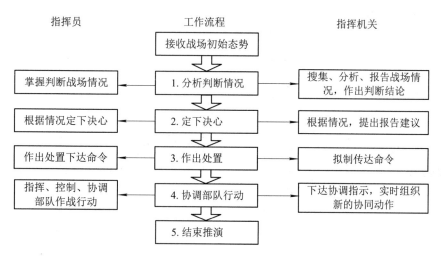

图 9-3 作战实施阶段工作流程与内容

职能域—业务过程—业务活动的汇总表如表 9-1 所示，并依此对业务活动进行业务建模。

表 9-1　职能域—业务过程—业务活动的汇总表

职 能 域	业 务 过 程	业 务 活 动
演习全流程的组织实施	演习训练	**演习准备** 熟悉作战理论、指挥程序和方法
		熟悉模拟系统的特点和功能
		熟悉计算机模拟对抗训练的方法
		掌握模拟系统的操作
		演习实施中的作战准备 接收预先号令和初始作业条件
		下达预先号令，安排工作
		分析判断情况，形成报告建议
		召开作战会议，论证评估决心
		拟制作战计划
		上报决心方案
		下达作战命令
		组织作战协同和各种保障
		演习实施中的作战实施 接收战场初始态势
		分析判断情况，做出判断结论
		提出报告建议，定下决心
		拟制传达命令
		协调部队行动

因业务活动较多，这里只简要分析演习实施中的作战准备阶段的两个业务活动，并建立其基本的业务模型。

(1) 接收预先号令和初始作业条件模型如图 9-4 所示。

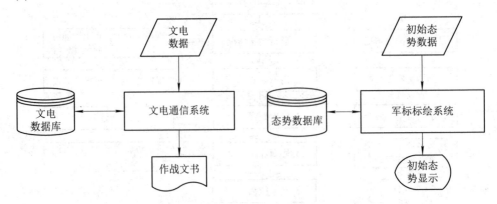

图 9-4　接收预先号令和初始作业业务模型

(2) 分析判断情况，形成初步决心方案业务模型如图 9-5 所示。

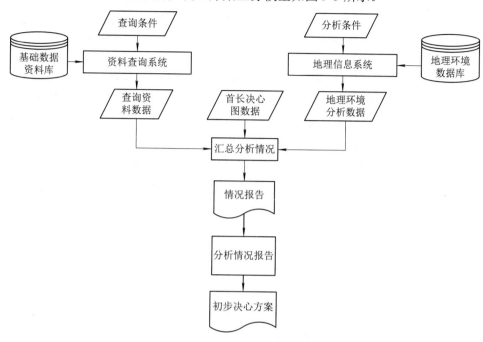

图 9-5 分析判断情况，形成初步决心方案业务模型

9.3.3 职能域数据分析

需求分析的另一部分主要工作是对业务数据的分析调研，这一部分是数据规划需求分析中最重要也是最繁杂的工作。主要分析对象包括用户视图和职能域的数据流图分析，其实数据流图已包含了用户视图的内容，这里将用户视图单独作为分析对象主要出于两方面的考虑：一是用户视图非常重要，它反映了最终用户对数据实体的看法，即用户眼中的数据表现形式，通过分析用户视图，可以使分析员聚焦数据规划的核心部分，同时可以支撑和简化传统的数据流分析，给将来建立稳定的数据模型打下基础；二是数据流图中的数据流和数据存储要素并不能直观反映用户的数据需求，因此有必要对用户视图进行单独分析。

为了帮助各部门梳理、规范数据，从根本上改变以报表为主体的混乱数据环境、改变随意设计报表而造成信息系统跟不上数据表面的变化，需要对用户视图进行登记、分析、规范和简化。用户视图一般有编码、名称、流向、类型、生存期、纪录数等属性。用户视图的名称用短语来表示其意义和用途。生存期指用户视图在业务中从形成到失去作用的时间跨度。记录数是指数据集转换为一张表时行数的估算。对于一些较为复杂的用户视图，如表中还有小表，可以再拆分为几个相关的用户视图，形成用户视图簇。对于用户视图的数据项逐一进行登记，得到用户视图的组成，这是比较复杂的分析、综合和抽象过程。数据项应该是基本数据项或数据元素，而不应该是复合数据项，即达到第一范式的数据库规范，数据元素则是最小的不可再分的信息单元。除了组成登记，还要定义主键。

总体而言，用户视图分析过程包括：收集用户视图、用户视图整理和用户视图分析。一般为了确保所收集的用户视图信息规范完整，我们通过设计用户视图采集模板进行信息的收集，如表 9-2 所示。

表 9-2　用户视图采集模板表

序号	名称	编码	大类	小类	簇编码	生存期	纪录数	频率
01	部队实力统计表	011101	1	1	A	1 个月	5000	10

在表 9-3 中，就存在表中表的情况，可以将其拆分为两张用户视图表，但我们为了反映用户需求的原貌，仍然保留这样的用户视图。进行用户视图分析时，还是需要以满足第一范式的用户子视图为分析对象，同时借助业务需求分析阶段绘制的数据流图来进一步梳理用户视图，并对用户视图进行登记，确保用户视图没有遗漏。

表 9-3　用户视图属性采集模板表

序号	名称		含义	数据类型	约束
01	部队编号		唯一标示部队的字符代号	字符型	参见部队编码生成规则
02	部队名称		部队实体的名称	字符型	—
03	部队级别		部队实体的级别层次	字符型	参见部队级别字典
04	部队类型		按主要武器装备和作战任务不同，对部队实体划分的类型	字符型	参见部队类型字典
05	人员数量		部队实体包含的各类人员的总数	数字型	大于 0，小余 10 万的整数
06	装备配备	装备名称	部队实体配备的装备型号名称	字符型	参见装备型号字典
		装备数量	部队实体配备的该型号装备的数量	数字型	大于 0，小余 10 万的整数
…	…		…	…	…

登记了用户视图的各种属性和组成，还需分析各用户视图的关系，从而确保用户视图的整体性。图 9-6、图 9-7 是通过实体—联系图来描述用户视图之间的联系。具体的实体—联系图的绘制方法在第 3 章数据模型构建一章中有详细描述，这里就不再赘述。

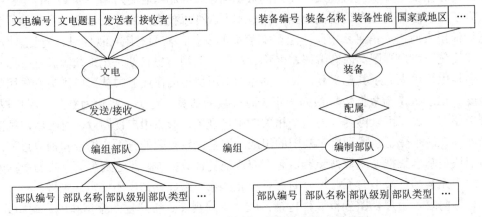

图 9-6　文电、编组、编制、装备的实体—联系图

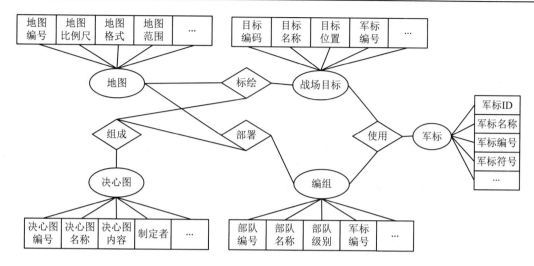

图 9-7　决心图、地图、战场目标、编组、军标的实体—联系图

9.3.4　建立数据资源标准规范

数据规划关注的是领域数据环境建设，实际上包括两个方面的数据集成问题：部门内的数据集成，以保证各单位的数据共享，从而使数据资源管理问题集中在共享数据库的标准化、规范化设计上；部门与外单位的数据自动交换，特别是远程异地的数据自动交换，使数据资源管理问题集中在数据交换的标准化、规范化的协调和设计上。这两个方面的共同关键，是数据资源管理的基础标准问题。

我们认为应该在数据规划过程中逐步建立起数据资源管理的基础标准，这些标准是决定信息系统质量的根本所在，实际上也是数据规划标准库的核心构成要素。这些标准包括：数据元素标准、信息分类编码标准、用户视图标准、数据库标准等。

(1) 数据元素标准。数据元素是信息系统中最小的不可再分的信息单位，是一类数据的总称。数据元素是通过定义、标识、表示以及允许值等一系列属性描述的数据单元。通过对数据元素及其属性的规范化和标准化，不同用户可以对数据拥有一致的理解、表达和共识，可以有效实现不同信息化系统的数据共享和交换。数据元素标准包括：数据元素设计与管理标准、数据元素目录等。具体数据元素标准的内容可以参见第 8 章中的数据标准规范。

(2) 信息分类编码标准。为了便于在系统中管理、检索这些数据，必须建立数据的分类和编码标准。这项工作是数据规划的一项重要内容，也是数据规划成功的基础，但由于设计完全合理和不变的分类和编码很困难，不仅需要领域专家的深入参与，还需要与系统技术人员充分沟通。一般建立分类的方法有：线分类法、面分类法、混合分类法等。同时，建立分类时应参考同类权威机构的分类方案，并可能保持一致。例如，装备数据的分类可以参考总装发布的装备分类体系标准，地理数据的分类标准可以参考总参测绘局的地理信息分类体系标准等等。

除了建立完善的数据分类体系之外，为了便于信息系统管理、检索和使用数据，常常需要进行数据的编码。我们根据编码对象的特征或根据所拟定的分类方法，所采用的编码方法不尽相同。编码方法不同，产生的代码类型也不同。常见的代码类型如图 8-14 所示。

(3) 用户视图标准。用户视图是一些数据元素的集合，它反映了最终用户对数据实体的看法。为此，应该建立用户视图标准，确定有哪些用户视图，以及它们的标识、命名规则和组成结构。

(4) 数据库标准。在信息资源规划阶段，通常强调的是概念层、逻辑层的数据库模型的建立，而不是直接把数据库建立在物理层。逻辑层的数据库标准用以指导物理数据库建设。根据数据库建设标准规范，利用先进的信息技术对各种业务信息(传统的纸质文字、报告、图表等)进行数字化，为信息系统的成功实施提供规范、有效的数据库建库标准，具体包括概念数据库标准和逻辑数据库标准。

9.3.5　建立信息系统功能模型

数据规划的系统建模是在规范化需求分析的基础上进行的，系统建模是数据规划的核心和关键工作。系统建模的目的，是使部门领导、管理人员和信息技术人员对所规划的信息系统有统一、概括和完整的认识，从而能科学地制定各类方案，保证成功进行集成化的领域信息系统建设。其中功能模型是规划模型之一，是对所规划的系统功能结构的概括性表示，采用"子系统—功能模块—程序模块"三个层次描述。功能模型是在业务功能分析的基础上形成的，大致对应关系如图 9-8 所示。

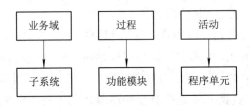

图 9-8　三级功能模型

业务模型与功能模型绝不是简单对应，功能模型是经过计算机人员对业务模型进行了计算机化的可行性分析(可行性分析的基本原则是要区分和识别哪些业务过程、活动可以由计算机自动进行，哪些可人机交互进行，哪些仍需人工完成)和提升的基础上，对某些业务过程、活动进行合并、分解或调整以适应计算机化的实现。总之，从子系统的界定，到功能模块、程序模块的划分是一个相当复杂的认知和再造过程，不是对业务模型简单的复制，是从系统目标、系统扩展的边界、信息处理加工的深度以及主要功能等方面来综合界定子系统。

表 9-4 描述了部分功能模型，可以看出，与前面的业务模型有密切联系，但又不完全一致。有些业务活动虽然不同，但从功能上是可以抽象合并的，如作战方案、行动方案或情况报告等，都可以通过文书拟制功能来实现，只是拟制文书的内容不同而已；还有的业务活动不便于计算机化实现，在功能模型中就不考虑了，如分析判断情况，主要靠指挥员的经验和知识来完成，在系统功能中就不再出现了。

表 9-4　功能模型的示例表

子 系 统	功 能 模 型		程 序 单 元
演习组织实施	指挥控制系统	演习准备	场地器材情况管理
			训练理论知识管理
			专业训练操作系统管理
			要素演练或指挥演练系统管理
		作战准备	文书传输与管理
			态势信息管理和显示
			文书拟制
			作战计划生成
		作战实施	文书传输与管理
			态势信息管理和显示
			文书拟制
			命令指令传输
			部队行动数据采集
...	...		...

9.3.6　建立初步数据模型

　　数据模型是对用户信息需求的科学反映，是规划系统的信息组织框架结构。数据规划的数据模型可分为全域数据模型和子域数据模型，前者属于整个工程项目，后者属于某个子系统。从规划阶段性和细致程度可分为概念层数据模型、逻辑层数据模型、物理实现模型，其中概念层数据建模已在职能域数据分析阶段完成。

　　由业务领导参与并复查用户视图和数据流分析资料，与规划分析人员取得共识，根据业务人员的管理经验和分析人员进行的用户视图分组，提出逻辑的主题数据库，在经过讨论和各子系统小组协调，对实体对象进行识别，并进行实体—联系分析，将每一个概念主题数据库规范化到满足第三范式的一组基表，这个过程中还允许选取已有应用系统中有用的基表结构和借鉴同类系统的有关基表结构。经过反复讨论、规范和修订，最终形成逻辑的主题数据库。实际上就是简化的结构实体—联系图。

　　逻辑数据模型是由逻辑数据库组成的，是对概念数据库的进一步分解和细化。由概念数据库演化为逻辑数据库，主要是采用数据结构规范化原理与方法，将每个概念数据库分解、规范化成第三范式的一组基表，而基表是所需要的基础数据所组成的表，其他数据则是在这些数据的基础之上衍生出来的，它们组成的表是非基表。基表可以代表一个实体，也可以代表一个关系，基表中的数据项就是实体或关系的属性。基表应该具有如下的一些基本特性：

　　(1) 原子性：表中的数据项是数据元素；

　　(2) 演绎性：可由表中的数据生成系统绝大部分输出数据；

　　(3) 稳定性：表的结构不变，表中的数据原则上一处一次输入，多处多次使用；

　　(4) 规范性：表中的数据关系满足第三范式；

　　(5) 客观性：表中是客观存在的数据，是管理工作需要的数据，而非主观臆造。

　　为适应软件工具的支持和产生计算机化文档，实现逻辑数据模型的表达法采用"实体框表达法"，该表达法是对 E-R 图(主要是对结构化 E-R 图)的进一步简化。一个主题数据库包括一组基表(一个方框代表一个基表，个别的主题数据库可以只含有一个基表)，向左探出的方框代表一级基表，存储着主题数据库的基本的、静态的、概要性的信息；缩进去的方框代表二级基表，存储着主题数据库的详细的、动态的、进一步展开性的信息；属性表是指基表的内容按数据元素的顺序列表；主键是指属性表中能唯一标识一条记录的数据元素。实体框表达法示例如图 9-9 所示。

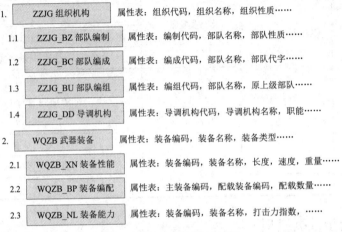

图 9-9　实体框表达法示例

　　可以说，逻辑数据模型是系统建模难度最大的部分，逻辑数据模型的质量，将决定将来数据环境的建设质量。逻辑数据模型除了需要构建主题数据库和基本表外，还需要建立数据元目录，数据元目录构建的模板如表 9-5 所示。

表 9-5　数据元目录模板

中文名称	英文名称	同义名称	内部标识号	数据格式	值域	计量单位	提交机构	适用范围	状态	定　义
部队编号	Army code	部队编码	020201	字符型	参见部队编码生成规则	—	数据中心	组织机构	试用	唯一标识部队的字符代号
部队名称	Army name	部队番号	020202	字符型	—	—	数据中心	组织机构	试用	部队实体的名称
部队级别	Army level	级别	020203	字符型	参见级别字典	—	数据中心	组织机构	试用	部队实体的级别层次
部队类型	Army type	部队种类	020204	字符型	参见部队类型字典	—	数据中心	组织机构	试用	按主要武器装备和作战任务不同，对部队实体划分的类型
人员数量	Soldier sum	人员总数	020205	数字型	1 到 10 万	个	数据中心	组织机构	试用	部队实体包含的各类人员的总数
…	…	…	…	…	…	…	…	…	…	…

　　信息关联模型是指系统信息模型和功能模型的关联结构，早期的方法中一般采用 C-U 矩阵来表示，如果数据规划的规模不大，我们也常对其进行简化，建立功能与数据实体的

关联关系表。信息关联模型的建立，是决定共享数据库的创建与使用责任、进行数据分析和制订系统实施进度的科学依据。为便于分析，建立系统功能与数据实体关联关系表，如表 9-6 所示。

表 9-6 功能模块与数据实体关联关系表

功能模型	程序单元	数据实体	关联属性	数 据 属 性
作战准备	文书传输与管理	文电数据	使用	文电编号，发送者，接收者，发送时间，发送题目，发送内容，发送状态……
		部队编组	使用	部队编号，部队名称，部队级别，部队类型，属方标志，人员配属、装备配属……
	态势信息管理和显示	态势数据	使用	实体编号，军标编号，经度，维度……
		军标数据	使用	军标 ID，军标名称，军标编号，军标符号……
		地理数据	使用	地图编号，地图比例尺，地图格式……
	文书拟制	文书模板	使用	资料编号，资料名称，资料类型，关键字，资料内容……
		部队编组	使用	部队编号，部队名称，部队级别，部队类型，属方标志，人员配属、装备配属……
		战场目标	使用	目标编码，目标名称，目标位置，目标属性，目标类型……
		地理数据	使用	地图编号，地图比例尺，地图格式……
		作战文书	创建	文书名称，文书类型，文书创建时间，文书拟制者……
	作战计划生成	作战文书	使用	文书名称，文书类型，文书创建时间，文书拟制者……
		部队编组	使用	部队编号，部队名称，部队级别，部队类型，属方标志，人员配属，装备配属……
		装备性能	使用	装备编号，装备名称，装备种类，装备性能……
		战场目标	使用	目标编码，目标名称，目标位置，目标属性，目标类型……
		地理数据	使用	地图编号，地图比例尺，地图格式……
		作战计划	产生	作战计划编号，作战计划名称，作战计划内容，制订者，制订时间……

9.3.7 形成数据规划方案

认真分析功能模型和数据模型，可以发现有的数据在多个功能模块或信息系统中被使用，有的则是相对独立，只在某一个功能模块中使用，还有的数据既是某业务活动的结果数据，同时又是下一个业务活动的输入数据。将这些数据实体的特点和属性在表中罗列重组，并通过适当的形式描述出来，形成数据规划的初步方案。数据规划方案的表现形式主要有三种，分别为文字描述方式、表格方式、图形方式，有时会将这三种方式综合起来使用。无论使用哪种表现形式，数据规划方案都必须回答下面几个问题：

(1) 在规划期内需要建设哪些数据实体，以及这些实体的哪些属性？

(2) 这些数据实体之间的关系是什么，有先后关系、继承关系或包含关系吗？

(3) 每一类数据实体的数据来源是什么，应用于哪一个或哪几个功能模块？

(4) 数据建设过程中可能存在哪些困难，如何解决？

表 9-7 是数据规划方案表的节选示例，只反映了规划的部分要素，由于篇幅的原因，完整的数据资源规划内容就不展开了。

表 9-7　数据规划方案表

序号	数据实体	是否专用	是否静态	建议规划方案
1	文电数据	是	否	参考文电传输系统的文电数据结构进行数据库设计
2	编组数据	否	否	统一规划，形成编组主题数据库
3	编制数据	是	是	因编制数据是部队编组数据的来源，建议统一规划，其中的级别、部队性质等属性要建立相应的字典表，因编组数据也有这些属性
4	装备数据	否	是	统一规划，形成装备主题数据库
5	作战理论	是	是	参考资料查询系统的作战理论结构进行数据库设计
6	地理数据	否	是	统一规划，形成地理数据主题数据库
7	战场目标	是	否	独立设计，但如果在目标毁伤计算等业务活动中使用战场目标数据，则需要统一进行数据库设计
8	作战计划数据	是	否	独立设计，应涵盖地图、战场目标、编组部署、部队任务等信息
9	军标数据	否	是	统一规划，建立军标字典表，规范军标使用

基于稳定信息过程的数据规划方法比较符合用户的思维习惯，通过分析演习组织实施部分环节的数据资源规划和初步数据模型设计，基本解决了需要采集和建设哪些数据资源，以及数据资源间的业务关系，对后续更有针对性地进行详细的数据模型设计提供了支撑。

9.4 数据模型构建

通过数据资源规划设计，基本梳理出了数据建设内容，下面需要结合领域特点，进行数据模型的构建和详细描述。由于篇幅有限，前面的数据资源规划设计仅仅分析了演习实施阶段作战准备和作战实施环节的相关内容，但实际进行全流程数据资源规划时，涉及的数据规划内容包含演习的基础数据、实况数据和历史数据，通过前面章节介绍的数据建模方法，并结合演习数据特点，有针对性地构建演习数据模型，并建立详细的数据实体对象及其结构和关系，满足各类训练演习业务信息系统和数据分析管理系统对演习数据的真实性、完整性、一致性的需求。

下面仍然以演习数据为研究对象，分析如何在规划分析的基础上，进一步梳理提取基本数据对象和如何建立数据对象之间的关系，以及利用数据建模方法对数据对象及其关系进行模型描述，为构建出科学合理的数据模型提供有益的建议和指导。

9.4.1 提炼核心数据对象

通过数据资源规划设计，提取出了各种数据对象，但这些数据对象还需要进行整合和组织，从而形成一个数据对象体系，各类型、各层级的数据对象之间有密切联系。因此，需要从纷繁复杂的数据对象中，通过分析和提炼演习过程中数据对象的关键信息要素和特征。六类最基本的数据对象大类为组织、人员、物资、装备、设施、环境，在此基础上，将更具体的数据对象归入不同的数据对象大类中，形成数据对象体系结构图，如图 9-10 所示。

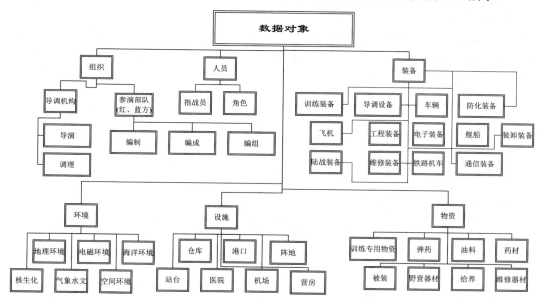

图 9-10 数据对象的分类结构

演习过程涉及的各类数据对象，其描述对象的特殊性和通用性往往不同，例如部队的组织、人员、装备和物资的数据对象是部队特有的数据对象，而地理、气象等环境和设施数据对象对于战场空间内各部队是通用的，因此，在构建数据对象体系结构时，要充分体现一般性和特殊性。

9.4.2　建立数据对象关系

在军事训练演习时，战场中的各类实体存在着千丝万缕的联系，正是这些关系推动了演习的进程，也正是这些关系的微妙变化刻画了不同训练演习活动的不同特质。下面分别介绍这七类作战仿真基本数据对象之间的关系，这些关系既是通用的数据模型关系的具体实例，也是复杂作战仿真数据模型关系的抽象。

1. 编配关系

编配关系一般指一个或多个数据对象编制或配属给一个主数据对象，从而形成符合功能需求的实体对象。编配关系结构如图 9-11 所示，表达了部队编制中存在的组织与装备、人员、物资之间存在编配关系，以及装备建模中存在的装备与发射装置、弹药、信息装置、对抗装置之间存在的编配关系。

图 9-11　编配关系结构

2. 行动关联关系

行动关联关系一般指实施或完成某一行动过程中，需关联一个或多个数据对象，确保能完整描述行动所需的数据。行动关联关系结构如图 9-12 所示，作战行动不仅有其行动的属性，同时还关联组织、人员、环境、装备、物资和设施等数据对象，其核心是反映谁在什么环境下实施了作战行动，该作战行动使用了哪些装备、物资和设施。

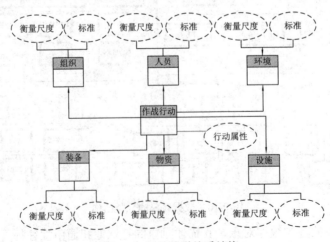

图 9-12　行动关联关系结构

3. 毁伤关系

毁伤关系一般指一类数据对象与其他数据对象具有打击与被打击的关系，并能通过毁伤属性反映打击效果。毁伤关系结构如图 9-13 所示，弹药对装备、设施、物资、组织或人员形成打击效果，因此它们的数据对象之间就形成了毁伤关系，同时毁伤效果还受环境因素影响，因此这类关系中还可以加上环境数据对象。

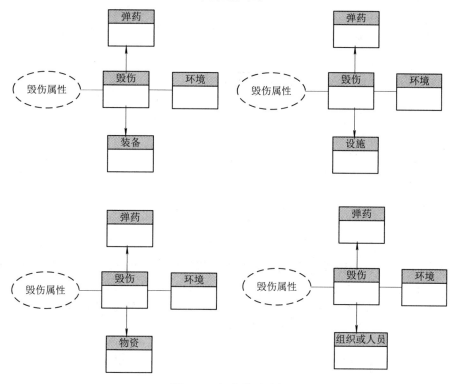

图 9-13　毁伤关系结构

4. 指挥控制关系

指挥控制关系一般指一个数据对象对其他数据对象的指挥或控制关系。指挥控制关系结构如图 9-14 所示，表达了部队组织的上级对下级或人员的指挥关系，以及演习中导调机构对参训部队和下级导调机构的导调控制关系。

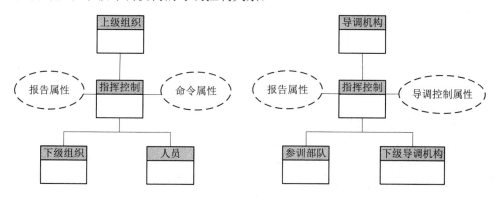

图 9-14　指挥控制关系结构

5. 阐述关系

阐述关系一般指对一类数据对象内部或各类数据对象之间具有的解释或描述关系，从而形成对某一数据对象形成比较完整的理解。阐述关系结构如图 9-15 所示，人员可以与装备、设施、物资、组织、环境形成一定的阐述关系，从而更加精准客观地描述一个特有的军事人员的各种特性属性。

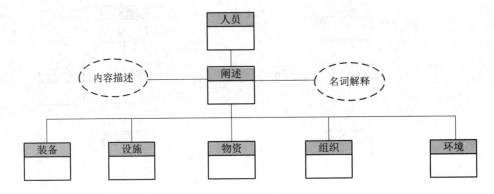

图 9-15　阐述关系结构

6. 评判关系

评判关系一般指一类数据对象对其他数据对象的评估评判的关系。评判关系结构如图 9-16 所示，表达了部队演习活动中，导调机构与参训部队的评估关系，以及上级机关与导调机关的评估关系。前者评估关系涉及部队训练效果评估和作战能力评估，后者评估关系涉及导调机关的组训能力和保障能力评估。

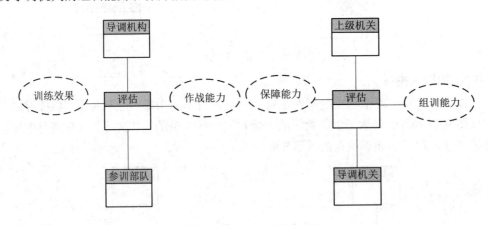

图 9-16　评判关系结构

9.4.3　构建详细数据模型

上文在分析提炼形成数据对象体系的基础上，建立了较完善的数据对象关系，形成了对数据模型体系的整体认识。在此基础上，需要借助数据建模工具建立详细的数据模型，下面以部队实体为例，详细介绍数据模型构建的要素和形态。

1. 部队编制数据模型

在前面的数据对象关系中，部队数据对象是组织数据对象的子类，因此部队和装备、人员、物资之间存在编配的关系，因此构建如图 9-17 所示的数据模型。

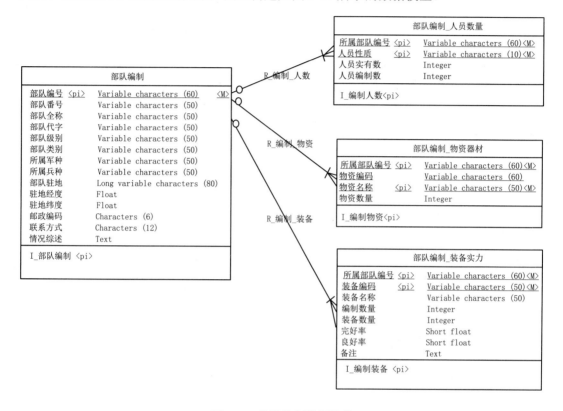

图 9-17　部队编制数据模型

2. 数据实体详细定义

依据数据模型设计，将相关数据实体进行详细定义，形成数据实体定义表，如表 9-8 所示。这些数据实体定义表应与前面数据规划形成的数据表相对应。

表 9-8　部队编制_数据实体定义表

名　称	代　码	提供单位或维护单位	注　释
部队编制	bdbz	***	描述部队编制基本情况数据
部队编制_人员数量	bdbz_rysl	***	描述部队人员组成情况数据
部队编制_后勤物资	bdbz_hqwz	***	描述部队物资保障情况数据
部队编制_装备实力	bdbz_zbsl	***	描述部队装备编配数量情况

3. 数据实体属性定义

数据实体属性定义主要用于详细描述数据实体相关特征和结构信息等内容，通过规范和定义相关属性内容，可以实现数据的共享和交换。部队编制属性定义表及人员数量、后勤物资、武器装备属性定义表如表 9-9～表 9-12 所示。

表 9-9　部队编制属性定义表

名称	代码	数据类型	长度	精度	量纲	非空	主标识符	取值规则	注释
部队编号	bdbh	variable characters	60	—	—	是	是	—	部队编制的层次结构信息
部队番号	bdfh	variable characters	50	—	—	是	否	—	—
部队全称	bdqc	variable characters	50	—	—	否	否	—	—
部队代字	bddz	variable characters	50	—	—	否	否	—	—
部队级别	bdjb	variable characters	50	—	—	是	否	参见"GJB ××××-×××× 字典编码规范"	—
部队类别	bdlb	variable characters	50	—	—	是	否	参见"GJB ××××-×××× 字典编码规范"	—
所属军种	jz	variable characters	50	—	—	是	否	参见"GJB ××××-×××× 字典编码规范"	—
所属兵种	bz	variable characters	50	—	—	是	否	参见"GJB ××××-×××× 字典编码规范"	—
部队驻地	bdzd	variable characters	80	—	—	否	否	包含：国家(地区)\省\市\县(区)\村(街道)	—
驻地经度	jd	float	—	—	—	否	否	参见经纬度描述规范	—
驻地纬度	wd	float	—	—	—	否	否	参见经纬度描述规范	—
邮政编码	yzbm	characters	6	—	—	否	否	—	—
联系方式	lxfs	characters	6	—	—	否	否	采取区号＋6位号码格式	主要指电话
情况综述	qkzs	text	—	—	—	否	否	—	—

表 9-10　部队编制_人员数量属性定义表

名称	代码	数据类型	长度	精度	量纲	非空	主标识符	取 值 规 则	注释
所属部队编号	bdbh	variable characters	60	—	—	是	是	从"部队编制"表中的"部队编号"属性值中获取	—
人员性质	ryxz	variable characters	50	—	—	是	是	取"军官、文职人员、士官、义务兵、其他"	—
人员实有数	rysys	integer	—	—	—	否	否	—	—
人员编制数	rybzs	integer	—	—	—	是	否	—	—

表 9-11　部队编制_后勤物资属性定义表

名称	代码	数据类型	长度	精度	量纲	非空	主标识符	取 值 规 则	注释
所属部队编号	bdbh	variable characters	60	—	—	是	是	从"部队编制"表的"部队编号"属性值中获取	—
物资编码	wzbm	variable characters	60	—	—	是	是	参见"GJB××××-××××物资字典规范"	—
物资名称	wzmc	variable characters	50	—	—	是	否	参见"GJB××××-××××物资字典规范"	—
物资数量	wzsl	integer	—	—	—	是	否	—	—

表 9-12　部队编制_武器装备属性定义表

名称	代码	数据类型	长度	精度	量纲	非空	主标识符	取 值 规 则	注释
所属部队编号	bdbh	variable characters	60	—	—	是	是	从"部队编制"表的"部队编号"属性值中获取	—
装备编码	zbbm	variable characters	60	—	—	是	是	参见"GJB ××××-××××装备字典规范"	—
装备名称	zbmc	text	50	—	—	是	否	参见"GJB ××××-××××装备字典规范"	—
编制数量	bzsl	characters	6	—	—	是	否	—	—
装备数量	zbsl	integer	—	—	—	否	否	—	—
完好率	whl	short float	—	2	—	否	否	—	—
良好率	lhl	short float	—	2	—	否	否	—	—
备注	bz	text	—	—	—	否	否	—	—

9.5　数据采集处理

在演习训练中，数据采集与处理手段建设是数据工程建设的基础性工作，也是促进科学组训施训，精准开展参训部队能力评估，保障战法训法研究的支撑工作。在军事演训活动中，数据在人员、装备、系统和环境几大要素间的交互中形成，要提高数据采集效率和真实性，应尽量提高采集工具的自动化水平，降低数据采集对人的依赖程度。同时数据采集必须处理好采集工具与其他演训系统之间的关系，设计可扩展的数据采集系统架构，既能支持固定区域局域网规模的数据采集，又能支持跨区域广域网规模的数据采集，也能够支撑不同演训规模的数据的采集活动。

演习数据采集处理流程如图 9-18 所示，首先确定数据采集对象，设计数据采集手段，建设数据传输网络，然后规划数据采集控制策略，实施数据采集并进行数据预处理，最后将处理后的数据进行存储管理。

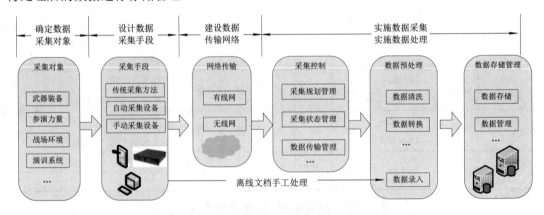

图 9-18　演习数据采集处理流程

9.5.1　确定数据采集对象

演习活动涉及人员、武器装备、社会及自然环境、模拟器材及演训系统等众多要素，这些要素间的相互作用将产生大量的数据，包括参演力量数据、武器装备数据、演训系统产生的数据、战场环境数据、模拟蓝军数据等。演习数据具有时序性、易变性、时空性和异构性等特点，数据种类繁多，必须以数据应用为目标，对其进行合理分类，实现对数据的统一认识，规范数据采集对象，为下一步建立规范的数据采集流程和方法建立基础。

1. 演习数据特点

演习数据是由演习中的对象以及对象所使用的训练模拟系统所产生的数据。军事演习的对象分为导演部和参训部队两大类，其中导演部负责组织演习，参演部队根据导演部的想定和演习计划具体组织实施演习。虽然前期已梳理了演习数据对象的组成、数据对象及其属性的定义和结构，但还需要进一步分析演习数据的特性特点，便于有针对性地开展数据采集工作。演习数据主要有以下几个特点：

(1) 时序性。军事演习过程中产生的数据是有严格逻辑关系的数据，只有给数据印上时戳才能使数据具有意义，否则会引起事件状态的紊乱，无法进行事后的回放、分析与处理。

(2) 易变性。在演习开始后，军事演习中大多数据的值或状态在一定的时间间隔内会发生改变，必须对连续变化的值进行记录，才能反映对象的行为过程，例如部队的编组、部队的位置、武器弹药的消耗等数据。但也有少量种类的数据不发生变化或者变化较小，例如训练的地域信息、部队编制、作战行动标准、评估标准等数据。

(3) 时空性。军事演习中的数据具有时空性，即具有时间和空间移动的特点，例如作战指挥命令数据、裁决信息数据、作战实体机动数据、战场目标数据等。

(4) 异构性。一方面，各类演训系统是不同时期分别开发的，数据对象定义的异构性较突出，不同系统之间数据语义的异构性也比较显著；另一方面，数据格式也具有异构性，例如一般有文本数据、视频数据、音频数据、二进制数据等。

2. 演习数据内容分类

分析演习数据对象时，为便于分类组织数据采集工作，需要对数据采集内容进行分类管理，一般在面向演习过程进行采集内容分类后，再按照演习对象进行采集内容分类。

1) 面向过程的数据分类

演习数据的产生对象主要有两大类：施训者(导演部)和受训者(参训部队)。依照这两类对象在演习准备、演习实施和演习讲评的三个阶段所涉及的数据的静态和动态特点，将演习数据分成基础数据、实况数据和历史数据，见图 9-19。其中静态数据指在演习过程中其数值不发生变化的数据，包括基础数据和历史数据；动态数据指在演习过程中其数值发生变化的数据，包括实况数据。

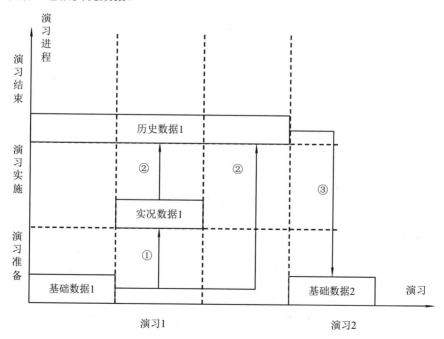

图 9-19　面向过程的训练演习数据分类

一次演习包括基础数据、实况数据和历史数据三个部分。在演习准备阶段，利用基础数据进行演习准备；实况数据建立在基础数据之上，在演习实施开始后开始产生；在演习结束后，实况数据和本次演习的基础数据，经过加工、存储，生成历史数据；之后可以对历史数据分析，指导基础数据的建设，形成下次演习的基础数据。基础数据、实况数据和历史数据三类数据间的关系描述见图9-20。

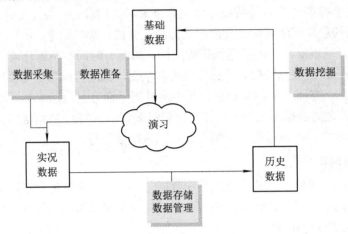

图 9-20　演习数据子类间的关系

2) 面向对象的数据分类

在采用面向过程的方法对演习数据进行大类划分后，采用面向对象的方法对大类的子类进行进一步划分。在训练中，对象包括施训人员(导演部)和受训人员(参训部队)，它们与演习数据之间的关系见图9-21。

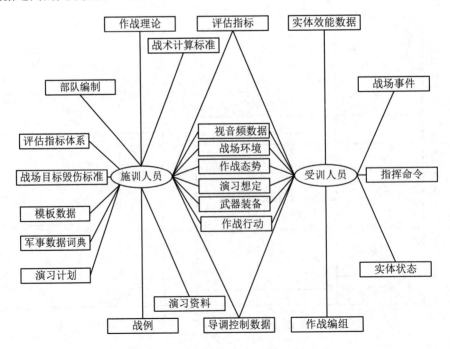

图 9-21　训练对象与演习数据间关系

根据施训和受训对象在演习各个阶段所使用和产生的数据的静态和动态特点,将关系数据按照基础数据、实况数据和历史数据进行归类,形成演习数据框架的具体内容,如表9-13所示。

表 9-13 演习数据框架

面向过程	面向主题	描 述
基础数据	作战理论	描述部队作战的系统化理性认识和知识体系
	部队编制	部队编制是军队的组织系统、机构设置和人员、装备编配的具体规定,是军队编成的法规
	武器装备	武器装备描述目前各国使用的武器装备的性能和特征
	作战行动标准	作战行动标准描述任务执行过程中的步骤或工序,是最小的、不再细分的行为描述。各军兵种作战行动标准的数字化描述,用于指导基地演习组织、部队训练,以及应用部队实战的作战行动指导
	战场目标毁伤标准	战场目标毁伤标准是指各类攻击武器在各种情况下对目标的毁伤效果标准的量化描述。体现为弹药对不同战场目标,或信息战中对不同目标的信息压制能力标准的数字化描述
	评估指标体系	导调机构对参演部队的训练效果和作战能力,上级机关对导调机关的组训能力和保障能力的评价依据,评估指标体系可以依据演习中的实体效能数据等进行校正
	战术计算标准	战术计算标准是指为便于部队的指挥,参谋人员及指挥官经常要进行计算的标准的经验数据、计算公式和计算方法的统称。用于指导导调人员、参演部队或计算机模型进行战术、战损计算的相关数据标准
	战场环境	战场环境数据描述了地形、电磁、海洋、气象和人为环境的特性和特征
	模板数据	为演习准备时,导演部快速构建演习环境的各类模版数据,含演习想定、席位定义参考等
	军事数据字典	军事数据字典是系列化作战指挥训练模拟系统中使用的所有数据元素和结构的含义、类型、数据大小、格式、度量单位、精度以及允许取值范围,数据来源,数据质量,以及数据使用权限的描述
实况数据	演习计划	包括合同战术训练年度计划、演习实施计划、评估计划、数据采集计划、演习复现计划、演习保障计划和演习导调计划
	演习想定	包括导演部制定的演习企图立案、基本想定、补充想定等演习准备阶段的以文字、图表表示为主的文件形式数据
	战场环境	地理环境、气象环境、核化生环境和电磁环境的随演习时间的动态变化信息
	作战编组	指挥员根据作战想定、编成数据和作战任务形成编组数据,编组数据在演习过程中会随之不断变化

面向过程	面向主题	描　　述
实况数据	视音频数据	视音频数据是特定的演习作战环境下对施训人员的导控评裁行为的视音频记录。对受训人员作战行动的视音频记录，可以作为基地导调能力的评价依据及受训人员作战能力及训练效果的评估依据。视音频数据应包含时间、地点、参演人员、武器装备、作战设施等检索信息
	指挥命令	指挥命令包括导演部对参演部队、参演部队上级机关对下级机关的命令指示、命令或友邻部队的情况通报。该数据以文书形式为主，视音频为辅
	导调控制信息	导调控制是施训人员(导演、调理员)之间以及施训人员对受训人员导控行为的记录。导调数据分为调理简报和调理简令两种
	战场事件	战场事件是在演习的战场环境中所发生的交战事件
	作战态势	作战态势是在演习的作战环境中，参演人员的实时状态的展现，包括施训人员的导控态势和受训人员的对抗态势。态势数据必须包含的要素有时间、实体名称、实体位置、实体状态、实体隶属关系等
	评估指标	评估指标是在特定演习中，施训人员对受训人员的作战能力的评价依据和评价结果的数据记录
	裁决结果	裁决数据是施训人员(导演、调理员)对受训人员间的阶段性对抗结果的评判记录。裁决数据应包含时间、地点、裁决人、被裁决方、裁决依据、裁决结果等内容
历史数据	战例	针对各个基地的具体情况，存放与基地训练内容相关的各个国家、军队的作战战例
	演习资料	存储基地曾经组织的相关部队的演习实况数据，按年度、部队编制分类编辑，可以实现训练演习的事后重演
	实体效能数据	将曾经组织的演习中采集的作战实体作战效能数据，按战斗人员、武器装备、作战支援、后勤装备保障等进行分类存储，为研究部队的训练效果和作战行动效能提供参考依据

9.5.2　设计数据采集手段

1. 传统人工数据获取的基本方法

为从整体上规范数据采集工作，数据采集应做到普遍采集与重点采集相结合、上级采集与自身采集相结合和随时采集与定时统计相结合。普遍采集与重点采集相结合应既做到按数据采集标准体系的普遍采集，同时还应对重点训练课目和演习课题进行重点采集；上级采集与自身采集相结合是既要上级机关、训练基地对所属部分队正常训练或进场演习的数据采集，也需要部分队对自身的数据进行采集；随时采集与定时统计相结合既需要按照训练课目的进展情况随时采集，也需要对各训练阶段结束时的数据进行定时采集。在以上各种采集策略组合过程中，主要可以采用如表 9-14 所示的六种数据采集方法。

表 9-14   人工数据采集基本方法

方法	描述
现场记录法	负责数据采集的人员，依据统一的要求和分工，在部分队训练与演习的现场，使用各种数据采集工具、器材，按数据采集表所列的项目及时、准确地记录和填写各种数据。要防止漏记、错记。一旦发现漏错现象，不应随意涂改，而应对所采集的项目重新采集
统计整理法	对分散采集的各种现实数据进行统计和核实，对搜集的各种经验和理论数据进行统一的整理，使之形成系统、完整、配套的数据档案。通常应逐级统计，逐级整理
随机抽样法	对采集的各种数据，主要是一线现场数据，由上级负责数据采集的人员，对有代表性的采集对象和采集的项目等，进行随机抽样的采集，并进行比对，以此验证各种采集数据的准确、可靠程度
考核验收法	结合部分队年度训练进度，依据训练与考核大纲的标准，考核验收各种训练课目、演习课题的训练质量，从而采集出各种训练成绩的数据
重点试验法	对重点部分队、重点训练课目、重点演习内容，按照数据采集标准所列的项目，集中人力、器材以及各种保障条件，组织专项的重点试验，从而采集出能反映部分队真实训练水平和作战能力的标准数据，成为范本数据
专家认定法	组织训练领域内，由理论权威较高、实践经验丰富的专家，对采集的各种数据的准确性、代表性、普遍性和实用性进行专门认定，对难以量化的各种数据进行量化性认定，从而实现对部分队训练水平和作战能力的数据化评估

2. 数据采集的主要手段

军事训练演习数据采集配套器材包括演习数据人工与自动采集配套设备，是数据采集人员的专用工具，是确保各种数据能够采集到、采集准的有效手段和可靠保障。所涉及的采集手段如图 9-22 所示。

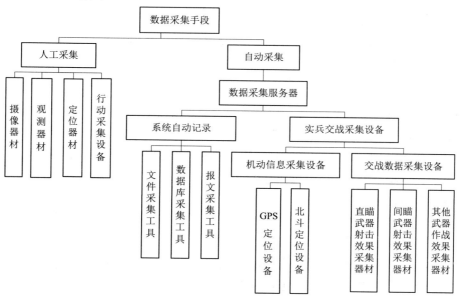

图 9-22   军事训练演习数据采集手段

　　人工数据采集设备主要有照相机、摄像机、录音机、北斗定位仪、GPS 定位仪、激光测距机、望远镜、炮对镜、秒表、米尺、磅秤，各种有线或无线电通信工具，以及经过专业化处理的人工操作的采集器材。

　　数据采集服务器材是融合计算机技术、传感器技术、网络技术和通信技术等多项技术，对作战仿真中部分队机动能力、交战能力、战场态势等信息进行数据采集的信息采集系统，主要由系统自动记录器材、机动信息采集器材、交战数据采集器材三部分构成。机动信息采集器材和交战数据采集器材是终端数据采集单元，采集到的部分队交战和机动数据，通过传输手段上传到导控系统中，经过系统自动记录器材汇总、整理后，进入数据采集服务器系统中被管理和使用。下面对其进行详细介绍：

　　(1) 系统自动记录器材。系统自动记录器材是指由软硬件构成的数据采集系统的专用主体设备，统领各终端数据采集器材，能够对文件、数据库和报文三种格式的数据自动进行采集。

　　(2) 机动信息采集器材。机动信息采集器材由机动信息采集主机和镶嵌在机动装备上或摆放在机动道路翼侧的采集终端设备构成，并能与数据采集系统主机连接，主要用于采集陆军各兵种分队摩托、履带和徒步方式在各种地形、道路状况、障碍阻滞、气象条件下，昼夜间行军、开进、展开、冲击、穿插、迂回、渗透、追击等各种机动行动以及战斗编组、战场态势的数据。其结果为评估部分队机动能力和形成战场态势的能力提供依据。

　　(3) 交战数据采集器材。交战数据采集器材包括非实弹射击数据采集器材中的轻武器模拟对抗数据采集器材，并能与数据采集系统主机连接，主要由激光发射机、激光接收机、GPS 定位系统、无线传输系统、声烟显示装置和超短波基站等部分组成。

9.5.3　实施数据采集处理

　　数据采集处理包含三部分：数据采集控制、数据预处理和数据存储管理。

1. 数据采集控制

　　数据采集控制系统主要完成数据采集控制管理功能，包括数据采集规划管理、数据采集状态管理和数据传输管理等。数据采集规划管理是根据军事活动的类型，进行数据采集规划，设计数据采集的内容、采集时节、采集位置、采集时刻、采集工具类型、采集模式(人工采集、自动采集)等数据采集计划。数据采集状态管理是对安装采集客户端的终端节点的在线及离线状态进行实时监测，也可对军事活动中采集的实体的状态实时跟踪显示。数据传输管理负责采集终端的通信，完成采集任务的接收、系统状态的轮询和采集数据的传输。

2. 数据预处理

　　在采集数据入库前进行简单的数据校验、清洗、转换等预处理工作，同时还支持人工采集的数据录入等工作。数据预处理是对数据采集过程中错误、不完整、重复的数据进行处理和校正，以提高最终入库数据采集的质量。数据预处理主要包括数据的过滤处理，完成对脏数据的过滤和数据的整理，对多次演习数据的汇聚处理，提供演习数据的 ETL 功能组件和完成数据的校验、校核和验证，形成质量数据，其结构如图 9-23 所示。

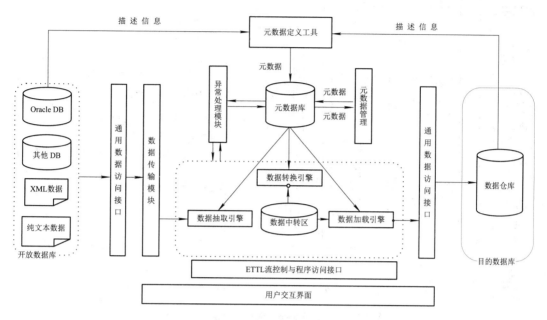

图 9-23 演习数据预处理系统结构

按照线性过程，演习数据处理系统的数据处理流程包括四个子环节，依次为数据抽取、数据转换、数据加载和数据传输，各个子系统按照预先定义的规则顺序处理从不同源端得到的异构数据，并最终将加工好的数据导入目的数据库，为数据发布做好准备。

3. 数据存储管理

数据存储管理主要实现数据采集服务器端数据的存储和管理，包括各种支撑数据采集软件系统运行的数据存储和管理及所采集数据的分类管理和存储。相应的数据存储技术在前面章节已有介绍，这里不再重复介绍。

9.6 数据加工生产

演习领域数据加工生产是数据工程建设的一项重要内容，是提升数据价值，形成数据建设效益的重要一环，由于数据生产的理论基础和方法体系还很不完善，因此难以形成快速、规范、高效的数据加工生产流程。在数据工程实践探索中，我们以演习过程中参训部队的战术行动数据生产为例，简要说明数据生产的概念、框架和流程。陆军战术行动数据生产是将演习环境产生的原始数据(导调数据、火力数据、电磁数据、核生化数据、侦查数据、气象数据、网络战数据)作为原材料，按照作战行动列表构建产品目录，通过软件编程将军事规则与模型数据进行关联，形成"软件车床"，对数据原材料进行加工，并通过冗余、纠错和可信度校验等工艺检查，实现战术行动数据生产。图 9-24 描述了陆军战术行动数据生产流程示意图。

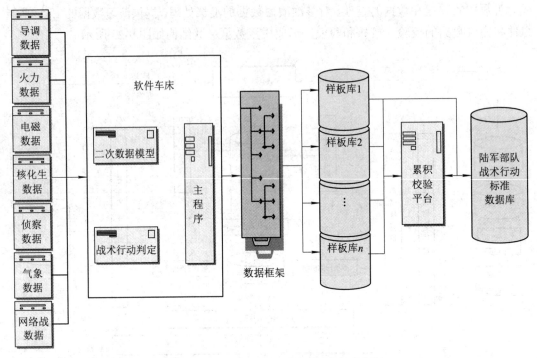

图 9-24 陆军战术行动数据生产流程示意图

9.6.1 产品目录

数据"产品目录"是指一种模板化的数据处理框架，嵌套具体数据后，可以按预设的规则生成规模化、系列化的数据。我们拟采用陆军战术行动列表的"行动名称"作为陆军战术行动数据的产品目录。表 9-15 为典型的"产品目录"示例。

表 9-15 陆军战术行动示例列表

序　号	行 动 名 称	序　号	行 动 名 称
1	战备等级转换	2	技术侦察
3	集结	4	战场观察
5	战役输送	6	行军警戒
7	行军	8	宿营警戒
9	宿营	10	战斗警戒

9.6.2 数据框架

数据框架是在"产品目录"的基础上，综合考虑了演习部队不同战术行动、地形和气象条件等战术因素，以及不同分辨率、采样率等技术因素等多个维度而构建的数据库，用于存储"软件车床"生产的数据。表 9-16 是一个以"机动"为例的"数据框架"示例，它包括了一次演习参演部队所有建制连以上单位在不同作战样式、不同地形条件下的机动速度。

表 9-16 陆军建制连在不同地形下的机动速度

建制连	采 样 点			
	高速公路	一级公路	普通公路	沙石路
坦克连				
装甲连				
摩步连				
炮兵连				
高炮连				
通信连				
工兵连				

由于战术行动的复杂多变性,战术行动数据框架是一个庞大的数据库,又由于战术行动的相互关联性,战术行动数据框架肯定会有冗余。所以,战术行动列表既不能采用统一的数据框架,也不能采用各自独立的数据框架,应在独立数据框架完成后,运用 E-R 图方法找出关联性,简化数据框架。

9.6.3 软件车床

"软件车床"是数据生产线的重要生产设备,由参数设置、原料获取、一次数据过滤器、二次数据模型、战斗行动判定、主程序和产品上架等模块组成。其组成结构如图 9-25 所示。

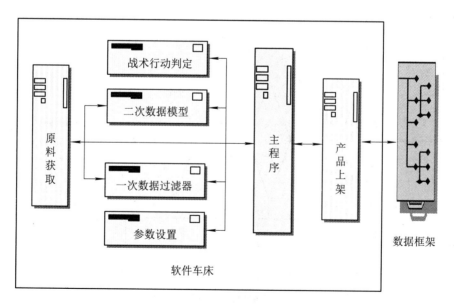

图 9-25 软件车床组成结构图

(1) 参数设置。参数设置主要有实体选定和采样精度确定两项功能。实体选定是在演习准备阶段,在系统态势图中选择有代表性的演习部队环境终端,将其部队属性和实体代码与"软件车床"进行关联。

(2) 原料获取。原料获取就是从实兵演习历史数据库中，按照战术数据生产的程序由数据获取模块不断提取数据(火力、电磁、核化生、侦察、气象、网络战等环境数据和导调数据)的过程。其功能示意图如图 9-26 所示。

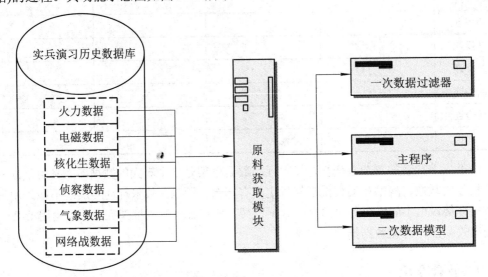

图 9-26　原料获取模块功能示意图

(3) 一次数据过滤器。一次数据过滤器对从数据库中获取的数据进行校验、对比、容错处理，保证数据原材料相对准确。其功能示意图如图 9-27 所示。

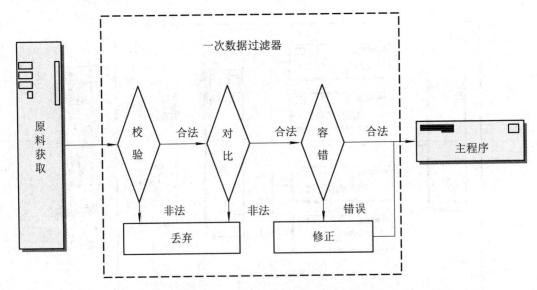

图 9-27　一次数据过滤器模块功能示意图

(4) 二次数据模型。二次数据模型是指对于不能直接用一次数据描述的战术行动，其"指标属性描述"和"行动环境条件"数据要用相应的模型产生。

(5) 战斗行动判定。战斗行动判定是指在叠加实兵数据的态势图上，通过人机交互的方法，判别战术行动的类别。

(6) 主程序。主程序是一个将"指标属性描述"的军事规则、一次数据、二次数据与战术行动判定结果封装在一起的软件模块，最后实现战术数据的产出。其功能示意图如图 9-28 所示。

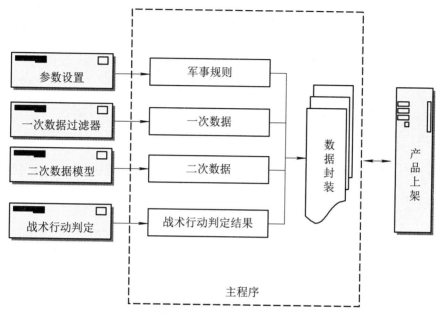

图 9-28　主程序功能示意图

(7) 产品上架。产品上架是将主程序生产的数据填入数据框架对应的表单项的过程。

9.6.4　累积校验

针对每次演习，"软件车床"的产出结果将会存储在 1 个演习样板库中，多次演习就会有多个样板库。通过对多个数据样板库的模型的分析处理，就可获得最新鲜的战术行动数据，随着演习次数的增加和数据的不断积累，最终产生具有质量高、权威性强的陆军部队战术行动标准数据。